进口民用核安全设备安全检验概述

生态环境部核与辐射安全中心　编著

中国原子能出版社

图书在版编目（CIP）数据

进口民用核安全设备安全检验概述 / 生态环境部核与辐射安全中心编著 . -- 北京 : 中国原子能出版社，2020.12

ISBN 978-7-5221-1145-2

Ⅰ . ①进… Ⅱ . ①生… Ⅲ . ①核电厂—机械设备—安全设备—检验—概论 Ⅳ . ① TM623.4

中国版本图书馆 CIP 数据核（2020）第 250297 号

进口民用核安全设备安全检验概述

出版发行 中国原子能出版社（北京市海淀区阜成路 43 号 100048）
责任编辑 付 凯
装帧设计 崔 彤
责任校对 冯莲凤
责任印制 潘玉玲
印　　刷 河北宝昌佳彩印刷有限公司
经　　销 全国新华书店
开　　本 787 mm × 1092 mm 1/16
印　　张 18.75
字　　数 468 千字
版　　次 2020 年 12 月第 1 版 2020 年 12 月第 1 次印刷
书　　号 ISBN 978-7-5221-1145-2 **定　　价** 88.00 元

网址：http：//www.aep.com.cn **E-mail：atomep123@123.com**
发行电话：010-68452845

进口民用核安全设备安全检验概述

编 辑 部

总 序

确保核与辐射安全，是党和国家对人民做出的庄严承诺，也是我们的核心使命。以习近平同志为核心的党中央高度重视核安全，将核安全纳入国家安全体系，提出理性、协调、并进的核安全观，强调发展和安全并重、权利和义务并重、自主和协作并重、治标和治本并重，倡导打造全球核安全命运共同体，为新时期中国核安全发展指明了方向。

2008 年，《民用核安全设备监督管理条例》正式发布实施，作为生态环境部行政审评事项之一，安全检验成为进口民用核安全设备的一项重要监管制度。2010 年年底，安全检验工作职责由华北核与辐射安全监督站调整至核与辐射安全中心（以下简称“中心”），中心设立了进口核安全设备注册检验办公室（以下简称“安检办”）专项负责安全检验工作。十年来，在生态环境部（国家核安全局）的坚强领导下，中心恪守“安全第一，质量第一”的根本方针，切实践行“严、慎、细、实”的工作要求，依法从严履行安全检验职责，不断完善安全检验法规体系，持续优化安全检验管理制度，着力防范系统性设备质量风险，全力保障核设施建造质量和运行安全。

新时代赋予新使命，新使命呼唤新作为。我们必须以习近平新时代中国特色社会主义思想为指导，全面贯彻党的十九大精神，准确把握新形势新要求，强化核与辐射安全风险意识，全力筑牢核与辐射安全监管屏障，做到守土有责、守土负责、守土尽责。

核与辐射安全中心组织相关工作人员和行业专家编写了《进口民用核安全设备安全检验概述》一书。本书全面系统地对进口民用核安全设备安全检验各阶段的知识进行了梳理，帮助从业人员系统、准确和全面地掌握相关政策，进一步加强对安全检验相关法律法规和规章制度的宣贯工作，对强化采购单位和从业人员遵法守法意识，提高进口核安全设备质量管理水平，推进进口核安全设备监管体系和监管能力现代化建设具有重要意义。

本书可广泛用于核电行业人员培训，也可作为从事安全检验工作人员的实用工具书，对于有针对性地解决在进口核安全设备安全检验工作过程中遇到的问题具有重要的参考价值。本书编写工作得到生态环境部（国家核安全局）有关司局、业主、工程公司和制造企业等相关单位工作人员的大力支持。同时，参考引用了大量研究成果和文献资料。在此一并表示感谢和致意！

《进口民用核安全设备安全检验概述》编辑部

2020 年 6 月

前言

《进口民用核安全设备安全检验概述》是根据几年来进口民用核安全设备安全检验监管体系建设成果，为更好地适应从严从细加强核安全监管的需要，结合安全检验工作实践和经验反馈编写而成，有助于广大干部群众和核电行业从业人员全面了解掌握我国进口民用核安全设备安全检验工作。

本书以进口民用核安全设备安全检验的法规要求、工作程序和经验反馈为重点，将安全检验监管要求和工作实际相结合，通过具体的工作实例，体现实用性。在内容选择和安排上，力求做到由浅入深，既重点突出，又具有一定的全面性和系统性。

全书共分十四章。第一章总体介绍了我国进口民用核安全设备法律法规内容。第二章介绍了设备活动的质量保证要求。第三章介绍了进口民用核安全设备安全检验工作程序。第四章对民用核安全机械设备目录进行了解读。第五章对民用核安全电气设备目录进行了解读。第六章介绍了进口民用核安全设备监造、装运前检验和监装及验收管理方面的内容。第七章介绍了进口民用核安全设备安全检验文件申报要求。第八章介绍了进口民用核安全设备开箱检查要求。第九章介绍了进口民用核安全设备补充验证要求。第十章介绍了机组安全检验总报告相关内容。第十一章介绍了境外注册登记单位评价相关内容。第十二章介绍了进口核安全设备安全检验信息化相关内容。第十三章对近些年的进口核安全设备安全检验典型事件进行了经验反馈。第十四章对近些年的进口核安全设备质量管理典型事件进行了经验反馈。

本书是经过充分准备、精心组织而完成的。第一章由杨静远编写；第二章由王新宇编写；第三章由毋琦编写；第四章由浦承皓编写；第五章由杨静远编写；

第六章由金刚编写；第七章由严峰鹤编写；第八章由浦承皓编写；第九章由毋琦编写；第十章由金刚编写；第十一章由杨承刚编写；第十二章由李禅编写；第十三章由姚远编写；第十四章由杨承刚编写。全书由杨静远统稿。

本书在编写和出版过程中，得到了生态环境部（国家核安全局）领导的关心支持；核与辐射安全中心进口核安全设备注册检验办公室专门成立专项工作组，精心组织编审；核设施安全监管司郭承站司长、赵永明巡视员、刘璐副司长、巢哲雄副司长、齐鹏飞、王德军、管丽、华健等领导对本书的编写工作给予了关心和支持；核与辐射安全中心任洪岩主任、梁士彪书记、柴建设副主任、柴国旱副主任、郎爱国副总工程师给予工作组很多指导和帮助；核与辐射安全中心进口核安全设备注册检验办公室李茂林、陈阳阳、易子龙、徐雨婷、韩冬傲、黄家祺、范国辉、刘雨薇等同志参与本书的编写和校核工作，顾剑峰、焦殿辉、郭德朋、张文广同志在本书的内容研讨过程中提出了宝贵的意见；各核电厂、工程公司和制造企业为本书编写提供了参考资料；核与辐射安全中心信息研究所、核安全执业资格注册办公室和原子能出版社自始至终给予通力合作，提前介入指导，缩短了出版周期。在此，一并表示诚挚的感谢！

由于时间仓促，编者能力有限，本书难免有不当之处，欢迎各位读者批评指正，帮助我们持续改进和进步。

目　录

Contents

第一章　法律法规介绍

第二章　设备活动的质量保证

第三章 进口民用核安全设备安全检验

第五章　民用核安全电气设备目录解读

第六章 进口民用核安全设备监造、装运前检验、监装和验收

第七章 安全检验文件申报

第九章　进口核安全设备的补充验证

第十章　机组安全检验总报告

第十一章　境外注册登记单位评价

第十二章　进口核安全设备安全检验信息化实践

第十三章 进口民用核安全设备安全检验经验反馈

第十四章 进口核安全设备质量管理典型问题及案例

第一章 法律法规介绍

1.1 我国的核安全监管概述

1.1.1 核能与核技术利用

1896 年，法国人 H.Bequerrel 发现铀具有放射性，1905 年，爱因斯坦提出狭义相对论和质能方程，1911 年，卢瑟福确立了原子有核模型，奠定了核科学发展的基础。核反应主要包括：核裂变、核聚变和核衰变三种类型。1938 年，德国科学家莉泽·迈特纳和奥托·哈恩在试图制造超铀原子（比铀重的原子）的过程中，无意中发现了核裂变现象。随后，美国科学家恩里科·费米等人很快认识到一个裂变的铀原子可以释放出足够的中子来引起一项链式反应。1942 年，第一座链式裂变核反应堆的建成，人类打开了利用核能的新篇章。与核裂变对应的是核聚变。1919 年，英国物理学家 Aston 发现轻核的聚变可释放能量；Rutherford 发现轻核以高能碰撞可发生核反应。1934 年和 1942 年，物理学家们相继实现了氘－氘（D–D）和氘－氚（D–T）核聚变反应。核衰变是原子核自发射出某种粒子而变为另一种核的过程。随着技术进步，核能与核技术利用在能源、医疗、工业、农业、地质调查、科学研究和教学等领域得到广泛的应用。

1949 年 11 月，中央人民政府接管原北平研究院原子学研究所，新中国的核能与核技术利用研究工作从这里起步。20 世纪 70 年代，我国核工业开始“保军转民”的政策转变，后明确为“军民结合”的方针，逐渐开始了核能的和平利用。1991 年 12 月 15 日，中国自行设计、建造和运营管理的首座 300 MW 压水堆核电厂——秦山核电厂并网发电，结束了中国大陆无核电的历史，实现了零的突破，标志着“中国核电从这里起步”。1993 年 8 月，中国首座引进先进技术、设备和资金建设的大型商用核电站——大亚湾核电站并网发电，奠定了我国核电事业全面崛起的坚实基础。自此，我国民用核事业发展步入快车道。

当前，我国是世界核能与核技术利用事业发展大国。截至 2019 年 10 月 22 日，我国大陆共有 47 台商业运行核电机组、13 台在建核电机组，装机容量为 48 751.16 MW（额定装机容量），在建和拟建核反应堆数目均位于世界第一。相较于火电、水电、风电、光伏、潮汐、生物等发电形式，核电在生态环保、技术成熟性、国家自主可控性等方面具有较大优势，在经济性、电网稳定性、上下游产业带动性和国防科技贡献方面具有竞争优势。2019 年 1—12 月，全国累计发电量为 71 422.10 亿千瓦时，其中运行核电机组累计发电量为 3481.31 亿千瓦时，约占全国累计发电量的 4.88%。与燃煤发电相比，核能发电相当于减少燃烧标准煤 10 687.62 万吨，减少排放二氧化碳 28 001.57 万吨，减少排放二氧化硫 90.84 万吨，减少排放氮氧化物 79.09 万吨。在我国经济发展模式深层次调整，生态环境保护压力逐渐加大的大形势下，核电逐渐在能源结构调整中占据有利位置。中国大陆核电厂分布图（截至 2020 年 4 月 27 日）如图 1—1 所示。

1.1.2 核安全目标与纵深防御

核安全目标表明对核工业期望并力求达到的安全水平。核电厂的风险主要来自事故工况下不可控的放射性核素释放，如何减少由于这种释放对工作人员、居民和环境造成的危害即为核安全的基本概念。制定和贯彻核安全目标是国家对核安全监督管理的重要部分，它与相应的核安全政策、法规、标准体系，许可证制度以及检查、执法等措施共同保证核设施和核活动的安全。核安全目标一般由国家核安全监管当局会同核工业界、公众代表和其他有关方面共同制定。它有利于统一对期望的足够安全水平与可努力达到的安全水平的认识，从总体出发确定并有效地解决重要问题以提高安全水平，便于公众对核安全有关问题的了解和接受。

为了保证在役核电厂的安全运行，对于核电厂规定了三个安全目标，第一个实质上是核安全总目标，其他两个是解释总目标的辅助性目标，分别涉及辐射防

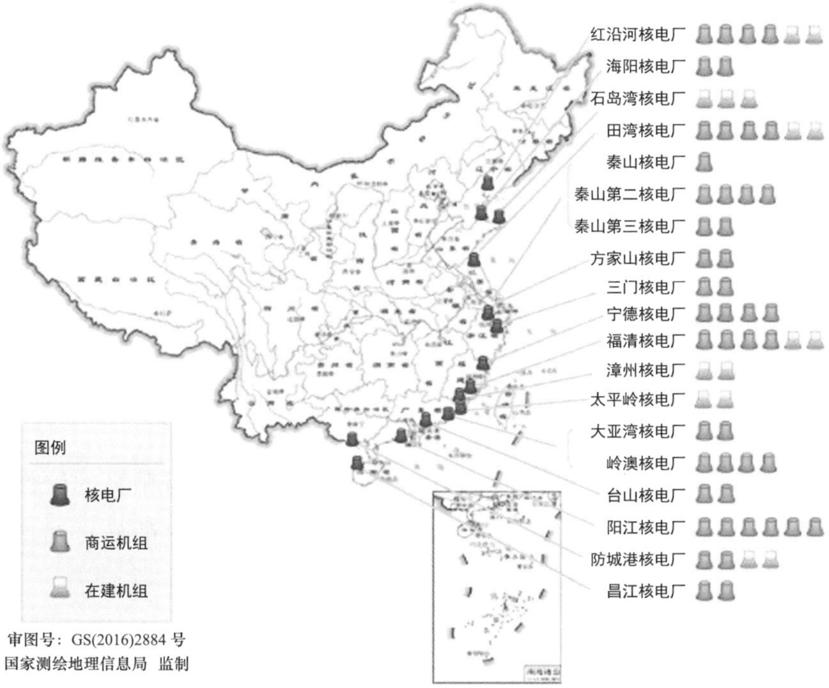

图 1–1 中国大陆核电厂分布图（截至 2020 年 4 月 27 日）

护和安全技术的方面。这些安全目标相辅相成，共同确保核安全目标的完整性。

核安全的最终安全目标为：在核电厂里建立并维持一套有效的防护措施，以保证工作人员、社会及环境免遭放射性的危害。这并不意味着核电厂不存在其他的常规电厂都会造成的比较普通的风险，如热排放对环境的影响、事故引起的核电设备损坏所造成的巨大经济损失等。对于这些常规风险我们也应给予重视，但为了突出核电厂的特殊性，他们不包括在核安全研究范畴内。

辐射防护目标为：确保在正常运行时核电厂及从核电厂释放出的放射性物质引起的辐射照射保持在合理可行尽量低的水平，并且低于规定的限值，还确保事故引起的辐射照射的程度得到缓解。这就是要求在正常运行情况下具有一套完整的辐射防护措施，在事故情况下有一套减轻事故后果的措施，包括厂内和厂外的对策，以缓解对工作人员、居民及环境的危害。

技术安全目标为：有很大把握预防核电厂事故的发生；对于核电厂设计中考虑的所有事故，甚至对于那些发生概率极小的事故都要确保其放射性后果（如果有的话）是小的；确保那些会带来严重放射性后果的严重事故发生的概率非常低。

为了实现上述安全目标，在设计核动力厂时，要进行全面的安全分析，以便确定所有照射的来源，并评估核动力厂工作人员和公众可能受到的辐射剂量，以及对环境的可能影响。

中国核安全目标的建设：中国在1986年颁布的《民用核设施安全监督管理条例》中明确规定："民用核设施必须有足够的措施保证质量，保证安全运行，预防核事故，限值可能产生的有害影响。中国国家核安全局1991年修订的《核电厂设计安全规定》中规定了核安全总目标、辐射防护目标和技术安全目标。

实现核安全目标，使用的主要手段是纵深防御原则。纵深防御原则一般可描述为五层防线。

第一层防线：精心设计、制造、施工，确保核动力厂有精良的硬件环境。建立周密的程序，严格的制度，对核动力厂工作人员有高水平的教育和培训，人人注意和关心安全，有完备的软件环境。

第二层防线：加强运行管理和监督，及时正确处理异常情况，排除故障。

第三层防线：在严重异常情况下，反应堆正常控制和保护系统动作，防止设备故障和人为差错造成事故。

第四层防线：发生事故情况时，启用核动力厂安全系统，包括各外设安全系统，加强事故中的核动力厂管理，防止事故扩大，保护反应堆厂房(安全壳)。

第五层防线：万一发生极不可能发生的事故，并伴有放射性外泄，启用厂内外应急响应计划，努力减轻事故对周围居民和环境的影响。

1.1.3 我国的核安全观

2014年3月24日，国家主席习近平在第三届核安全峰会上发表重要讲话，全面阐述了发展和安全并重、权利和义务并重、自主和协作并重、治标和治本并重的中国核安全观。

——发展和安全并重，以确保安全为前提发展核能事业。发展是安全的基础，安全是发展的条件。发展和安全是人类和平利用核能的基本诉求，犹如车之两轮、鸟之双翼，相辅相成、缺一不可。应秉持为发展求安全、以安全促发展的理念，让发展和安全两个目标有机融合、相互促进。只有实现更好发展，才能真正管控安全风险；只有实现安全保障，核能才能持续发展。

——权利和义务并重，以尊重各国权益为基础推进国际核安全进程。各国应切实履行核安全国际法律文书规定的义务，全面执行联合国安理会有关决议，巩固和发展现有核安全法律框架。同时，坚持公平原则，秉持务实精神，尊重各国根据本国国情采取适合自身的核安全政策和举措的权利，尊重各国保护核安全敏感信息的权利。

——自主和协作并重，以互利共赢为途径寻求普遍核安全。核安全首先是国家课题，首要责任应由各国政府承担。各国政府应知责任、负责任，既对自己负责，也对世界负责，加强协作、共建共享、互利共赢，既从中受益，也作出贡献，努力实现核安全进程全球化。

——治标和治本并重，以消除根源为目标全面推进核安全努力。完善核安全政策举措，发展现代化和低风险核能，坚持核材料供需平衡，加强防扩散出口控制，深化打击核恐怖主义国际合作，消除核安全隐患和核扩散风险。各国应团结起来，发展和谐友善的国家关系，共同营造和平稳定的国际环境，从根源上解决核恐怖主义和核扩散问题，实现核能的持久安全和发展。

中国在确保安全基础上开展核能和平利用，既满足当代人的需要，又不对子孙后代遗留隐患、构成危害，以保障人类文明永续发展。中国核安全工作的基本原则是：安全第一、依法治核，预防为主、纵深防御，责任明确、独立监管，严格管理、全面保障。

——安全第一、依法治核。牢固树立“安全大于天”的观念，确保核安全决策不受其他因素影响。不断健全核安全法律法规体系，确保依法依规开发利用核能。

——预防为主、纵深防御。重视通过成熟的设计、高质量的建造和运行管理，消除隐患，预防核事故发生。贯彻纵深防御理念，设置多道防御屏障和多重保护，强化防御措施的完整性、独立性和有效性。

——责任明确、独立监管。核设施营运单位对核安全负全面责任。国家核安全监管部门独立实施核安全监管；国家核工业主管部门、能源主管部门和其他有关部门按照职责分工负责有关的核安全管理工作。

——严格管理、全面保障。严格落实核安全法律法规和标准要求，通过行政许可、技术审评、监督执法等方式实施监管。建立核安全工作协调机制，完善核安全政策法规，制定实施核安全规划，培育核安全文化，加强资源配置和能力建设，全面保障核安全。

核电厂一旦发生不可控事故，后果将不堪设想。不可控事故不仅会使核电行业承受巨大的舆论压力、发展受阻，也会对整个国家乃至世界的经济发展和社会稳定造成严重影响。安全是发展的前提条件，安全是发展的基本保证，只有保证安全才能促进核电行业的健康发展。与此同时，核能的发展也给核能的安全带来了全新的挑战，促进了核能的综合安全水平不断提高。

由于本身具有独特的政治复杂性，核能发展问题不是一个简单的环境问题，再加上核扩散与核恐怖主义威胁具有跨国性，单靠一个国家的力量很难解决问题。因而，核能的安全发展必须建立在世界各国共同努力、各履其约的基础上。现在，国际核能利用领域已经逐步积累和形成了以五十多个国际多边公约为主，大量的国家间、国家与国际组织间核能利用双边或多边协定为辅，还有诸多国际标准所组成的庞大国际原子能法律体系和标准体系。这一套独特的促进核能和平利用的国际法律制度，明确规定了各个世界核能发展国家所履行的义务。

在核能行业发展过程中，跨界损害事故越来越成为国际间关切的问题。发生在一国的国内事件有可能会造成世界范围内的影响，形成国际责任和国家间的争端。核安全问题首先是“一人做事一人当”，但也不能“各人自扫门前雪，莫管他人瓦上霜”。

1.1.4 进口民用核安全设备监管

1.1.4.1 我国的核安全设备监管体制

核能与核技术利用具有极端重要性和敏感性，核事故发生后的影响往往比较严重，涉及面广。因此，代表公众利益的国家必须负责对核设施安全实施统一监督，成立机构独立行使核安全监督管理的职责。我国于 1984 年成立了国家核安全局。1986 年国务院发布的《民用核设施安全监督管理条例》中规定：“民用核设施的选址、设计、建造、运行和退役必须贯彻安全第一的方针；必须有足够的措施保证质量，保证安全运行，预防核事故，限制可能产生的有害影响。”从此，民用核设施的核安全监管走上了法制化管理的道路。1993 年，国家核安全局会同当时的机械电子工业部和能源部，联合颁发了国务院部门规章《民用核承压设备安全监督管理规定》（HAF601）和《民用核承压设备安全监督管理规定实施细则》（HAF601/01），将核承压设备的质量监管正式纳入了核安全监管的范围。2007 年 7 月，国务院发布的《民用核安全设备监督管理条例》在《民用核承压设备安全监督管理规定》成功监管实践的基础上，进一步扩展了核安全设备质量监管的范围。

生态环境部（国家核安全局）是中国的核与辐射安全监管机构，全面承担全国核安全、辐射安全及辐射环境保护工作的监督管理，对全国民用核设施和核技术利用实施统一、独立的监管。通过许可审查与批准、监督检查和监督性监测等手段，确保许可证持有者依法开展核活动、承担相应的安全责任。核与辐射安全监管机构中央本级由总部、6 个地区监督站和 2 个技术支持单位共同组成，组织机构图如图 1–2 所示。地区监督站和技术支持单位相对独立运作，在行政及业务上接受总部的领导、管理和监督。省、直辖市等地方环境保护部门负责所辖区域职责范围内的核安全、辐射安全和放射性废物的监督管理，参与核事故应急处理，负责辐射环境事故应急处理工作，组织实施所辖区域的辐射环境监测以及对国控和省控重点污染源的监测等。生态环境部核安全与环境专家委员会就核安全及辐射环境安全相关的重大问题向国家核安全局提供独立的咨询意见，为重大问题的最终决策提供支持。另外，核设备安全与可靠性中心、苏州核安全中心、北京核安全审评中心、中国原子能科学研究院和一些地方技术单位共同组成了核安全监管技术支持单位组织体系。

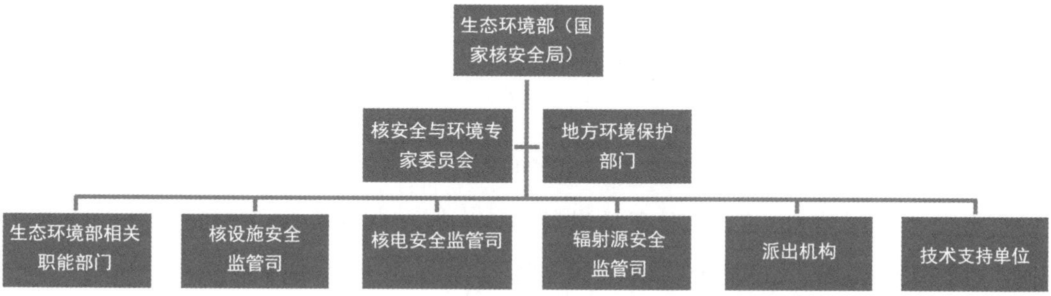

图 1–2　核与辐射安全监管组织机构图

1.1.4.2 国外核设备监管实践

（1）美国

美国机械工程师学会 ASME 负责标准制定和设计、制造与安装单位资格认可，对符合要求的制造商授予相应资格证书，并对制造与安装单位授予“N”钢印使用权；持证单位产品的设计图纸和文件必须经 ASME 授权的注册工程师审核，签字后方可生效；设备制造过程通常由独立第三方负责监督，产品质量经 NBBI（The National Board of Boiler and Pressure Vessel Inspectors）认定后，制造商方可在产品上打“N”钢印。美国核管会 NRC 作为核安全监管机构，对 ASME 规范进行认可，同时对 ASME 和 NBBI 的职责履行情况进行监督，一般不直接参与对设计、制造过程进行监督。对于“N”钢印产品的安装、试验阶段，则是由独立第三方实施监督，NRC 的地区监督站对该过程实施抽样监督。另外按照 10 CFR 21 的要求，有关单位应当将可能引起安全风险缺陷的物项及活动报告 NRC，NRC 将相关信息和报告在其网站上进行披露，并根据问题的重要程度和影响范围以信息通告（Information Notice，IN）等形式通知有关单位，NRC 在其网站上披露此类缺陷信息。

（2）法国

法国在使用 ASME 标准的基础上吸收本国工业实践和技术规格书形成了自己的标准 RCC−M 和 RCC−E。由于法国的核电业主和核岛供应商都是唯一的，因此法国未建立本国专门的资格许可制度。法国全国核电厂的唯一业主——法国电力公司（EDF）指定一个专业部门 UTO 对制造商的资质进行登记管理，并定期实施质保监察和外审。对制造商的生产活动，EDF 的技术部门 CEIDRE 代表业主实施监督，其重点控制环节为：供方评价、质量计划、制造过程监督、检验试验和设备验收等。法国核安全监管机构 ASN 指派地区监督站对关键设备的生产制造进行抽样监督，对发现的问题及时报送 ASN 核承压设备部。另外，ASN 针对老化管理和设备运行、在役检查分别设置了检查组。

（3）德国

德国技术监督协会（TUV）作为“独立第三方”实施监督。不同于其他国家文件检查和过程监督，TUV 对产品进行 100% 的独立检验，并对产品进行质量认证（对合格产品标上“TUV”标记）。核设施所在地的州政府委托 TUV 代表州政府进行监督，保险公司对所有带有“TUV”标记的产品给予保险。核安全监管机构对 TUV 的监督检验工作实施监督，并审核、认可检验结果。

（4）日本

日本未建立本国的资格许可制度，其核承压设备设计、制造和安装单位均取得了 ASME 相应的资格证书。日本的监管模式介于美国和德国之间，例如，对核承压设备制造和安装活动中的重要控制环节（焊接、NDE 等），由通产省授权“日本发电技术检验协会”作为独立第三方实施监督检验（见证性监督 + 独立的验证性监督检验）。日本核安全监管机构对独立第三方的监督检验工作实施监督，并审核、认可检验结果。

1.1.4.3 我国进口民用核安全设备监管法规体系

我国核电是世界核电“博览会”，在运和拟建堆型包括美国 AP1000、法国 M310 和 EPR、俄罗斯 VVER、快堆、加拿大 CANDU 等世界核电发展的全部主力堆型，大量的引进堆型客观上也造成了一些关键设备仍然依赖进口。通过多年的探索和实践，我国建立了比较完善的进口核安全设备监管法律法规和监督管理体系，有力保证了设备质量和核设施运行安全。

国家核安全局已建立包括法律、条例、部门规章和工作程序在内的四层次的进口核安全设备监管法规文件体系。2017 年 9 月颁布的《中华人民共和国核安全法》，更进一步夯实了核安全设备监管工作的法律基础。在法规规定的原则基础上，国家核安全局还发布实施了《进口民用核安全设备安全检验工作程序》等程序文件用于规范具体的监管工作。核安全设备监管法规体系主要组成如图 1–3 所示，现行进口民用核安全设备相关法规制度文件如表 1–1 所示。

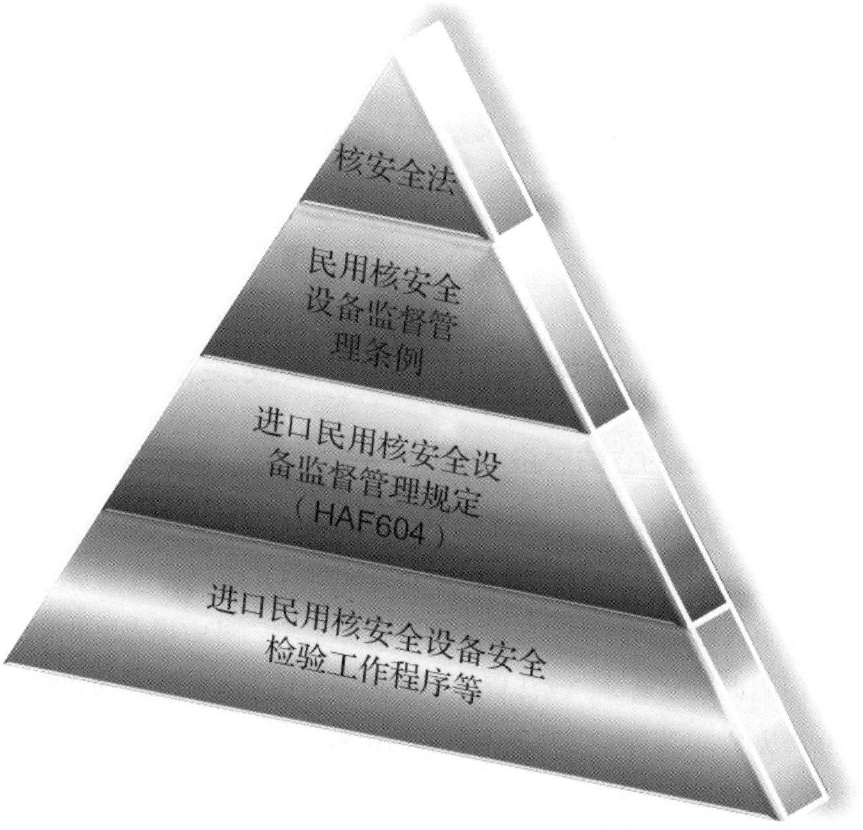

图 1–3　核安全设备监管法规体系主要组成

表 1-1　现行进口民用核安全设备相关法规制度文件

序号	法规程序名称	实施时间 / 文号
1	《中华人民共和国核安全法》	2018.1.1
2	《民用核安全设备监督管理条例》（500 号令）	2008.1.1
3	《进口民用核安全设备监督管理规定》（HAF604）	2008.1.1
4	《进口民用核安全设备安全检验工作程序》	2017.6.1
5	《进口民用核安全设备安全检验文件申报指南》	2013.6.1
6	《进口民用核安全设备监造、装运前检验和监装及验收管理导则》	2014.1.1
7	《进口民用核安全设备开箱见证检查规程》	2013.4.1
8	《进口民用核安全设备安全检验开口项管理办法》	2014.7.1
9	《关于要求各报检单位补充提交进口核安全设备开箱记录和开箱报告的函》	环核安中心函〔2012〕173 号
10	《关于提交进口民用核安全设备开箱检查相关控制程序及检验试验规则的通知》	环核安中心函〔2013〕85 号
11	《关于进一步明确进口民用核安全设备的分包设备质量管理及安全检验申报要求的通知》	环核安中心函〔2014〕110 号
12	《关于进口民用核安全设备口岸报检文件补充要求的通知》	环核安中心函〔2015〕121 号
13	《关于进口民用核安全设备安全检验管理系统试运行的通知》	环核安中心函〔2016〕18 号
14	《关于进口民用核安全设备安全检验管理系统上线运行的通知》	环核安中心函〔2017〕137 号

1.2 《中华人民共和国核安全法》

1.2.1 核安全法的立法思路

《中华人民共和国核安全法》（以下简称《核安全法》）是我国核领域最重要的法律之一，于 2017 年 9 月 1 日经第十二届全国人民代表大会常务委员会第二十九次会议审议通过，并由习近平主席签署第七十三号中华人民共和国主席令发布。受部门职责划分争议、立法资源短缺和学术界争议等因素的影响，《核安全法》的立法历时 30 多年。《核安全法》的出台，标志着我国核安全法治化取得了重大进展。

《核安全法》由总则、核设施安全、核材料与放射性废物安全、核事故应急、信息公开与公众参与、监督检查、法律责任和附则组成，共八章，总计 94 条。核安全法立法的总体考虑，就是通过立法，将国际、国内核安全领域普遍规律进行总结和提炼，结合我国核与辐射监管30年来监管体系和监管能力现代化建设的良好实践，建立一整套科学、权威、有效的核安全法律制度，形成核安全的法治保障。主要包括：一是将现有法规中的良好制度及实践中良好做法总结上升为法律，保持与现有的放射性污染防治法的互相配套，成为现行法规体系的顶层法，并为原子能法的立法留出空间；二是与时俱进，补充当下公众最为关注的信息公开、公众宣传和公众参与的内容，核安全文化和质量保证的要求，以及核事故保险和赔偿的内容；三是明确有关主管部门、地方政府和企业的安全责任，包括核安全责任、核损害赔偿责任和其他责任；四是进一步界定各部门的安全监管职责，明确全面责任和相应责任。

1.2.2 核安全法的主要内容

中共十九大报告指出要“健全国家安全体系，加强国家安全法治保障，提高防范和抵御安全风险的能力”。核安全作为国家安全的重要组成部分，核安全法制建设一直被党和国家高度重视。《核安全法》是落实核安全观的重大成果，为核能的健康安全可持续发展提供坚实法制保障。

《核安全法》的适用范围包括核设施、核材料及相关放射性废物。核设施，是指：（一）核电厂、核热电厂、核供汽供热厂等核动力厂及装置；（二）核动力厂以外的研究堆、实验堆、临界装置等其他反应堆；（三）核燃料生产、加工、贮存和后处理设施等核燃料循环设施；（四）放射性废物的处理、贮存、处置设施。核材料，是指：（一）铀–235材料及其制品；（二）铀–233材料及其制品；（三）钚-239材料及其制品；（四）法律、行政法规规定的其他需要管制的核材料。放射性废物，是指核设施运行、退役产生的，含有放射性核素或者被放射性核素污染，其浓度或者比活度大于国家确定的清洁解控水平，预期不再使用的废弃物。主要内容包括以下几个方面：

第一，规定了一系列核安全法律制度，包括：核损害赔偿制度、核安全许可制度、放射性废物管理制度、核事故应急制度、信息公开制度、核安全保障支持制度、核安全审评制度。

第二，加强了国家核安全顶层设计，包括梳理理性、协调、并进的核安全观为指导思想，通过建立核安全工作协调机制来统筹协调有关部门推进相关工作，通过制定核安全政策来加强核安全文化建设。

第三，进一步理顺了管理体制和各方责任，包括明确国务院核安全监督管理部门负责核安全的监督管理，明确了国务院核工业主管部门、能源主管部门和其他有关部门在各自职责范围内负责有关的核安全管理工作，明确了核工业主管部门、公安机关、核安全监管部门对于乏燃料运输的相关职责，明确核设施营运单位对核安全负全面责任，明确为核设施营运单位提供设备、工程以及服务等的单位负相应责任，明确核材料、放射性废物的托运人对运输中的核安全负责。

第四，进一步明确了相应的管理制度，包括明确持证单位条件、落实规划限制区管理、优化放废处理许可、加强核设施退役管理、违法处罚等内容。

第五，进一步保障了公众权益，包括加强信息公开和公众参与、设立与国际接轨的核损害赔偿制度等。

1.2.3 核安全法部分条款解读

《核安全法》出台之前，我国涉及核安全的法律仅有一部从放射性污染防治的角度加以规范的《放射性污染防治法》。另有九部行政法规分别从民用核设施安全监督、核出口管制、核材料管制、民用核安全设备监督管理、核电厂核事故应急管理、放射性物品运输安全管理、放射性废物安全管理等角度对涉核安全管理进行了规定。此次《核安全法》在前述规定的基础上进行了总结，并对相关内容进行了补充和完善。以下对涉及进口民用核安全设备的有关条款进行解读。

第五条　核设施营运单位对核安全负全面责任。为核设施营运单位提供设备、工程以及服务等的单位，应当负相应责任。

【解读】本条是关于核设施营运单位以及相关单位责任的规定。核设施营运单位对核安全负全面责任，意思是除了战争、武装冲突、暴乱等极端情况外，只要发生核事故并造成损害，不管核设施营运单位有没有过错都要承担赔偿责任。本条规定与《民用核设施安全监督管理条例》的规定相一致。为核设施营运单位提供设备、工程及服务的单位，也应负相应责任，但不承担核损害赔偿责任，除非营运单位和这些单位有约定。为核设施营运单位提供设备、工程以及服务等的单位主要包括核设施设计单位、建造单位、核燃料生产制造单位，为核设施提供核安全设备设计、制造、安装和无损检验服务的单位等。这些单位所提供的设备、工程以及服务质量会影响核安全水平，它们应当遵守本法和其他有关法律、行政法规的规定，加强核安全管理，建立、健全责任制度，保障其从事活动的质量符合规定的要求。这里的“相应责任”，主要是一种合同责任，为核设施营运单位提供设备、工程以及服务等的单位应当按照合同的约定提供设备、工程以及服务，并按照合同约定承担法律责任。

第九条 国家制定核安全政策，加强核安全文化建设。国务院核安全监督管理部门、核工业主管部门和能源主管部门应当建立培育核安全文化的机制。核设施营运单位和为其提供设备、工程以及服务等的单位应当积极培育和建设核安全文化，将核安全文化融入生产、经营、科研和管理的各个环节。

【解读】本条是关于核安全文化的规定。核安全文化是核电安全发展的思想屏障和精神防线，是核能行业的基本价值观和行为准则，是所有从业者的职业素养和行动指南。核安全法从三个层面规定了核安全文化建设内容。第一，在国家层面，国家应制定相应的核安全政策，为核安全文化建设提供良好的政策保障。第二，在监管和主管部门层面，国务院核安全监督管理部门、核工业主管部门和能源主管部门应当建立培育核安全文化的机制，引导整个行业建立核安全文化。培育机制应当包括核安全文化宣贯要求、检查方案和评估体系等。第三，在单位层面，核设施营运单位和为其提供设备、工程以及服务等的单位是核安全文化建设的主力军，需要将核安全文化融入生产、经营、科研和管理的各个环节。具体而言，核设施营运单位可以采取以下具体措施：建立核安全承诺机制；培育学习型组织，建立对安全问题的质疑、报告和经验反馈机制；定期开展核安全知识培训，对职工进行保障核安全的技能培训并进行考核评价；创建和谐的公共关系，在保障核设施安全的前提下，对公众有序开放核设施，进行现场宣传；与各级、各类学校合作，开展对学生的核安全知识教育活动，特别加强对中小学生的核安全教育活动；通过建设核安全宣传场所，印制和发放核安全宣传材料等多种措施，开展核安全宣传活动；建立科学的评估体系，对核安全文化建设情况定期进行全面评估等。

第十七条 核设施营运单位和为其提供设备、工程以及服务等的单位应当建立并实施质量保证体系，有效保证设备、工程和服务等的质量，确保设备的性能满足核安全标准的要求，工程和服务等满足核安全相关要求。

【解读】本条是关于质量保证体系的规定。核设施建设是一个高度综合和复杂的工程技术项目，从选址、设计、建造、调试、运行、直至退役的每一个环节的质量都可能影响核设施安全性和经济性。本条明确核设施营运单位和为其提供设备、工程以及服务等的单位应当建立并实施质量保证体系。同时，明确了实施质量保证体系的目标是确保设备的性能满足核安全标准的要求，工程和服务等满足核安全相关要求。在《核电厂质量保证安全规定》(HAF003—1991) 中对质量保证的具体范围进行明确规定，针对核电厂的厂址选择、设计、制造、建造、调试、运行和退役期间的质量保证大纲的制定和实施所提出的原则和目标适用于对安全重要物项和服务的质量具有影响的各种工作，例如设计、采购、加工、制造、装卸、运输、贮存、清洗、土建施工、安装、试验、调试、运行、检查、维护、修理、换料、改进和退役。这些原则和目标适用于所有对核电厂负有责任的人员、核电厂设计人员、设备供应厂商、工程公司、建造人员、运行人员以及参与影响质量活动的其他组织。

第三十六条　为核设施提供核安全设备设计、制造、安装和无损检验服务的单位，应当向国务院核安全监督管理部门申请许可。境外机构为境内核设施提供核安全设备设计、制造、安装和无损检验服务的，应当向国务院核安全监督管理部门申请注册。国务院核安全监督管理部门依法对进口的核安全设备进行安全检验。

【解读】本条第一款对为核设施提供核安全设备设计、制造、安装和无损检验单位实行许可管理做出了明确规定。本条第二款对为境内核设施提供核安全设备设计、制造、安装和无损检验服务的境外机构实行注册登记做出了明确规定。本条第三款对依法进行进口核安全设备安全检验做出了明确规定。根据《国务院办公厅关于公开国务院各部门行政审批事项等相关工作的通知》（国办发〔2014〕5号）要求，原环境保护部（现生态环境部）官方网站列出了进口民用核安全设备的2项行政审批事项，“进口民用核安全设备安全检验合格审批”为第13011项，“为境内民用核设施进行核安全设备设计、制造、安装和无损检验活动的境外单位注册登记审批”为第13021项。进口民用核安全设备安全检验是国家的法律规定，是国务院行政审批事项之一，任何单位和个人都应该按照法律规定接受国务院核安全监督管理部门依法对进口核安全设备开展的安全检验。

第八十三条　违反本法规定，有下列情形之一的，由国务院核安全监督管理部门责令改正，处五十万元以上一百万元以下的罚款；有违法所得的，没收违法所得；对直接负责的主管人员和其他直接责任人员处二万元以上十万元以下的罚款：（一）未经许可，为核设施提供核安全设备设计、制造、安装或者无损检验服务的；（二）未经注册，境外机构为境内核设施提供核安全设备设计、制造、安装或者无损检验服务的。

【解读】本条是境外机构违反许可和注册登记规定，为境内核设施提供核安全设备设计、制造、安装或者无损检验服务的罚则要求。本条规定的违法行为有两类：未经许可和未经注册。本法第36条明确规定，境外机构为境内核设施提供核安全设备设计、制造、安装和无损检验服务的，应当向国务院核安全监督管理部门申请注册。《民用核安全设备监督管理条例》第32条规定，为中华人民共和国境内民用核设施进行民用核安全设备设计、制造、安装或者无损检验活动的境外单位，应当事先到国务院核安全监管部门办理注册登记手续。上述要求是境外单位与我国设备采购单位签订对外贸易合同的前提条件，是我国政府对境外单位进行法律约束的前置条件。境外注册登记资质的规定内容、条件、有效期应该覆盖设备活动全过程，不能出现任何差异和空当。境外单位违反上述规定，按照本法规定境外单位及其主管人员和其他直接责任人员将面临行政和经济的惩罚。按照本法第五款的规定，所采购的设备应用的业主单位、采购单位也要承担相应的连带责任。

1.3 《民用核安全设备监督管理条例》

1.3.1 条例的出台背景

民用核安全设备是核设施安全防护实体屏障的核心，其质量和可靠性对核设施的安全稳定运行十分重要。民用核安全设备发生任何故障都可能带来严重的放射性释放后果，美国三哩岛事故的直接原因就是稳压器泄压阀出现了故障。在我国的民用核电建设过程中，一些因设备设计、制造不当和质量问题而导致的重大事件，给国家带来了巨大的经济损失，也对核设施的安全稳定运行构成很大的风险。

为了加强对民用核安全设备的监管，1993年，国家核安全局、机械电子工业部和能源部共同发布了《民用核承压设备安全监督管理规定》（以下简称《规定》）及其实施细则等有关核设备安全监管的规范性文件，初步建立了核承压设备设计、制造、安装资格许可等安全监督管理制度。这些文件的颁布和实施对提高民用核安全设备的安全性能，保障核设施的建造质量和安全运行发挥了重要作用。

但随着国家经济体制改革的不断深入，和政府职能的转变，以及重要核设备安全监管工作的不断加强，上述《规定》已不能适应当前重要核设备安全监管工作的迫切需要。主要表现在：

第一，1998 年政府机构和职能调整后，作为核承压设备活动单位主管部门的机械电子工业部、能源部已不存在，在国务院机构调整“三定”方案中，将民用核承压设备监督管理的政府职能赋予了国家核安全局，HAF600 系列部门规章中与申请单位主管部门承担额职责相关内容已不再适用。

第二，行政许可法实施后，部门规章不能设定行业许可。2004 年 7 月 1 日实施的《行政许可法》明确规定“除临时性许可事项外，国务院应当及时提请全国人民代表大会及其常务委员会制定法律，或者自行制定行政法规。”2004 年 6 月 29 日国务院发布了《国务院对确需保留的行政审批项目设定行政许可的决定》（国务院令第 412 号），将民用核承压设备设计、制造、安装许可和民用核承压设备焊接人员的资格许可，列为国务院决定保留的行政许可项目，并由国家核安全局负责实施管理。因此，需尽快由国务院发布相关管理条例来执行既定行政管理决策。

第三，民用核安全设备设计、制造、安装、无损检验单位的许可证条件和程序不够明确，实施安全监管的核安全设备范围过窄，仅包含核承压设备，重要的核安全电气设备没有纳入监管范围。需要进一步明确监管职责，完善监管于段，提升监管水平。

第四，民用核安全设备标准体系尚不完善。目前，我国核电建设大都采用国外标准，国内标准体系尚不完善，制约了民用核安全设备国产化。通过管理条例来规定核安全设备的国家标准、行业标准的制、修订职责，推动出台国内自己的核电标准体系，既可以在核电技术引进过程中保护国有的大中型企业的利益，也可以规范国际企业进入中国市场的准入条件。

第五，部分民用核安全设备设计、制造、安装、无损检验单位和民用核设施营运单位对民用核安全设备的质量管理和全过程控制不到位，民用核安全设备质量事件时有发生。

国家环保总局于 2003 年启动了《民用核安全设备监督管理条例》（以下简称“条例”）的起草工作。通过征求有关被监管单位意见，召开专家论证会进行研究论证，以及国家核安全局核与辐射专家委员会审议等环节之后，经反复研究论证，形成草案征求意见稿，并发送国务院有关部委征求意见。2005 年国家环境保护总局局务会议审议通过，并根据审议意见修改后形成送审稿提交国务院法制办。国务院法制办经过两次大范围的调研，多次与国防科工委、国家质检总局等部委进行协调，并召开专家论证会讨论，根据各方面反馈意见修改后形成送审稿提交国务院常务会。

1.3.2 条例的主要内容

《民用核安全设备监督管理条例》于2007年7月4日国务院第一百八十三次常务会议通过并公布，自2008年1月1日起施行。条例由总则、标准、许可、设计、制造、安装和无损检验、进出口管理、监督检查、法律责任和附则组成，共八章。本条例实施后，进一步加强了对核安全设备的有效监督管理，加强了对核安全设备安装的质量控制力度，保证了核安全设备质量可靠性，降低了核设施核事故风险。

本条例的许可内容主要包括与核安全有直接关系的机械和电气两大类别设备，主要的管理内容有：（1）对民用核安全设备的设计、制造、安装和无损检验单位的许可；（2）核安全有关的国家标准的制定、发布以及对有关行业标准的认可；（3）对持证单位的监督管理；（4）进口民用核安全设备的注册登记和安全检验制度；（5）特种工艺人员的资格管理；（6）持证单位的职责、权限和应履行的义务等。

《条例》与原部门规章的最大区别在于：（1）在原有基础上增加了电气设备；（2）机械设备适当做了调整，补充了应该监管但在原部门规章中未明确规定的设备；（3）加大了对有关人员的管理力度，明确了特种工艺人员的资格许可的职责分工；（4）许可类别方面增加了无损检验单位的许可；（5）增加了对进口设备的注册登记和安全检验管理制度；（6）明确了核安全设备有关国家标准和行业标准的制定职责等6个方面。

《条例》的出台，不仅延续了以往的管理方式，同时，结合国内核设备生产的工业基础和管理现状等适当调整了监管范围，加大了监管的力度，为国内核电的快速、稳定地发展提供了法律上的保障。

1.3.3 条例部分条款解读

第三十一条　为中华人民共和国境内民用核设施进行民用核安全设备设计、制造、安装和无损检验活动的境外单位，应当具备下列条件：

（一）遵守中华人民共和国的法律、行政法规和核安全监督管理规定；

（二）已取得所在国核安全监管部门规定的相应资质；

（三）使用的民用核安全设备设计、制造、安装和无损检验技术是成熟的或者经过验证的；

（四）采用中华人民共和国的民用核安全设备国家标准、行业标准或者国务院核安全监管部门认可的标准。

【解读】本条的主要内容包括从事相关核安全设备活动的境外单位在法律、资质、技术、标准等方面应具备的条件。

本条对“境外单位”进行了界定，即“为中华人民共和国境内民用核设施进行民用核安全设备设计、制造、安装和无损检验活动的境外单位”。本条明确了我国不仅对国内从事民用核安全设备相关活动单位实施监管，也对境外从事民用核安全设备相关活动单位施行相应的管理措施。

本条明确了境外单位应当具备的条件如下：第一，遵守中华人民共和国的法律、行政法规和核安全监督管理规定。为我国境内的民用核设施提供民用核安全设备相关活动的境外单位，应当遵循我国的相关法律法规及相关核安全监督管理规定。第二，已取得所在国核安全监管部门规定的相应资质。我国对境外单位进行注册登记管理，对其从事的民用核安全设备设计、制造、安装和无损检验能力进行认可。第三，使用的民用核安全设备设计、制造、安装和无损检验技术是成熟的或者经过验证的。从事民用核安全设备设计、制造、安装和无损检验相关活动的境外单位在提交相应的注册登记材料就包括已取得所在国核安全监管部门规定资质的证明材料，或者已取得其他相关资质的证明材料以及与拟从事的民用核安全设备活动相关的能力说明材料，包括人员配备、厂房、装备、技术能力以及标准规范执行能力等。第四，采用中华人民共和国的民用核安全设备国家标准、行业标准或者国务院核安全监管部门认可的标准。为中华人民共和国境内民用核设施进行民用核安全设备设计、制造、安装和无损检测活动的境外单位，应当采用我国民用核安全设备相关国家标准、行业标准，如果拟采用其他标准，应当进行申报，得到我国国务院核安全监管部门的认可后，方可采用。

第三十二条　为中华人民共和国境内民用核设施进行民用核安全设备设计、制造、安装和无损检验活动的境外单位，应当事先到国务院核安全监管部门办理注册登记手续。国务院核安全监管部门应当将境外单位注册登记情况抄送国务院核行业主管部门和其他有关部门。

注册登记的具体办法由国务院核安全监管部门制定。

【解读】本条是关于相关境外单位注册登记的规定。

本条规定对为中华人民共和国境内民用核设施进行民用核安全设备设计、制造、安装和无损检验活动的境外单位采取注册登记制度。这里需要区别的是，注册登记是我国核安全监管部门对境外单位已经取得的资质及技术能力等情况的确认，不是取得我国核安全监管部门颁布的资质，与境内单位的许可制度是不一样的。对为我国境内民用核设施提供民用核安全设备的境外单位实施注册登记制度，可以加强在进口过程中在质量方面的纵深防御，规范境外单位进入中国市场的准入条件，保证其达到与国内同类型单位的能力要求，督促其严格履行相应义务。

这里特别强调的是“事先”，意指境外单位在签订合同前应该取得注册登记资质。《核安全法》中已明确规定“未经注册，境外机构为境内核设施提供核安全设备设计、制造、安装或者无损检验服务的。由国务院核安全监督管理部门责令改正，处五十万元以上一百万元以下的罚款；有违法所得的，没收违法所得；对直接负责的主管人员和其他直接责任人员处二万元以上十万元以下的罚款。”所采购的设备应用的业主单位、采购单位也要承担相应的连带责任。

国务院核安全监管部门不定期在网站将注册登记信息进行公布。关于境外单位注册登记的具体管理办法在《进口民用核安全设备监督管理规定（HAF604）》中有明确规定。

第三十三条　国务院核安全监管部门及其所属的检验机构应当依法对进口的民用核安全设备进行安全检验。

进口的民用核安全设备在安全检验合格后,由出入境检验机构进行商品检验。

【要点】本条是对进口民用核安全设备安全检验和商品检验的规定。

这里指出的是安全检验由国务院核安全监管部门及其所属的检验机构依法独立开展，必要时，可以进行独立检验和验证。安全检验合格是通过商品检验的基本前提条件之一，只有通过安全检验合格的进口民用核安全设备，出入境检验机构方可做出商品检验合格的结论；安全检验不合格的设备，不得通过商品检验。出入境检验机构依照《中华人民共和国进出口商品检验法》《中华人民共和国进出口商品检验法实施条例》等对进口民用核安全设备实施商品检验。

第三十四条　国务院核安全监管部门根据需要，可以对境外单位为中华人民共和国境内民用核设施进行的民用核安全设备设计、制造、安装和无损检验活动实施核安全监督检查。

【要点】本条是关于对境外单位相关活动实施核安全监督检查的规定。

国务院核安全监管部门对境外单位实施的监管主要包括注册登记、监督检查和安全检验，本条是对境外单位实施核安全监督检查的明确规定。这里特别强调的是“根据需要”，意指监督应该根据境外单位所从事的活动对象的具体情况和特点而定，如：境外单位所从事活动的相应民用核安全设备的核安全级别较高、结构复杂、设备性能难于控制；境外单位以往的供货历史不令人满意或者民用核设施营运单位及相关单位的信息反馈认为必要时等。

第三十五条　民用核设施营运单位应当在对外贸易合同中约定有关民用核安全设备监造、装运前检验和监装等方面的要求。

【要点】本条是关于民用核安全设备对外贸易合同有关要求的规定。

民用核设施营运单位和采购单位只能从已经取得注册登记资质的境外单位中选择供货商。本条明确规定民用核设施营运单位应当在其对外贸易合同中明确规定有关监造、装运前检验和监装等过程控制要求。同时，民用核设施营运单位和采购单位要在合同执行过程中实施监造、装运前检验和监装等过程控制，确保设备质量，履行相应责任。合同为法律文件，只有在合同中约定相关要求，才能保证顺利执行，保证采购单位的合法权益。

这里的“监造”是指对境外供应商从原材料验收、生产制造到出厂的全过程进行跟踪和监督检查；“装运前检验”是指在民用核安全设备生产完成后、发运前，根据合同以及技术条件的要求，对民用核安全设备的品质、性能、规格等进行检验；“监装”是指对民用核安全设备的包装、运输过程进行跟踪和监督检查。

第五十六条　民用核设施营运单位有下列行为之一的，由国务院核安全监管部门责令限期改正，处100万元以上500万元以下的罚款；逾期不改正的，吊销其核设施建造许可证或者核设施运行许可证，对直接负责的主管人员和其他直接责任人员，处2万元以上10万元以下的罚款：

（一）委托未取得相应许可证的单位进行民用核安全设备设计、制造、安装和无损检验活动的；

（二）对不能按照质量保证要求证明质量受控，或者出现重大质量问题未处理完毕的民用核安全设备予以验收通过的。

【要点】本条是关于民用核设施营运单位违反条例规定应承担法律责任的规定。

本条第一款虽指的是民用核设施营运单位委托未取得许可证的单位从事活动应受本法惩罚，但是在《核安全法》中已明确规定“未经注册，境外机构为境内核设施提供核安全设备设计、制造、安装或者无损检验服务的。由国务院核安全监督管理部门责令改正，处五十万元以上一百万元以下的罚款；有违法所得的，没收违法所得；对直接负责的主管人员和其他直接责任人员处二万元以上十万元以下的罚款。” 所采购的设备应用的业主单位、采购单位也要承担相应的连带责任。因此，如果委托未取得注册登记资质的境外单位从事活动同样接受相应惩罚。本条第二款是指民用核设施营运单位对不能按照质量保证要求证明质量受控，或者出现重大质量问题未处理完毕的民用核安全设备予以验收通过应受本法惩罚。民用核设施营运单位（及其委托的其他单位）应该对进口民用核安全设备的执行严格的质量保证措施，在重大质量问题处理完毕前，不得予以验收通过。

1.4 《进口民用核安全设备监督管理规定》（HAF604）

1.4.1 HAF604 的出台背景

在我国核电发展的二十余年时间里，由于国家工业技术水平和管理条件的限制，大量的关键核安全设备均依赖进口。虽然大多数的进口核安全设备质量状况可以满足相关的核安全要求，但由于国家对于核安全设备的进口没有实施有效的事前、事中控制，导致国内核设施中大量进口设备的质量问题在国内设备安装期间才被发现，既耽误了建设工期，也给国家带来了巨大的经济损失。如，某核电站的重大主设备频频发现的大量质量问题，如蒸汽发生器、主泵、堆内构件、主管道以及目前正在处理的核心部件——压力容器，等等，其主要原因均为制造期间的各种问题导致，这在很大程度上是由于国家核安全监管当局不能适时对进口设备设计、制造活动实施监督管理而造成的。

《条例》中规定了进口设备实施注册管理制度，同时也赋予了国家核安全监管当局以有效的监督管理权，并规定在实施商检前，必须获得国家核安全监管当局出具的安全检验证明。上述规定保证进口核安全设备（重要核设备）在进口过程中在质量方面的纵深防御，也最终保证了进口核安全设备的质量，使得在设计、制造期间有瑕疵并且不满足核安全要求的设备不会入关，大大减少国家和企业不必要的损失。国内多年核设施的建造经验反馈表明，对进口核安全设备实施注册登记、安全检验以及监督管理是十分必要的。

1.4.2 HAF604 的主要内容

《进口民用核安全设备监督管理规定》（HAF604）于 2007 年 12 月 25 日经国家环境保护总局 2007 年第四次局务会议审议通过，自 2008 年 1 月 1 日起施行。规定由总则、境外单位的注册登记、国务院核安全监管部门的监督检查、民用核设施营运单位的监造、装运前检验、监装和验收、进口民用核安全设备的安全检验、法律责任和附则组成，共七章。本规定实施后，进一步加强了对进口民用核安全设备的有效监督管理，细化了进口民用核安全设备安全检验的管理要求。

HAF604 根据《民用核安全设备监督管理条例》制定，用于加强对进口民用核安全设备的监督管理。本规定适用于为中华人民共和国境内民用核设施进行民用核安全设备设计、制造、安装和无损检验活动的境外单位（以下简称“境外单位”）的注册登记管理以及进口民用核安全设备的安全检验。HAF604 主要包括内容有：（1）境外单位的注册登记的范围和程序要求；（2）进口民用核安全设备的监督检查要求；（3）民用核设施营运单位的监造、装运前检验、监装和验收要求；（4）进口民用核安全设备的安全检验要求；（5）相关法律责任和定义等。

1.4.3 HAF604 部分条款解读

第一条　为了加强对进口民用核安全设备的监督管理，根据《民用核安全设备监督管理条例》，制定本规定。

【解读】本条是关于 HAF604 制定目的的规定。

第二条　本规定适用于为中华人民共和国境内民用核设施进行民用核安全设备设计、制造、安装和无损检验活动的境外单位（以下简称“境外单位”）的注册登记管理以及进口民用核安全设备的安全检验。

【解读】本条是关于 HAF604 适用范围的规定。本规定第四十五条对安全检验进行了定义：是指在境外单位检验合格，以及民用核设施营运单位监造、装运前检验和监装合格的前提下，对进口民用核安全设备安全性能进行的检查或者验证，包括活动过程中形成的相关文件记录检查、开箱检查、以及安装和装料前调试阶段涉及安全性能的试验检查三个阶段。

第三条　国务院核安全监管部门负责对境外单位进行注册登记管理，并对其从事的民用核安全设备设计、制造、安装和无损检验活动实施监督检查。

国务院核安全监管部门及其所属的检验机构依法对进口民用核安全设备进行安全检验。

【解读】本条是关于境外单位注册登记、民用核安全设备设计、制造、安装和无损检验活动监督检查以及进口民用核安全设备安全检验工作职责的规定。我国进口民用核安全设备监督管理的三项基本制度包括：注册登记、监督检查和安全检验。

第四条　民用核设施营运单位，应当在民用核安全设备的对外贸易合同中，明确约定下列主要内容：

（一）境外单位应当配合国务院核安全监管部门的监督检查；

（二）有关进口民用核安全设备监造、装运前检验、监装和验收等方面的要求；

（三）进口民用核安全设备的技术条件和安全检验的相关事项。

【解读】本条是关于民用核设施营运单位对外贸易合同中明确约定内容的规定。本条的适用主体是“民用核设施营运单位”，但在本规定第四十四条明确规定“民用核设施营运单位委托民用核安全设备成套供应商、民用核设施核岛建造总承包商或者民用核安全设备持证单位采购设备的，由被委托的采购单位承担本规定中规定的营运单位的相关责任。”因此，与境外单位签订对外贸易合同的各级采购单位均需执行相应要求。对外贸易合同中应明确约定的内容主要包括：第一，境外单位应当配合国务院核安全监管部门的监督检查，进一步落实监督检查制度，在商务层面上督促境外单位履行相应义务。第二，有关进口民用核安全设备监造、装运前检验、监装和验收等方面的要求，加强设备质量过程控制。第三，进口民用核安全设备的技术条件和安全检验的相关事项，强调采购技术条件的传递和安全检验的有关管理要求。

第十三条　注册登记确认书有效期限为5年。

注册登记确认书有效期届满，境外单位需要继续从事相关活动的，应当于注册登记确认书有效期届满6个月前，重新向国务院核安全监管部门提出注册登记申请。

【解读】本条是关于注册登记确认书有效期限的规定。注册登记确认书的有效期限为5年，境外单位可在有效期限内从事的民用核安全设备设计、制造、安装和无损检验活动。境外单位应在期满6个月前重新申请注册，如果有效期届满但重新注册未获批准，境外单位不可进行相应活动，待取得新的注册登记确认书后，方可继续进行相应活动。

第十六条　禁止无注册登记确认书或者不按照注册登记确认书规定的活动种类和范围从事民用核安全设备设计、制造、安装和无损检验活动。

禁止境外单位委托未取得民用核安全设备相关许可证的境内单位或者未取得注册登记确认书的境外单位，为中华人民共和国境内民用核设施进行民用核安全设备设计、制造、安装和无损检验活动。

禁止伪造、变造、转让注册登记确认书。

【解读】本条是关于境外单位违规情形的规定。本条有关规定对应《条例》第四十四、四十五、四十七、四十九条的内容。第一，进口民用核安全设备的类别、品种、安全级别、活动场所应符合注册登记活动范围和条件的要求，禁止境外单位无资质或者不按照资质规定的活动种类和范围开展活动。第二，进口民用核安全设备的分包和外购项目情况应满足注册登记条件的要求，禁止境外单位委托无资质的境内单位或者境外单位开展活动，这是对境外单位分包的规定，对于工艺复杂或者大型的成套设备容易出现此款提到的违规分包情况。

第十七条　经注册登记的境外单位，为中华人民共和国境内民用核设施进行民用核安全设备设计、制造、安装和无损检验活动时，应当遵守中华人民共和国相关的法律、行政法规和核安全监督管理规定，并对其从事的相应活动质量负责。

【解读】本条是关于境外单位应遵守我国法律法规的规定。这里一方面需要国家核安全监管部门对境外单位宣贯法规要求，另一方面也需要采购单位、营运单位积极地向提供设备活动的境外单位宣传我国的法律法规，并在合同中做出规定。

第二十三条　民用核设施营运单位应当对进口民用核安全设备进行监造、装运前检验、监装，并对进口民用核安全设备质量进行验收。

【解读】本条是关于核设施营运单位进行监造、装运前检验、监装和验收活动相关责任的规定。营运单位负责对其采购的进口民用核安全设备进行监造、装运前检验、监装和验收控制，承担全面管理和质量责任。报检单位的职责主要包括：第一，在采购合同中约定进口民用核安全设备监造、装运前检验、监装和验收等方面的要求。第二，制订进口民用核安全设备监造、装运前检验、监装和验收计划，编制相应检查要求，并按要求实施相关活动。第三，编制并提交进口民用核安全设备监造、装运前检验、监装和验收结果报告。第四，对进口民用核安全设备制造过程中出现的问题进行上报和处理。

第二十四条　民用核设施营运单位应当配备足够数量并具备相应专业知识和业务能力的监造、装运前检验、监装和验收人员。

【解读】本条是关于核设施营运单位进行监造、装运前检验、监装和验收活动有关人员资质的规定。核设施营运单位对相应活动人员的配备，应当综合考虑个人工作经历、专业知识的掌握程度、业务能力等因素，并保证足够的人员数量，提高监造、装运前检验、监装和验收工作效果。

第三十条　国务院核安全监管部门及其所属的检验机构依法对进口民用核安全设备进行安全检验。安全检验可以采取独立检验或者验证的方式。

未经安全检验或者经安全检验不合格的进口民用核安全设备，不得在中华人民共和国境内的民用核设施上运行使用。

【解读】本条是关于安全检验监管要求的规定。安全检验的方式可以采取独立检验或者验证的方式，“验证”在这里可以包括第三方机构开展的安全性能或者质量检验。本条第二款明确规定，未经安全检验或者经安全检验不合格的设备不得在中华人民共和国境内的民用核设施上运行使用。检验机构一经发现此种情况，应按要求上报国家核安全局。

第三十一条　进口民用核安全设备安全检验的依据主要包括：

（一）中华人民共和国法律、行政法规和核安全监督管理规定；

（二）民用核安全设备国家标准、行业标准或者境外单位注册登记申请时经国务院核安全监管部门认可的标准；

（三）对外贸易合同；

（四）相关设备技术规格书。

【解读】本条是关于安全检验依据内容的规定。本条规定了安全检验的依据文件包括：第一，《核安全法》《民用核安全设备监督管理条例》《进口民用核安全设备监督管理规定》（HAF604）以及生态环境部、核安全中心出台的相应管理程序。第二，民用核安全设备国家标准、行业标准或者境外单位注册登记申请时经国务院核安全监管部门认可的标准，也就是经国务院核安全监管部门认可的国外标准。第三，对外贸易合同，主要包括贸易合同中的技术、质量控制和监督管理等内容。第四，设备技术规格书，必要时包括试验大纲等文件。

第三十二条　从事进口民用核安全设备安全检验的人员，应当熟悉相关法律法规、标准及有关技术文件，并具备相应的检验技能。

【解读】本条是关于安全检验人员的规定。安全检验人员应当熟悉《核安全法》《民用核安全设备监督管理条例》《进口民用核安全设备监督管理规定》（HAF604）以及生态环境部、核安全中心出台的相应管理程序，熟悉民用核安全设备国家标准、行业标准及国外标准，具备安全检验技能。

第三十三条　进口民用核安全设备到达口岸前，民用核设施营运单位应当向国务院核安全监管部门及其所属的检验机构报检，并提供下列材料：

（一）进口民用核安全设备报检申请表；

（二）注册登记确认书复印件；

（三）装箱清单；

（四）产品质量合格证书。

营运单位提交的上述材料应当为中文或者英文。

【解读】本条是关于安全检验口岸文件报检的规定。本条规定，安全检验口岸报检是在设备到达口岸前进行，报检材料包括进口民用核安全设备报检申请表、注册登记确认书复印件、装箱清单、产品质量合格证书等，报检材料语种为中文或者英文。

第一，报检申请表应严格区分设备类别、设备品种，准确描述所有报检设备及分包设备信息，如设备类别、名称、核级、数量、制造国及厂商等；报检设备类别、品种应在《民用核安全设备目录（2016年修订）》范围内，安全级别应与设备技术规范描述一致；报检说明中须明确所报检设备和分包设备不符合项关闭情况和设备鉴定情况；对新设计的进口民用核安全设备，应提交报检设备的鉴定大纲、报告和设计单位审查结论等文件； 如报检设备为运行电厂采购的备件，应在申请表中说明设备的设计变更情况。

第二，2019年8月22日，生态环境部部务会议审议通过的《生态环境部关于废止、修改部分规章的决定（含核与辐射）》已明确，删去《进口民用核安全设备监督管理规定》（HAF604）中第十四条第一款办理注册登记确认书变更手续应当提交材料第二项“原注册登记确认书复印件”和第三十三条第一款进口民用核安全设备报检应当提交材料第二项“注册登记确认书复印件”，安全检验申报文件已不包括注册登记确认书复印件。

第三，装箱单应为设备供应商或者委托发运方出具，且具有有效签字或盖章；装箱单中须分别包含并标识出所有报检设备和抽查设备；装箱单中设备信息必须与注册登记确认书信息以及质量证明文件信息一致；装箱单中合同信息与对外贸易合同信息一致。

第四，文件由设备的制造供应商所出具，且加盖公司有效印章或质量负责人签字；文件必须覆盖所有报检设备，且明确报检设备的质量结论，不得有未关闭的不符合项和偏离项；文件上供应商信息与注册登记确认书的厂家信息一致；文件上合同信息与对外贸易合同信息一致；文件中应明确体现设备采购技术规格书，对于设备分包商质量文件中标明的采购技术规格书与所提交的技术文件不一致的情况，报检单位应出示有关文件证明设备分包商所遵循的采购技术规格书符合报检单位所提交的技术文件要求。制造单位质量文件的升版过程应当符合文件变更的控制程序，文件升版必须由审、批原文件的同一单位进行审、批或者由其专门指定的其他单位审、批；对于在质量文件中手写补充有关技术文件的情况，变更部分应当由质量文件批准人员签字盖章批准。

第三十四条　国务院核安全监管部门及其所属的检验机构应当审查民用核设施营运单位按照本规定提交的报检材料。必要时，可以对到岸设备进行检查。

对符合要求的，签发《进口民用核安全设备口岸检查放行单》。营运单位持《进口民用核安全设备口岸检查放行单》依照有关法律法规的规定到相关机构办理商检手续。

对不符合要求的，国务院核安全监管部门及其所属的检验机构应当书面通知营运单位，并说明理由。

【解读】本条是关于安全检验口岸检查放行结论的规定。国务院核安全监管部门及其所属的检验机构对申报文件进行审查，审查要点包括：申报文件、各栏次所填内容和自查结论的完整性要求；申报文件的签字、日期、公章信息和质量记录文件的有效性要求；申报文件的名称、设备类别、设备品种、名称、核级、数量、制造国及厂商等栏次填写内容规范性要求；申报文件所填信息与设备对应的准确性要求。口岸检查放行单包括报检单位信息、设备信息和口岸检查结论。

第三十五条　民用核设施营运单位应当在进口民用核安全设备计划开箱检查

20个工作日前，向国务院核安全监管部门及其所属的检验机构申报，并提交下列材料：

（一）进口民用核安全设备装配总图、出厂检验试验报告等产品竣工文件；

（二）营运单位监造、装运前检验和监装以及验收结果报告；

（三）国务院核安全监管部门监督检查发现问题的处理和关闭情况报告；

（四）进口民用核安全设备活动不符合项情况，以及较大和重大不符合项记录；

（五）国务院核安全监管部门要求提交的其他材料。

营运单位提交的上述材料应当为中文或者英文。

国务院核安全监管部门及其所属的检验机构应当对上述开箱检查申报材料进行审查，并派安全检验人员在开箱检查前到达现场进行见证。

安全检验人员未到场前，营运单位不得进行开箱检查。

【解读】本条是关于安全检验开箱文件报检的规定。本条规定，安全检验开箱报检是在进口民用核安全设备计划开箱检查20个工作日前进行，报检材料包括进口民用核安全设备装配总图、出厂检验试验报告等产品竣工文件，营运单位监造、装运前检验和监装以及验收结果报告，国务院核安全监管部门监督检查发现问题的处理和关闭情况报告，进口民用核安全设备活动不符合项情况，以及较大和重大不符合项记录等，报检材料语种为中文或者英文。

第一，装配总图由设计方或采购方出具，且具有有效签字或盖章；覆盖设备及部件范围、项目、合同情况；设备的核安全级别、设计及技术要求、材料清单等与技术规格书相关信息一致。

第二，设备出厂检验和试验报告是由设备制造供应商出具，且具有有效签字或盖章；报告应覆盖所有抽查设备；单一设备或部件及成套设备的检验试验项目、条件和结果应符合设备技术规格书、标准规范及技术条件的相关要求；如试验项目不能覆盖技术规格书中的要求，则应当提供相应的出厂试验大纲，且该大纲应当经相关设计方审核批准（技术规格书原编制方）；报告中试验所依据的技术文件、试验程序是否明确（注意，试验报告中所体现的试验程序与质量计划中“出厂试验”工序所依据的文件是否一致）；检验试验用场地、设备、器具、材料介质及人员资质应满足相关技术要求，包括：场地须满足设备技术规格书、标准规范及技术条件规定的清洁度、温度、湿度等相关要求；设备、器具须经过标定和校准，并在有效期内；材料介质（如试验用水）须满足设备技术规格书、标准规范及技术条件的相关规定；人员须具备相应资质并经过有效授权，且在有效期内；各试验结论应当为合格，试验过程中的不符合项及异常情况已处理关闭。

第三，监造、装运前检验、监装以及验收工作须满足《进口民用核安全设备监造、装运前检验和监装及验收管理细则》的要求；质量计划中所选的控制点均完成了见证、签点，或提供了有效的质量控制点变更说明。

第四，不符合项报告完整，且经编审批签字；不符合项处理过程满足已批准的处理措施要求，结果符合要求，不符合项关闭。不符合项按照《民用核安全设备制造阶段不符合项监督管理要求（试行）》的要求进行了管理。

第三十六条　开箱检查后，国务院核安全监管部门及其所属的检验机构应当在20个工作日内，出具开箱检查报告。

经检查不合格的，国务院核安全监管部门及其所属的检验机构应当在报告中说明不合格的原因，民用核设施营运单位不得进行安装调试活动。

【解读】本条是关于安全检验开箱见证检查报告的规定。开箱检查过程中，报检单位应当如实记录开箱检查内容、检查结果和发现的问题等，出具开箱检查记录。开箱检查完成后，报检单位应出具开箱检查报告，并在完成开箱后10个工作日内将开箱检查记录和开箱检查报告报送至相应安全检验机构备案。对于见证检查的设备批次，安全检验人员应当对见证检查的内容、发现的问题以及处理情况作出记录，并由安全检验人员和报检单位的有关负责人签字确认。安全检验机构应对报检单位提交的开箱检查记录和开箱检查报告进行审查，审查合格后20个工作日内出具见证检查报告。开箱见证检查报告包括安全检验基本信息、报检单位信息、开箱设备信息、开箱见证检查情况和开箱见证检查结论等内容。

第三十八条　国务院核安全监管部门及其所属的检验机构应当在完成文件记录检查、开箱检查、安装和装料前调试阶段涉及安全性能的试验检查后，出具安全检验报告。

对安全检验不合格的，民用核设施营运单位不得运行使用。

【解读】本条是关于机组安全检验总报告的规定。机组安全检验总报告是整个进口核安全设备安全检验三个阶段的总结，是装料批准书发放的依据之一。

机组安全检验总报告的内容包括：第一，机组的概况描述，该部分主要对机组的位置、堆型、承建单位、业主、进口核安全设备的情况进行概述。第二，机组的安全检验过程和安全检验范围，该部分主要对进口核安全设备文件审查、开箱检查、安装和调试阶段安全性能见证检查阶段的过程、设备类别、数量、核安全级别和境外供货商的情况进行概述。第三，安全检验内容，该部分主要对进口核安全设备安全检验各个阶段的检查项目、检查关注点、检查放行情况进行概述。第四，主要问题及异常情况，该部分主要针对设备制造、安全检验、安装和调试等各个阶段发现的主要问题、不符合项、偏离、异常情况、相应的解决措施及不合格设备情况进行概述，并提出后续需要跟踪的问题和监管建议。第五，安全检验结论，该部分主要描述报检单位遵守核安全法律法规的情况、安全检验文件审查结论、设备开箱见证检查结论，结合监督检查结果出具安全性能试验见证检查结论，依据进口核安全设备不符合项的处理过程及结论出具不符合项的处理结论，结合上述评价结论给出机组进口民用核安全设备安全检验的总体结论。

1.5 思考题

（1）我国的核安全目标是什么？

（2）纵深防御原则包括哪些内容？

（3）简述我国的核安全观。

（4）简述我国进口民用核安全设备监管法规体系。与国外核设备监管制度相比，我国的监管制度优势有哪些？在哪些方面还需加强监管？

（5）简述《核安全法》的出台背景和主要内容。

（6）《民用核安全设备监督管理条例》的出台背景是什么？与原部门规章的最大区别有哪些？

（7）简述《进口民用核安全设备监督管理规定》的出台背景。

（8）简述我国进口民用核安全设备安全检验制度内容。

第二章 设备活动的质量保证

2.1 核质量保证概述

2.1.1 核质量保证法规的起源

1970 年，美国联邦法规 10 CFR 50 附录 B《核电厂和核燃料后处理厂质量保证准则》发布，是国际上最早制定的、比较规范的、而且多年未变的核质保法规，同时也是民用核设施核质量保证领域第一个国家级行政法规；1978 年，国际原子能机构（IAEA）颁布了《IAEA 50–C–QA. Code on the Safety of Nuclear Power Plants: Quality Assurance》，推荐各成员国使用。

1984 年，国务院决定成立国家核安全局，对民用核设施安全实施独立监管，逐步建立和完善核安全监管体系。1986 年，国家核安全局参考 IAEA 发布的 50–C–QA《核电厂安全质量保证实施法规》，由国务院授权颁布实施了 HAF0400（86）《核电厂质量保证安全规定》（以下简称"质保规定"），1991 年，根据 IAEA 50–C/SG–QA（88）系列文件，国家核安全局正式发布 HAF0400（91）。

1998 年，国家核安全局对核安全法规、导则进行补充修订，核实纠正了约 20 处翻译不妥的地方后重新出版，并重新编号为"HAF003"。质保规定（HAF003）有 10 个导则，它们是质保规定的说明和补充。

2.1.2 HAF003中的主要名词术语

（1）质量

核电厂的物项和服务均需具有按他们对安全的重要性和使用目的而规定的质量。质量是由可鉴别和可测量的特性决定。物项的质量特性可以通过性能、状态或条件、使用特性来规定，服务的质量特性可根据特定情况进行规定。

（2）质量保证

要保证核设施的安全水平（安全性）和经济指标（可利用率），就必须确保核设施的高质量。质量保证是为了达到核设施的质量目标而形成（应采取）的一套科学的质量管理方法，是一系列有计划的、系统的活动。

所谓“质量保证”，按照质保规定中的定义，它是“为使物项和活动（工作）与规定的质量要求相符合，并提供足够的置信度，所必须的一系列有计划的系统的活动”。我们可以将“质量保证”简单理解为是为了保证核设施的物项和服务的质量而应采取的一整套质量管理措施（或办法）。“质量保证”简称为“质保”，或QA（QUALITY ASSURANCE的词首）。

（3）质量活动

所谓“质量活动”，是指“影响质量的活动（工作）”。无论是制造设备，或是做检验，或是制定文件……等等活动，只要这种活动的结果对物项或服务〔上述两者进行的活动（工作）〕的质量会产生影响，都称为“质量活动”。

1）体系方面：及时制定适用的质量保证大纲等质量保证文件，建立质量保证体系；

2）实施方面：有效地实施质量保证体系，以确保核设施在设计、建造（制造、土建、安装）、调试、运行、退役等阶段所有影响质量的活动均按预先制定的质量保证要求实施；

3）验证与记录：验证各项活动的控制要求均已正确地实施，并取得各项活动已达到质量标准的客观证据；

4）改进与完善：不断地完善质量保证大纲，提升质保体系运转有效性等。

（4）“物项”“服务”“活动”“工作”

1）“物项”：是“构筑物、系统、材料、零部件和设备等的总称”。可以将“物项”理解为是构成核设施的各种“物品”；

2）“服务”：是“由供方进行的工作”。例如，由供方进行的设计、制造、物项的运输、检验和试验、监理等工作。这些“工作”从质量保证范畴来讲，当然是指“影响质量的工作”；

3）在质保规定中，常常把这种“工作”称为“活动”。所以，“影响质量的工作”也称为“影响质量的活动”。

（5）质量控制

“质量控制”，在质保规定中定义为“按规定要求，为控制和测量某一物项、工艺、装置和性能提供手段的所有质量保证活动”。我们可以将“质量控制”理解为质量活动的从事者在实施所从事的质量活动中，按照技术要求和质量管理相关措施（或办法），对所从事的质量活动的质量进行控制。“质量活动”也可称为“质量控制活动”。质量控制简称为“质控”，或 QC（QUALITY CONTROL 的词首）。它是整个质量保证（QA）工作的一个重要的组成部分。

（6）“质量活动的从事者”和“验证人员”

所谓“质量活动的从事者”，是指实施质量（控制）活动的人员。他对活动的质量负主要责任。所以，实施质量（控制）活动的人员也就是对所从事的质量活动的质量进行控制的人员，这也可称为质量控制人员。

质量活动的从事者〔即实施质量（控制）活动的人员、质量控制人员〕不仅是直接实施工艺操作的生产工人，还包括制定文件的技术人员和领导等管理人员。

“验证人员”，是指验证质量活动的从事者所从事的质量活动是否按照规定的要求（技术要求和质量保证相关措施）进行以及质量是否满足规定的要求的人员。

这种验证一般包括三种方式：对质量控制过程实施监督；对质量的检验或试验；以及对质量保证大纲实施有效性的监查。这些人员通称为验证人员，又可分别称为对质量控制的监督人员或质检人员，检验或试验人员，以及质保监查人员。（检验、试验人员原则上属于“验证人员”，但是具有双重性，即又是“质量活动的从事者”）。

2.1.3 核质保法规的安全意义

HAF003 是核电厂选址、设计、建造、调试运行、退役各个阶段必须遵循的一项重要核安全法规；核设施安全性和可利用率的高要求对系统和设备（即物项）以及活动的质量提出了高的要求；只有良好的质量管理措施才能确保获得良好的质量。这一整套严格的质量管理措施（办法）就是质量保证。它们的因果关系见图 2–1。

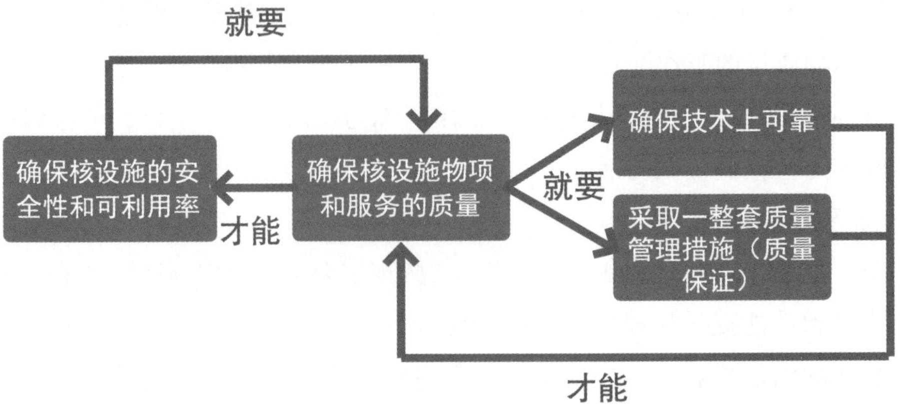

图 2-1　质量保证因果关系

法规规定：为了保证核电厂的安全，核电厂营运单位必须有效控制和实施质量保证大纲。我国实践证明，是否切实实施质量保证工作，对能否保证核设施物项和活动的质量，从而对保证其安全运行和可利用率起到十分明显的作用。质保大纲的制定和实施，是营运单位切实履行保证工作人员和公众健康、环境保护责任的一个重要举措，也是核安全监管当局依法实施监督的一个法律依据。（核安全法于 2018 年 1 月 1 日实施，第二章第十七条规定了核设施营运单位必须建立和实施质量保证体系。）

2.2 质保规定的基本内容

质量保证起源于第二次世界大战期间美国的军工部门，它是早期质量控制理论和实践的进一步发展。美国联邦法规《核电厂燃料后处理厂质量保证准则》（10CFR50 附录 B）是民用核设施质量保证的第一个国家级法规。国际原子能机构和国际标准化组织也制定了相关文件，并不断发展，提出了质量管理、管理系统等概念。我国在广泛收集、研究核电先进国家的核安全法律、法规，等效采用国际原子能机构安全出版物的基础上，陆续颁布核安全法规文件并依法监管。

2.2.1 引言

（1）质量保证的目的

以实现质量的方法来提高核安全，使得安全重要的构筑物、系统和部件的设计、制造、安装、维修、运行达到的质量与其执行的安全功能重要性相适应。即通过实施质量保证来确保核设施的安全。

（2）适用范围

质保规定提出了（质量保证）必须满足的基本要求，它适用于：核电厂和其他核设施；全过程的各个阶段（从厂址的选择、设计、制造、建造、调试、运行、直至退役）；对安全重要物项和对质量有影响的各种活动（工作）（例如，设计、采购、加工、制造、装卸、运输、贮存、清洗、土建施工、安装、试验、调试、运行、检查、维护、修理、换料、改进和退役）；核设施营运单位、各承（分）包单位，以及参与对质量有影响的活动的其他组织及其人员。

（3）质保大纲的制定

营运单位负责制定适用的核设施质量保证总大纲。质量保证大纲包括两种：

1）核设施的质量保证（总）大纲

核设施质量保证总大纲分为设计与建造、调试、运行和退役四个阶段制定。由核设施营运单位负责制定，然后报国家核安全部门审核（审评），认可后实施。

2）每一种工作（单位）的质量保证（分）大纲

这是对于承担核设施某方面的工作的单位的质量保证大纲。质量保证大纲是指实施核设施全部质量保证工作（质量保证总大纲）或每一个单位实施其全部质量保证工作（质量保证分大纲）的总体规划、总体描述的纲领性文件。

（4）质量管理确保达到质量要求的基本办法

首先，要透彻分析要完成的任务中所有影响质量的活动（包括验证活动）有哪些，然后，对每个影响质量的活动提出下列 5 个方面的要求：

人：确定所要求的技能，选择和培训合适的人员；

机：使用适当的（指适用的，且标定合格的）工装、设备和工器具；

料：使用合格的物项（指合格的设备、部件和材料）；

法：制定工作程序（在工艺操作程序中应包括技术要求、质保要求、操作安全要求和环境条件要求才是完整的），并按照经审、批的工作程序实施工作；

环：创造良好的工作环境。

质量是“生产”出来的，不是验证出来的，对要达到的质量负主要责任的是该工作的执行者，不是验证人员，但验证人员须对验证活动的真实可靠性负责。特别注意的是，核电厂营运单位必须对质量保证总大纲有效性负全面责任，但同时也不减轻承包者(运行单位委托其他单位负责实施和制定大纲的全部或一部分)的义务和法律责任。

2.2.2 质量保证大纲

质量保证文件是实施质量保证工作所用的文件，概括质量保证文件包括三个层次，组成了质量保证文件体系：

第一层次文件是质量保证大纲；

第二层次文件是一套质量保证大纲程序；

第三层次文件包括作业（工作）程序（即质量活动程序）、细则、图纸等实施质量活动的依据文件。如图 2–2 所示。

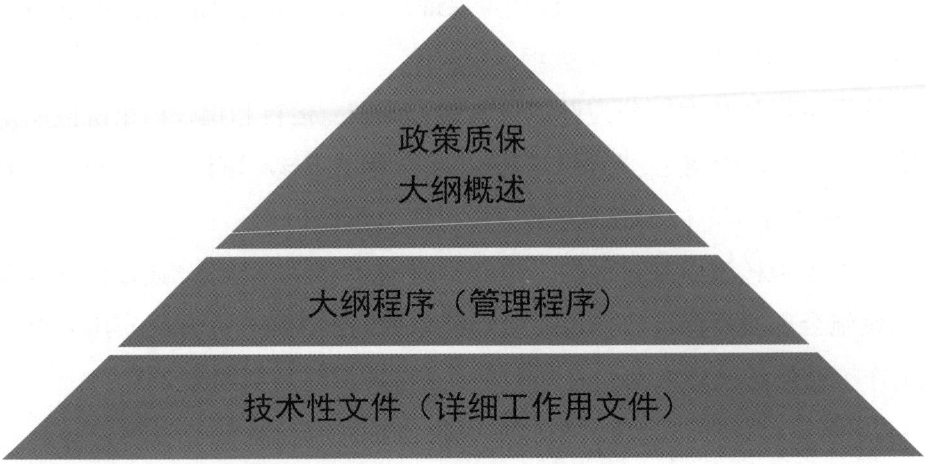

图 2–2　质量保证文件体系

质保大纲主要内容包括以下要求：

（1）质量保证总大纲和质量保证分大纲是一个单位实施其全部质量保证工作的总体规划、总体描述的纲领性文件；

（2）质量保证大纲必须周密制定和便于实施；

（3）对所适用的物项和活动必须规定相应的控制和验证的方法或水平；

（4）各单位及其各部门必须按照工程进度有效地执行（实施）（所制定的）质量保证大纲；

（5）制定质量保证大纲后，还要制定和实施质量保证大纲程序；

（6）在质量活动实施前必须制定相应的作业（工作）程序（即质量活动程序）、

细则、图纸等第三层次文件；

（7）必须根据需要定期对所有质量保证大纲和质量保证大纲程序进行评价、审查和必要时修订，使其适时、完善和便于实施；

（8）管理部门要对本单位的质保大纲的实施状况和适用性定期进行审查，发现问题采取纠正措施。

本章强调了制定质保总大纲的必要性，总大纲必须对核电厂有关工作的控制作出规定，即对影响质量的工作应事先周密的计划和考虑，作出总体安排，这些工作包括管理性的和技术性的。管理性的工作包括大纲的制定以及核电厂整个设计、采购、制造、建造、调试、运行和退役期间大纲的管理。技术性的工作包括设计、采购、制造、建造、调试、运行和退役期间的技术规范、施工工艺等方面的管理。还须特别注意的是在进行质保分级时，可以分为质保 1、2、3、4 四个等级（例如，可将非核级常规产品作为质保 4 级）。但不应该分出 NQA（无质保）级，因为，无质保级就是没有质保要求，这是不合适的。

2.2.3 组织

法规要求的组织结构，指的是从事质量保证活动的组织结构，它应包括工作的从事机构和质量的验证机构。为了管理、指导和实施质保大纲，组织结构的建立原则是必须建立一个有明文规定的组织结构，必须形成文件，以框图和文字给以规定。组织主要包括以下要求：

（1）实施质保大纲的人员包括管理者、工作执行者和质量验证者。

（2）质量验证人员和部门必须拥有足够的权力和组织独立性。

（3）质保部门必须有权向级别足够高的管理部门报告，包括不受经费和进度约束的权力。

（4）正确理解和实施接口控制：单位之间和单位内部部门之间。

（5）接口信息交流：规定渠道、书面文件、接口控制。

（6）人力资源的配备和培训：从事影响质量的活动人员进行资格考核。

组织规定了责任、权限和联络、单位间的工作接口以及人员配备和培训的相关要求，组织机构的设立应该按照活动设置或调整强调因事设人，做到事事有人负责，不漏项也不重叠。应注意机构不应多头领导，一个机构只应受上一级的一个机构领导。并且要求行使质量保证职能人员和部门有足够的权力和组织独立性，并在组织结构中处于能直接接触到高层管理者的位置。应对组织接口作出安排，核设施中许多活动由几个单位或几个部门协同完成，这就存在单位间、部门间的职责界限确定、衔接关系和协调问题。人员素质对实现质量起着关键作用，因此对于各项工作必须配备足够数量的合格人员，要制定培训大纲、培训计划，同时进行考核，有些专业资格要求应服从 HAF603 的规定。

2.2.4 文件控制的基本要求

文件是对于质量保证有关活动、要求、程序或结果加以描述、定义、说明、报告或证明的文字或图标资料。文件控制主要包括以下要求：

（1）必须明确文件控制范围，即哪些文件需要进行控制。

（2）工作执行文件，即：质量（控制）活动文件〔例如工作（作业）程序、细则及图纸等〕和验证活动所需要（用）的文件（例如工作（作业）程序、图纸、质量计划、监查计划等）均应预先编、审、批，以确保文件的质量。

（3）对文件的发布和分发必须进行控制，以确保文件发布和分发的正确。

（4）文件变更（修改）时，为确保变更文件的质量，要控制其变更（修改）和分发。

（5）临时文件也要与正式文件同样控制。

（6）外来文件要有登记制度，控制其接受、审阅、转批。

基本上文件控制是通过文件编制、审核、批准、发放、变更、作废等进行控制，确保参与活动的人员能够及时得到、了解并使用完成该项活动所需的正确合适的文件。

2.2.5 设计控制的基本要求

设计控制包括对设计活动（工作）、设计接口、设计验证和设计变更等四个方面进行控制，并采取相应的控制措施，以保证这四个方面的质量。设计控制包括以下要求：

（1）设计活动的控制包括：辐射防护、人因、物理和应力分析、热工水力、地震和事故分析、材料相容性、在役检查、维护和修理的可达性，检查和实验的验收准则等。

（2）设计接口包括对内部和外部的设计接口必须规定各方责任、资料交流的方法，并形成文件，以便于未参加原设计的技术人员能够充分评价。

（3）设计验证是审查、确认或证实设计的过程。方法包括设计审查、替代设计和样机鉴定试验等，验证人员应由不从事原设计的人员胜任。

（4）设计变更通常包括设计单位提出的设计变更和现场施工单位提出的设计变更。

需要强调的是对不进行核设备设计的核设备制造单位和核设施安装单位，在核设备制造和核设施安装期间在设计控制方面也有设计变更控制，同时也会有与此相关的设计接口的控制（除非专门指定其他单位，设计变更文件必须由审核和批准原设计文件的同一小组或单位审核和批准）。

2.2.6 采购控制的基本要求

在核设施各阶段，都有着物项和服务的采购，为了确保所购物项和服务符合质量要求，必须对采购活动进行控制。采购控制活动涉及的要求：

（1）必须制订采购计划；

（2）必须制订采购文件；

（3）必须进行供方评价；

（4）应从合格供方中选择、确定供方；

（5）买方必须对所购物项和服务在其生产过程中进行验证，以保证〔质量（控制）活动〕符合采购文件的要求；

（6）最终验收：源地验证、接收检查、按合格证验收和安装后的试验验收。

物项和服务的采购必须有计划地进行。由使用部门提出采购申请，责任部门汇总，制定采购计划，采购计划主要明确以下四个方面要求：（1）需完成的采购活动；（2）主要负责人和参与者；（3）遵循的程序或方式；（4）采购完成的期限。

采购文件中至少应包括下列四个方面的要求：（1）供方承担的工作范围的说明；（2）技术要求；（3）质量保证要求；（4）上述要求中哪些是要扩展到供方分包单位的有关要求。

供方评价的方法包括：（1）评价表明供方以往类似物项供货或提供服务的质量的有关资料；（2）对供方现有的质量保证记录进行评价；（3）到源地评价供方技术能力和质保能力；（4）抽查新近的类似产品质量。

证明所购物项和服务符合采购文件中的全部要求的文字证据（物项或服务验

收文件包）应与所交货的物项和服务同时提交。

2.2.7 物项控制的基本要求

物项是材料、零件、部件、系统、构筑物和计算机软件的统称。物项控制是防止误用不正确的或有缺陷的物项，防止物项损坏、变质、丢失。物项控制主要有以下要求：

（1）必须对材料、零件和部件（包括部分加工的组件）进行标识；

（2）必须对物项的装卸、贮存和运输进行控制；

（3）安全重要物项必须维护，保证其质量相当于原来规定的质量。

标识控制的内容应能达到表达物项的全部特征，而且不得影响物项的功能。物项的装卸要按程序、细则进行工作。重要物项的维护，应保证其质量相当于该物项原来所规定的质量。

2.2.8 工艺过程控制的基本要求

凡在设计、建造、加工、试验、调试和运行中使用，并对核电厂质量有影响的工艺过程，都必须按规定要求予以控制。一般来讲，对这些工艺过程均要预先制定工作程序。所有的工作程序中应包括法规、规范、标准、技术条件、准则和其他要求。

（1）对核电厂的设计、制造、建造、试验、调试和运行中所使用的影响质量的工艺过程必须进行控制。工作（作业）程序中应包括实施该工艺过程的技术要求、质保要求、操作安全要求和场地环境要求等四方面的要求。

（2）特殊工艺过程：对不能通过对成品的直接检查来验证工艺质量时（例如，焊接性能、物项热处理后的性能和无损检验的质量等），必须确保这些工艺由合格的人员，使用合格的设备和合格的材料，在适宜的环境条件下，按照认可（批准）的工作（作业）程序完成。

（3）对于现有规范、标准、技术规格书尚未包括的工艺即新工艺，或质量要求超出这些文件规定的情况即有更高的质量要求时，应预先做工艺试验和评定，并且对人员资格、所用程序或设备的鉴定要另作规定。

（4）过程控制的要素：

人：人员合格；

机：设备合适，状态良好；

料：规定的材料，并检验合格；

法：经过批准的程序和细则，或有效的工艺评定；

环：良好的作业环境。

工艺过程控制的具体体现——质量计划。质量计划是对设备、部件的制造或安装活动进行质量控制的一份重要质量文件，也是业主、制造商、监造方之间质量监督活动的一份重要接口文件。

一般讲过程控制的实施应有过程前的检查和审查、过程中的监督和最终检查，如发现与规定要求不符，应按不符合项控制要求处置，并采取相应纠正措施。

2.2.9 检查和试验控制的基本要求

这里的“检查”，是指检验（包括测量）、观察（质量控制监督）等手段。检查人员进行的“检查”工作是通过“检查”的办法验证物项、服务和影响其质量的各项活动（工作）是否符合书面程序、细则及图纸的要求。执行检查工作的人员必须具有独立性和必要的资格。试验是指将物项置于某种物理的、化学的环境的或者运行条件考验之下，确定或验证物项的性能是否符合规定要求的活动。检查和试验控制有以下三点要求。

2.2.9.1 检查控制

（1）检查必须由未参加被检查活动的人员进行，这样才能才能保证检查结果的客观性、公正性和置信度。

（2）为进行这种检查，检查人员必须事先制定“检查大纲”（和程序）；并按照检查大纲和程序实施检查活动（工作）。

（3）“检查大纲”中应包括：

检查的项目和步骤：检查的项目必须包括保证质量所必需的每一项内容，并明确检查步骤；

检查的方式：对已加工完的物项作检查或检验；对工艺过程直接检查；对加工方法、设备、人员作检查（间接检查）。当用其中之一不能得到充分的检查时，就要用某几种方法的组合进行检查；

在“检查大纲”或适当的文件（例如，质量计划）中应规定“控制点”。例如：停工待检点（*H* 点）、见证点（*W* 点）和记录检查点（*R* 点）。未经指定的（即

设置 H 点的）单位书面批准，不得进行“停工待检点”后的工作（活动）。

（4）对已建成的核设施的设备，必须制定和实施所需的在役检查大纲，并对照（役前检查等的）基准数据评价其结果。

2.2.9.2 试验控制

（1）为对构筑物、系统和部件进行试验，试验人员必须事先制定“试验大纲”，并按照试验大纲列出的试验项目进行试验。

（2）“试验大纲”中必须包括：为证明构筑物、系统和部件将能满意地承担预定功能所需的所有试验项目。例如，通常的功能或性能试验，程序的鉴定试验，设备的鉴定试验，样机鉴定试验，安装前的复核试验，调试试验，运行阶段的监测试验等。

（3）对各项试验，必须预先制定“试验程序”，并按照试验程序进行相应的各项试验。“试验程序”中必须包括：试验的先决条件，对试验人员、试验设备和试验环境条件的要求，设计文件中规定的要求，验收限值，记录和报告等。

（4）试验结果必须形成书面文件（一般包括试验记录和试验报告），并要对结果给出评定结论，以确保满足规定的试验要求。

2.2.9.3 测量和试验设备标定

检验和试验中用的测量和试验设备的特性参数将直接影响测试结果，如果未对其加以控制，将直接影响对物项和服务的检验和试验结果的正确性。为此应对测试设备的标定加以控制，措施如下：

（1）对测量和试验用的设备、装置、仪表、工器具、量具必须经标定，合格后才能使用。

（2）应标定其量程、准确度、精度等影响测试结果的特性参数的合格性。

（3）对有些特性参数容易变动的测试设备在使用前或规定的使用时间间隔内要再作标定和（有偏差时要）调整。当发现偏差超出规定限值时，应怀疑上次标定以后就可能变动，所以，必须对上次标定合格以来所做的测量和试验的有效性进行评价，并重新评定已试验物项的验收（即对物项的合格性进行重新评定）。标定过的设备、仪表、工器具、量具应妥善装卸、贮存和使用。

2.2.10 不符合项控制的基本要求

不符合项，是由于种种原因（例如，工作程序内容不合适、材料性能不合格……），使生产出来的物项的质量不可以接收，或可否接收不能马上确定下来。这种物项就称为“不符合项”。为防止误用或误装不符合要求的物项，必须对不符合项进行控制，具体有以下要求：

（1）发现不符合项后应立即对不符合项做出标识。标识的方法有：在不符合项上打印标记或挂标签，或将不符合项与符合项分开存放。

（2）确定不符合项的分类和处理方式，必须对不符合项进行审查。要预先制定进行审查和处理的程序。

（3）对经过修理和返工的物项应重新进行检查。

（4）不符合项未处理好，不能对其进行下一步加工、交货、安装。

（5）对已接受的不符合项，必须通知采购人员或报告指定的机构以及相关人员，以便可进行下一步加工、交货、安装。

（6）对已接受的变更、放弃要求或偏差的说明要形成书面文件，以指明不符合要求的物项的最终“竣工”状态，并存入档案。

不符合项控制就是防止误用误装不符合项，所以要制定不符合项控制程序，明确对不符合项控制应采取的措施。为了保证对不符合要求的物项的控制，在实际可行时必须用标记、标签或实体分隔的方法来标识不符合要求的物项。必须为不符合要求的物项或带有缺陷的物项制定控制下一步工序、交货或安装的措施，形成文件并予以实施。

2.2.11 纠正措施控制的基本要求

对于出现质量问题后，一方面是要处理，另一方面还要防止其再次产生，因此，就要针对产生问题的根本原因，采取纠正措施。具体有以下三点要求：

（1）对于有损于质量的情况（例如故障、失灵、偏差、有缺陷或不正确的材料和设备以及其他方面的不符合项），必须查明起因（根本原因），并针对根本原因采取纠正措施，以防止再次发生。

（2）对于严重有损于质量的情况，必须用书面文件阐明其鉴别、起因和所采取的纠正措施，并向有关各级的管理部门报告。一方面为了今后有据可查，另一方面可让管理部门将经验反馈给相关部门，吸取教训，防止同样问题再次发生在相关部门。

（3）为确定防止不符合项重犯的纠正措施，在识别原因时应采取根本原因分析技术，从众多起因中找出根本原因。应对识别出的根本原因和针对根本原因的纠正措施，需向相应管理层报告。

2.2.12 质保记录控制的基本要求

质量保证记录是为各种物项或服务的质量以及影响质量的各种活动提供客观证据的文件，是质量保证工作实施情况的客观证据以及出现问题时查阅的依据，所以非常重要。必须在质量保证大纲实施中编写足够使用的质量保证记录，质量保证记录应包括："人员培训与考核、程序和设备鉴定、材料分析、审查、检查、试验、监查、工作执行情况的监视（监督）、电厂运行日志、修改等记录"。

（1）对质量保证记录的填写要求包括：

1）必须是客观的质量证据；

2）记录的字迹必须清楚；

3）记录的内容必须完整；

4）记录必须与记述的物项和活动相对应；

5）记录必须及时和正确地填写。

（2）质量保证记录必须收集完整，并贮存和保管好。

综上所述，质保记录必须按书面程序和细则建立并执行质量保证记录制度，必须以文件的形式对质量保证记录、有关的试验材料和样品的保存时间做出规定。一般讲，永久性记录需保留30年以上（相当于核电厂运行寿期）；非永久性记录保留期低于30年，如5年或3年。

2.2.13 质量保证监查的基本要求

质保监查的目的是验证质量保证大纲的实施及其有效性。必须根据需要有计划的、有文件规定的内部及外部监查制度。为此，应制订年度监查计划，安排对本单位内部各部门进行内部监查和对外部供方进行的外部监查；应预先制订监查程序和监查项目表（提问单），每次监查必须按照监查程序和提问单实施。具体有以下几点要求：

（1）监查由负责验证质量保证大纲实施有效性的验证部门（质保处 / 科）组织实施。

（2）监查分两种：内部监查（对本单位各部门、领导层人员）和外部监查（例如营运单位对承包单位，承包单位对分包单位）。

（3）监查人员的资格要求和独立性要求。

（4）监查的实施：

1）准备会议；

2）进行调查、检查和评价；

3）监查组内部交流、与被监查单位交流；

4）监查后会议；

5）监查报告；

6）对纠正措施的跟踪验证。

所以，监查人员应根据监查记录写出监查报告，并对发现的问题提出相应的纠正措施要求和后续行动，还要验证纠正措施的实施。被监查单位对监查中发现的问题进行审核和纠正；监查部门应跟踪验证被监查部门采取的纠正措施的实施情况。只有纠正措施完成并取得效果，该次监查才可结案。

2.3 设备活动质量保证要求

2.3.1 质量保证导则的构成

质量保证导则由 10 个导则构成，可以分为“要素导则”和“工作导则”两类，如图 2–3 所示。

（1）“要素导则”是分别具体说明质保规定中一些“要素”的控制方法的。属于“要素导则”的有：HAD003/01、HAD003/02、HAD003/03、HA0003/04、HAD003/05 和 HAD003/06 等 6 个导则。

（2）“工作阶段导则”是分别说明质保规定中核电厂的一些“工作阶段”的特有的质量（控制）活动。属于“工作阶段导则”的有：HAD003/06、HAD003/07、HAD003/08 和 HAD003/09 等 4 个导则。

序号	名称	原编号	现编号
1	《核电厂质量保证大纲的制定》	HAF0401	HAD003/01
2	《核电厂质量保证记录制度》	HAF0402	HAD003/04
3	《核电厂物项和服务采购中的质量保证》	HAF0403	HAD003/03
4	《核电厂建造期间的质量保证》	HAF0404	HAD003/07
5	《核电厂调试和运行期间的质量保证》	HAF0405	HAD003/09
6	《核电厂设计中的质量保证》	HAF0406	HAD003/06
7	《核电厂质量保证组织》	HAF0407	HAD003/02
8	《核电厂物项制造中的质量保证》	HAF0408	HAD003/08
9	《核电厂质量保证监查》	HAF0409	HAD003/05
10	《核燃料组件采购、设计和制造中的质量保证》	HAF0410	HAD003/10

图 2–3 核安全质量保证导则

2.3.2 《核电厂设计中的质量保证》(HAD003/06)

质量保证大纲的要求第一条便是，所有的质保大纲的完成生效必须早于设计活动开始，不同的责任团体有不同的大纲要求，对于对电厂全面负责的单位来说，需要设计整个核电厂的质保大纲。对于承包商，或者多个设计个体来说，需要准备好各自部分的质量保证大纲，值得注意的是：总体大纲与分大纲间必须协调好，设计接口来明确各个单位所履行的义务和工作。接下来更细致的要求是，对于分大纲，我们要明确各个人员所在单位的实验、工作、设计权责，以划清各个部门机构，便于管理。几个可行的划分权责的标准是：根据作业人员是否受过培训以及培训的程度；相关工作经验和业绩；政府部门专业机构授予的证书。

核电厂设计中的质量保证包括：引言、设计质量保证的适用范围和责任、对设计质保大纲的基本要求、设计输入控制、设计过程控制、设计接口控制、设计单位和其他单位之间的联络、设计验证、设计文件控制、对设计变更的控制、纠正措施、质量保证记录。

2.3.2.1 设计中质量保证主要内容包括：

（1）设计输入的要求；设计过程的分析；图纸和技术条件以及其他设计文件的要求；

（2）设计接口控制要求；

（3）设计验证的方法和要求；

（4）设计变更控制的方法；

（5）设计中某些质保要素的特点。

2.3.2.2 规定技术条件和试验规程等其他设计文件进行编写和管理，必须制定程序，包括：

（1）格式要求；

（2）标识体系；

（3）状态指示；

（4）审批要求；

（5）发布和分发；

（6）贮存和管理；

（7）修订；

（8）技术条件方面的不符合。

2.3.2.3 文件（设计接口的管理）

设计接口：一个单位、单位内的小组或个人的设计责任和设计活动与其他单位、小组或个人的设计责任和设计活动之间的分界，包括：外部设计接口即不同单位之间的分界；内部设计接口即同一单位内各设计部门之间的分界；设计单位和其他单位之间的联络。

必须制定管理各单位之间资料传递的程序，对于要求提供资料或采取行动的文件，必须置于制度的管理之下，以保证要求得到响应并做到有据可查；最初系口头或其他非正式方式传递设计资料时，必须立即补上一份已置于管理下的文件予以确认。

2.3.2.4 设计变更的管理

设计变更的起因是由于物项鉴定试验、运行前试验或运行试验的结果；物项制造期间出现的问题；物项在现场安装期间出现的问题；构筑物、系统或部件不能满足功能要求；不符合物项的处理中；管理机构法规或其他要求的变更；电厂运行经验反馈；设计改进。设计变更管理三个要素：

（1）变更文件必须按明文规定程序进行审核和批准；

（2）变更的文件必须由审核和批准原文件的同一单位进行审核和批准；

（3）必须把文件的修订及其实际情况迅速通知所有有关人员和单位。

最后，需要特别注意的是涉及安全重要物项的重大设计变更，除原设计单位审核和批准外，还必须经核电厂营运单位的确认，并报上级主管单位和核安全管理部门。

2.3.3 《核电厂物项和服务采购中质量保证》(HAD003/03)

核安全设备和服务采购主要包括制定采购文件(或招标书)、对供方评价(或资格评审)、供方选择(或评标)、合同谈判和签订合同、监造、验收等活动，质量保证应在这些活动中作为首要考虑因素。核电厂物项和服务采购中质量保证要求包括以下几点：

2.3.3.1 物项采购中质量保证主要内容

（1）买方确定供方质保工作范围和深度时要考虑的因素；

（2）对制定采购计划的要求；

（3）对采购文件编写、审查和变更管理的要求；对采购文件的内容的要求；

（4）对供方评定的内容的要求；对评标的内容和签订合同的要求；

（5）对供方评价的内容和方法；买方验证工作的内容和方法；对供方不符合项的管理和纠正措施的要求；

（6）买方验证工作的内容和方法；对供方质量保证记录的要求；

（7）对本单位采购工作的哪些方面进行监查。

2.3.3.2 采购文件的内容

（1）采购文件必须援引核安全法规的要求；

（2）工作范围；

（3）技术要求：采购物项的技术规范、图纸、程序等技术条件；试验、检查和验收要求；

（4）质量保证要求；

（5）监造、检查和监查的要求；

（6）文件要求：确定应提交买方审查或认可的程序、技术条件及质量保证记录等；买方必须指定由供方保管的质量保证记录；

（7）不符合项要求；

（8）采购要求向较低层次延伸：对采购文件中的有关要求用于较低级别供应

商和分包单位作出规定。

2.3.3.3 物项或服务的验收

验收方法：用于验收的方法包括源地验证、收货检查、查看供方合格证、在核电厂现场安装后的试验或这些方法的组合。

（1）源地验收

1）满足以下情况应采取源地验证的方式：物项对安全极其重要；交货后难以验证其质量特性；设计、制造或试验复杂。

2）源地验证的内容：文件完整性、有效性；加工程序或工艺已获批准并满足，有关检查、工艺记录等完整；各部件和组件已按要求检查、检验和试验，且有完整记录；不符合项已按要求处理；部件和组件已按规定进行了清洗、保护和标识。

（2）收货检查验收。采取收货检查验收时，物项必须同时具备以下特性：

1）设计制造和试验均是简单且标准化的；

2）最终产品的质量特性可以在交货后采取标准或自动化检查试验的方式进行验证；

3）收货检查中无需进行可能有损于物项完整性、功能和清洁度的操作。

（3）按合格证验收

1）物项简单，仅涉及标准材料、工艺和试验时；

2）采购文件中列有需提供的其他补充文件，诸如材料合格证或已完成的试验报告等；

3）合格证必须标明所购材料和设备；

4）合格证必须标明材料和设备满足的采购要求、规范、标准和其他技术条件；

5）合格证必须由质保负责人批准，该人员的职务和职责应在供方质保大纲中明确；

6）合格证的填写、审批管理程序必须在买方或供方的质保大纲中予以规定。

（4）通过核电厂安装后的试验验收：

1）不能作为单独的验收方法（至少执行了前述三种之一）；

2）安装和使用前，难以验证该物项的质量特性；

3）为验证此物项的质量特性需进行全系统的校验或与其他物项一并进行试验；

4）物项执行其预定功能只有在使用中方能验证。

2.3.4 《核电厂物项制造中的质量保证》(HAD003/08)

承担核电厂安全有关物项制造的制造厂在制造过程中一些重要的质量(控制)活动，包括：工艺评定；质量计划和工艺流程卡的制定；测量和试验设备的标定；制造装备的管理；物项的装卸、包装、贮存、保护和运输、不符合项控制。

核电厂物项制造中的质量保证的附录中有具体的要求：附录Ⅰ和Ⅱ列出了质量计划的表式；附录Ⅲ列出了工艺流程卡的表式；附录Ⅳ列出了无损探伤报告示例；附录Ⅴ列出了物项包装、贮存、保护和运输分四级的具体分级要求。

2.3.4.1 质量计划

质量计划的重点所在就是对关键工序的检查和测试的控制与验证。因此，必须为制造、检查和试验程序的文件化制定措施，并付诸实施，满足这一要求的一种可取的方法是为物项在相应工作进度的最初制定质量计划，计划必须包括的内容：

（1）制造厂名称、部件名称、买方名称、合同名称及合同号；

（2）循序列出制造、检查和试验工序；

（3）计划中应列有制造和验收中应进行的所有工艺、程序、细则；

（4）标明从事检查和试验单位；

（5）必要时标明停工待检点和见证点；

（6）检查或试验的记录类型。

2.3.4.2 测量和试验设备的标定

（1）测量和试验程序中必须包括测量和试验设备的标定要求和重新标定频率要求；

（2）标定必须与规定的准确度限值相符；

（3）标定标准必须基于得到公认的国家标准或国际标准；

（4）无相应公认标准时，必须为所选用标准提出可接受的技术依据。

核电业主或者承包商在核电厂物项采购时，对物项制造过程中质量保证控制一般是通过质量计划的形式进行的。质量计划是对产品制造的检验因遵循的顺序和程序所做的计划，《核电厂物项制造中的质量保证》（HAD003/08）中要求的质量计划是一种检查和试验计划，是用于监视产品的制造过程是否满足规定要求的文件。同时，质量控制点的设置是质量计划的关键，质量控制点应是一些检验和测试点，是由检验人员实施检查和测试以确定物项或服务的可接受性并记录检查和试验数据的点，包括记录审查点、见证点和停工待检点。

2.4 思考题

（1）质量保证的定义？

（2）验证人员采取验证的方式有哪些？

（3）简述质量保证的目的。

（4）简述质量管理确保达到质量要求的基本办法。

（5）简述文件控制的基本要求。

（6）简述物项控制的基本要求。

第三章 进口民用核安全设备安全检验

3.1 引言

按照《中华人民共和国核安全法》和《民用核安全设备监督管理条例》的相关规定，国务院核安全监管机构对用于我国民用核设施的进口核安全设备实施安全检验。安全检验、注册登记、监督检查构成了我国针对进口核安全设备的基本监管制度，形成了覆盖进口核安全设备活动“事前–事中–事后”的监管工作链条。

《进口核安全设备监督管理规定》（HAF604）第四十五条对“安全检验”的定义是“在境外单位检验合格，以及民用核设施营运单位监造、装运前检验和监装合格的前提下，对进口民用核安全设备安全性能进行的检查或验证，包括活动过程中形成的相关文件记录检查、开箱检查、以及安装和装料前调试阶段涉及安全性能的试验检查三个阶段”。可以看到，安全检验工作是在境外单位和采购单位对设备活动实施了有效控制的基础上，由国家核安全监管机构进行的检查或验证工作。

关于进口核安全设备安全检验与进口商品检验的关系，众所周知，我国对进口工业品有商检制度，按照《中华人民共和国进出口商品检验法实施条例》第五条的规定“进出口药品的质量检验、计量器具的量值检定、锅炉压力容器的安全监督检验、船舶（包括海上平台、主要船用设备及材料）和集装箱的规范检验、飞机（包括飞机发动机、机载设备）的适航检验以及核承压设备的安全检验等项目，由有关法律、行政法规规定的机构实施检验”。此条例中明确将核承压设备的安全检验项目排除在进口商品检验工作之外，因此，我国的进口商品检验工作不包括进口核安全设备的安全检验。进口核设备安全检验工作是国家核安全监管机构依据《中华人民共和国核安全法》《民用核安全设备监督管理条例》开展的针对进口核安全设备安全性能的独立检验工作，其对象、范围、目的、依据、内容、流程和要求均与商品检验不同。

但进口核安全设备安全检验与商品检验并非毫无关联，按照《民用核安全设备监督管理条例》，进口核安全设备在安全检验合格后，由出入境检验机构进行商品检验，安全检验合格是开展后续商品检验的前提条件之一。

3.2 安全检验的范围

安全检验的对象是用于我国核设施中的进口民用核安全设备。《民用核安全设备监督管理条例》规定民用核安全设备是指在民用核设施中使用的执行核安全功能的设备，包括机械设备和电气设备。条例发布实施后，国家核安全局制定了《民用核安全设备目录》，核安全设备领域的许可、监督、注册登记、安全检验等监管活动均依据该目录开展，从事目录中所列核安全设备活动的单位均应接受国家核安全局的监督管理。

2007 年，《民用核安全设备目录》（第一批）将 18 类机械设备和 9 类电气设备纳入了监管范围。但由于我国核电堆型技术路线较多，不同堆型中的安全级设备种类和名称差别很大，不同堆型中关于设备的安全分级原则、标准和要求也存在较大差异。因此，针对具体的堆型和工程，到底哪些设备属于目录范围内，行业内一直存在认识不清的情况。

因此，自 2007 年目录发布以来，国家核安全局又先后发布了多份管理文件对目录中的设备进行了明确，包括《关于进一步明确部分民用核安全设备类别许可范围的通知》（国核安发〔2012〕106 号）、《关于进一步加强民用核安全设备境外单位注册登记工作的通知》（国核安函〔2011〕37 号）、《关于进一步规范核电厂主变压器管理的通知》（国核安函〔2011〕2 号）、《关于印发〈核安全设备审评监督经验交流及研讨会第一次会议会议纪要〉的函》（国核安函〔2010〕51 号）、

《关于印发《民用核安全设备评审监督第二次经验交流会会议纪要》的通知》（国核安函〔2011〕52 号）、《关于进一步明确《民用核安全设备监督管理条例》及其配套规章有关要求的通知》（国核安发〔2010〕156 号）等。在这些文件中，国家核安全局对部分核安全设备类别的监管范围进行了明确。

2016 年，国家核安全局总结设备条例和设备目录实施以来的监管经验，结合监管工作和行业发展的需要，制定并发布了《民用核安全设备目录》(2016 年修订)，相比原有的设备目录，修订后的目录主要有以下变化：

（1）核安全机械设备类别中新增“设备模块”；

（2）核安全电气设备类别中调整或新增“电源设备”“变压器”“成套开关设备和控制设备”；

（3）新增“核燃料循环设施后处理厂专用核安全设备”。

关于修订后的《民用核安全设备目录》中的设备相关解释和说明，本书其他章节另有介绍，列入目录的进口核安全设备均属于安全检验范围。

3.3 安全检验的工作内容

在《进口民用核安全设备监督管理规定》（HAF604）和《进口民用核安全设备安全检验工作程序》中对安全检验工作内容的规定是“口岸报检文件及开箱文件审查（文件审查）、设备开箱检查的监督检查（开箱见证检查）以及安装和装料前调试阶段涉及安全性能的试验的见证检查（安全性能见证检查）”。

3.3.1 安全检验文件审查的范围和要求

在安全检验文件审查阶段，报检单位应当按规定的格式和内容准备安全检验申报文件，文件范围和要求包括：

（1）安全检验文件上报函：上报函中所列的“项目名称”栏应至少包含报检设备对应的核电项目名称、目标机组以及所报检设备的品种或名称等信息；上报函中的报检材料清单应当完整列出所有申报文件；报检文件的自查情况应为“已自查，合格”；上报函必须要有报检人签字、日期和报检单位公章。

（2）口岸报检申请表：申请表中文件应准确描述所有报检设备及分包设备信息，如设备类别、名称、核级、数量、制造国及厂商等；关于报检设备的类别、品种应在《民用核安全设备目录（2016 年修订）》范围内，安全级别应与设备技术规范描述一致；在报检说明中须明确所报检设备和分包设备不符合项关闭情况和设备鉴定情况；对新设计的进口民用核安全设备，应提交报检设备的鉴定大纲、报告和设计单位审查结论等文件；如报检设备为运行电厂采购的备件，在申请表中还应当说明设备的设计变更情况。

（3）报检说明表：说明表中应严格区分设备类别、设备品种，准确描述所有报检设备及分包设备信息，如设备类别、名称、核级、数量等；说明表中的设备类别、设备品种应严格按照设备目录的要求提交；说明表的报检设备信息应与口岸文件申请表报检设备信息一致。

（4）境外单位注册登记确认书：设备的制造过程在证书有效期内完成；设备的类别、品种、安全级别、活动场所应符合注册登记活动范围和条件的要求；设备的分包和外购项目情况应满足注册登记条件的要求。

（5）产品质量证明文件：质量文件应当由设备的制造供应商所出具，且加盖公司有效印章或质量负责人签字；质量文件必须列出所有报检设备，且明确报检设备的质量结论，不得有未关闭的不符合项或偏离项；文件上供应商信息与注册登记确认书的厂家信息一致；文件上合同信息与对外贸易合同信息一致；文件中应明确体现设备采购技术规格书信息，对于设备分包商质量文件中标明的采购技术规格书与所提交的技术文件不一致的情况，报检单位应出示有关文件证明设备分包商所遵循的采购技术规格书符合报检单位所提交的技术文件要求；质量文件的升版过程应当符合文件变更的控制程序，文件升版必须由审、批原文件的同一单位进行审、批或者由其专门指定的其他单位审、批；对于在质量文件中手写补充有关技术文件的情况，变更部分应当由质量文件批准人员签字盖章批准。

（6）设备装箱清单；箱单应为设备供应商或者委托发运方出具，且具有有效签字或盖章；箱单中须分别包含并标识出所有报检设备和抽查设备；箱单中设备信息必须与注册登记确认书信息以及质量证明文件信息一致；箱单中合同信息与对外贸易合同信息一致。

（7）对外贸易合同摘要及信息表：报检文件应包含报检设备的合同签字页复印件（分包合同可提交分包合同号）；在对外贸易合同信息表中明确各层级分包单位之间的合同关系、技术协议、分包内容和分包商注册登记情况等信息。

（8）开箱报检申请表：应区分设备类别、设备品种，准确描述所有报检设备及分包设备信息，如设备类别、名称、核级、数量、制造国及厂商等；申请表的报检设备信息应与口岸文件申请表报检设备信息一致。

（9）文件自查报告：明确报检设备和抽查设备信息以及各级分包设备信息；报告必须编审批签字，且加盖单位公章；报告所填内容应当与申报文件信息一致；报告应描述不符合项、国务院核安全监管部门监督检查发现问题的处理和关闭情况，并给出自查总体结论。

（10）设备质量计划：质量计划是由设备制造厂出具，且有单位签字或盖章的有效文件；质量计划中的设备信息，包括设备型号、序列号、合同号、订单号、设备图纸等，应当覆盖报检设备；质量计划所设工序应覆盖设备技术规格书要求的制造、检验和试验全部工序；质量计划见证情况应满足有关管理要求，除报检单位 / 采购方的控制点，还特别要注意制造单位的控制点是否有效释放；质量计划中的签字人员和签点时间应满足有关要求；质量计划各个制造和检查工序必须有相应的依据文件、版本信息；质量计划中各个制造和检查工序应当形成相应的记录 / 报告；质量计划中的设备信息、技术信息应与质量合格证书和出厂试验报告中的信息相一致。

（11）设备装配总图：设备装配总图应由设计方或采购方出具，且有单位相关人员签字或盖章的生效版本文件；图上信息应体现所适用的设备及部件范围、项目、合同等信息；图上所体现的设备的核安全级别、设计及技术要求、材料清单等与技术规格书相关信息一致。

（12）设备监造、装运前检验、监装及验收结果报告：监造、装运前检验、监装以及验收工作须满足有关管理要求;质量计划中所选的控制点均完成了见证、签点或提供了有效的质量控制点变更说明。

（13）设备出厂检验试验报告：报告是由设备制造供应商出具，且经编审批签字或加盖公司公章的生效版本文件；报告应覆盖所有抽查设备；单一设备或部件及成套设备的检验试验项目、条件和结果应符合设备技术规格书、标准规范及技术条件的相关要求；如试验项目不能覆盖技术规格书中的要求，则应当提供相应的出厂试验大纲，且该大纲应当经相关设计方审核批准(技术规格书原编制方)；报告中试验所依据的技术文件、试验程序是否明确；（注意，试验报告中所体现的试验程序与质量计划中“出厂试验”工序所依据的文件是否一致）；检验试验用场地、设备、器具、材料介质及人员资质应满足相关技术要求，包括：场地须满足设备技术规格书、标准规范及技术条件规定的清洁度、温度、湿度等相关要求；设备、器具须经过标定和校准，并在有效期内；材料介质（如试验用水）须满足设备技术规格书、标准规范及技术条件的相关规定；人员须具备相应资质并经过有效授权，且在有效期内；试验结论应当为合格，试验过程中的不符合项及异常情况已处理关闭。

（14）设备不符合项报告：不符合项报告完整，且经编审批签字；不符合项处理过程满足已批准的处理措施要求，结果符合要求，不符合项关闭；不符合项按照《民用核安全设备制造阶段不符合项监督管理要求（试行）》的要求进行了管理。

（15）设备技术规格书：文件是经编审批的生效版本文件，且覆盖所报检的设备（包括分包设备）；文件应明确设备的出厂检验和试验要求，并与其他技术文件信息相一致。如有必要，技术文件应包括试验大纲等文件。

（16）安全检验工作程序：安全检验工作程序应当作为质量保证控制程序予以发布；安全检验工作程序中应当明确报检单位中与安检工作相关的组织、职责、工作流程、工作内容、工作要求、工作接口和记录文件。

（17）核安全监管部门监督检查发现问题的处理及关闭情况报告。

（18）要求提交的其他资料等。

3.3.2 开箱见证检查的内容

文件审查合格后，安全检验机构根据文件审查情况、同类设备安全检验情况和有关的经验反馈情况确定开箱见证检查的设备批次并通知报检单位。

开箱见证检查过程中，安全检验人员重点检查报检单位的开箱检查流程、检查人员资质、检查工具和检查内容及要求与开箱检查有关规程的一致性，包括：

（1）开箱检查准备工作

设备开箱前，报检单位应组织参与开箱工作的质保、质检、采购等相关人员召开检查前会议，通报开箱检查准备情况及开箱检查安排，核查文件、人员、器具和工装等准备情况，明确开箱检查设备比例、检查内容和范围、所检设备参数和验收标准等信息，对于含放射性、危化品和危险品的特殊核安全设备，报检单位应在设备开箱前做好相应防护措施。

（2）开箱检查

开箱检查活动应至少包括以下内容：

1）人员资质

实际参与开箱工作的相关人员应当具有相应资质或经过授权。

2）设备存储场地

设备的存储条件应当符合该设备的存储要求，设备应当按要求进行隔离和标识。

3）测量器具

使用的测量工具、器具和仪表等应具有合适的量程、型号、准确度和精度，有关器具应经过检定或校准。

4）设备包装

①设备外包装、固定和衬垫应当符合要求；

②设备外包装标识清晰，箱号、设备信息等应当与报检材料一致；

③设备密封包装应当完好、有效；

④检查设备应当无受潮、浸水等现象；

⑤检查包装内不应含有与设备无关的物品。

5）设备信息

设备核安全级别、数量、规格、型号、标识（铭牌、物资编码、炉批号等）应当与装箱单、报检材料一致。

6）设备外观和尺寸

①检查设备表面清洁度是否满足要求，设备外观是否完好无损，有无锈蚀、变形、压痕、磕碰等情况；

②对于需防止氧化、腐蚀的设备，检查是否有表面涂脂或氮气保护等措施；

③检查裸装、软包装设备有无磕碰、锈蚀、油漆脱落；

④充气设备的充气压力计数、冲击记录仪外观是否正常；

⑤对于在物项运输过程中有特殊要求的重要物项，应仔细检查随车或设备上仪表的示数、记录是否在规范要求以内；

⑥设备关键尺寸是否满足相关技术要求。

7）设备随箱文件

设备随箱文件是否完整，一般情况下应包含装箱单、设备发运通知、完工报告等便于核对所开箱设备信息的文件。

8）设备功能性能验证

对于需要进行功能性能验证的设备，应按照相应程序开展设备功能性能验证，验证结果是否满足相关技术要求。

3.3.3 安全性能见证检查

关于安全性能见证检查，按照HAF604的要求，在设备安装和装料前调试阶段，营运单位应当在进口民用核安全设备涉及安全性能的试验开始30个工作日前，通知相应的安全检验机构，安全检验机构应当进行必要的选点见证，编制见证记录，并且在试验结束之日起30个工作日内，出具检查报告。

从法规上的要求的看，安全性能试验见证检查主要是在设备安装和调试阶段，针对设备的单体试验进行的见证检查，实际工作过程中，国家核安全局的各地区监督站对核设施现场的安装、调试活动均按相应的建造和调试阶段监督检查计划开展，并不严格区分进口设备还是国产设备，也不严格区分设备单体试验和系统功能调试试验等。因此，在经过几年的摸索实践后，国家核安全局明确核设施安装、调试监督检查工作可以替代进口核安全设备安全性能见证检查工作，各地区监督站在完成检查工作后，出具核设施现场内的进口民用核安全设备监督检查总结报告即可。

3.3.4 文件审查和开箱见证检查的方式

目前，安全检验文件审查和开箱见证检查均采取抽查方式，文件审查和开箱见证检查的抽查比例按照核安全设备的重要性和代表性确定，主要原则如下：

（1）对于核安全1级机械设备，抽查比例为100%（管道、管配件和热交换器传热管可视情况而定）；

（2）对于核安全2、3级机械设备和核安全电气设备，同一境外注册登记单位制造的相同设备品种和核安全级别的进口民用核安全设备，同一报检批次至少抽查一件。

3.3.4.1 安检申报文件抽查

对于安检工作中的文件抽查，目前采取的方式是在同一设备报检批次中选取部分设备进行审查，而不是选取部分设备批次进行文件抽查，这一点部分报检单位存在认识误区。之所以对每批次进口核安全设备进行文件抽查，这主要是因为“进口民用核安全设备安全检验合格审批”是国务院确定的行政审批事项，同时，安全检验审批合格还是后续开展商检的条件之一，因此国家核安全局必须对每批次进口核安全设备进行审批。

在开展文件抽查的工作中，报检单位每月在安全检验文件申报计划中列出下月拟申报的设备批次和每批次设备清单及主要设备参数。核与辐射安全中心收到安全检验文件申报计划后，按照上述抽查原则，结合表 3–1 所列的报检设备参数信息，明确进行文件抽查的设备。

表 3–1　抽查设备参考信息表

抽查设备	核安全级别	抽查设备参数信息
管道、管配件	2、3	材料、尺寸
阀门	2、3	工作压力、温度、介质、尺寸
泵	2、3	工作压力、温度、介质、尺寸、流量、扬程
支承件	2、3	材料、尺寸、装配方式
热交换器	2、3	结构型式、工作温度
储罐	2、3	工作压力、尺寸、介质
法兰	2、3	材料、尺寸
传感器	1E	型号、量程、精度等级、响应时间
电缆	1E	型号、规格尺寸、电压等级
电缆附件	1E	型号、规格、结构型式
电气贯穿件	1E	电压等级
蓄电池	1E	型号、电池容量
变压器	1E	型号、电压等级、容量
阀门电动装置	1E	型号（包括减速装置或传动装置型号）、规格尺寸、最大力矩、电源形式
电动机	1E	型号、功率、电压等级、规格尺寸、结构型式

3.3.4.2 开箱见证检查的抽查

与申报文件抽查的方式不同，进口核安全设备的开箱见证检查采取按设备批次进行抽查的方式。安全检验机构根据报检单位每月底报送的设备开箱检查计划，确定开箱见证检查的设备批次并通知报检单位。对于文件审查阶段有条件放行并提出监管要求的设备，安全检验机构应当进行开箱见证检查并跟踪有关监管要求的落实情况。开箱见证检查采取抽查的方式，抽查发现问题时应加倍扩大抽查比例。

按照目前的安检工作分工，根据设备开箱检查的地点，在核设施现场外进行的开箱见证检查工作由核与辐射安全中心（以下简称核与辐射安全中心）负责，在核设施现场内进行的开箱见证检查工作由所在辖区的核与辐射安全监督站负责。核与辐射安全中心对于设施场外进行的设备开箱见证检查的频次和比例较高，而多数地区监督站对于设施场内进行的设备开箱采取了按批次抽查的方式，这主要是由于地区监督站在设备开箱检查之后，对于设备后续安装和调试活动依然有控制点，设备的质量问题和风险可以通过后续的监督检查工作得到控制。而核与辐射安全中心在后续的安装和调试活动没有监督检查的职责，为避免设备“带病入厂”的情况，采取了相对较高频次的检查方式。

3.4 安全检验的工作流程

自 HAF604 实施以来，安全检验工作一直按照法规中规定的工作流程开展，分为口岸文件申报、口岸文件审查、开箱文件申报、开箱文件审查、设备开箱见证检查、设备安全性能试验见证检查等步骤。上述工作完成后，检验机构出具设备的安全检验结论，国家核安全局在 2012 年发布了《进口民用核安全设备安全检验大纲（试行）》（简称“安检大纲”），将上述要求在操作层面予以了明确。核与辐射安全中心受国家核安全局委托，履行进口核安全设备安全检验审批放行的职责，出具进口核安全设备口岸检查放行单。采取此种方式的前提是安全检验审批放行的工作定位不是行政审批事项，如果安全检验审批放行是行政审批事项，那么由核安全中心履行行政审批职责事实上是不合适的。

2014 年，“进口民用核安全设备安全检验合格审批”被原国家环境保护部明确为行政审批事项，按照国务院规范行政审批事项的总体要求，国家核安全局决定进一步厘清安全检验工作的职责边界，优化安检工作的流程，总体的原则是行政审批职责由局机关履行，核与辐射安全中心和地区监督站各司其职分别负责技术审查工作和见证检查工作，在压实采购单位管理责任的同时，压减不必要的工作环节，进一步提高安检工作的效率。

3.4.1 原安检工作的流程和问题

（1）原安检工作流程

按照《进口民用核安全设备安全检验大纲（试行）》，安全检验工作划分为口岸文件审查、开箱文件审查、开箱见证检查和安全性能试验见证检查四个阶段。

工作职责方面，国家核安全局机关全面负责安全检验归口管理；核与辐射安全中心具体负责口岸文件审查放行、开箱文件审查放行、核设施场外的开箱见证检查和编制机组安全检验总报告等工作；各地区核与辐射安全监督站负责核设施场内的开箱见证检查和安全性能试验见证检查工作。

工作流程方面，口岸文件审查、开箱文件审查和设备实体开箱见证检查工作顺序进行，上一阶段检查结果合格后，方可开展下一步工作。

工作接口方面，核与辐射安全中心完成口岸、开箱文件审查后，向报检单位出具《口岸检查放行单》和《开箱文件审查报告》；设备在设施场内开箱检查的，核与辐射安全中心出具《安全检验工作联系单》，通知地区监督站；在核设施场外开箱检查的设备，核与辐射安全中心完成见证检查工作后，向报检单位出具《开箱见证检查报告》；在核设施场内开箱检查的设备，各地区监督站完成见证检查工作后，向核与辐射安全中心出具《开箱见证检查报告》；设备安全性能试验见证检查工作完成后，各地区监督站向核安全中心出具《安全性能试验见证检查报告》；机组装料前调试工作完成后，核与辐射安全中心出具《机组安全检验总报告》，报送国家核安全局。

工作进度方面，目前核与辐射安全中心完成口岸文件审查工作需 5 个工作日左右，开箱文件审查工作需要 20 个工作日左右（不包括技术问题澄清时间），考虑到两次文件流转时间，进口设备开箱检查之前，安检文件审查放行所需要的总体时间约为 30 个工作日。

（2）原安检工作流程的问题

原安检工作流程与严格按照 HAF604 中规定的流程进行，但是在职责分工、工作流程、工作接口方面存在交叉混淆、环节繁多的问题，主要是：

1）安检行政审批事权划分不够规范。文件技术审评和行政审批未有效分离，进口核安全设备口岸放行和设备开箱放行的核准属于行政审批事项，应由国家核安全局机关负责。

2）安检工作内外部接口不够清晰。口岸放行和开箱放行核准等审批文件均委托审查单位签批，印送给各报检单位。

3）安检工作审查效率需进一步提高。口岸文件和开箱文件分步顺序报检的方式增加了安检工作时间；对于现场工程急需的设备，缺少制度化的快速报检放行措施。

4）安检工作与注册登记、境外监督、调试监督的联防联控和经验反馈工作需要进一步加强。

3.4.2 安检工作流程的优化

针对上述问题，本着“依法、规范、严密、高效”的总体原则，国家核安全局对安全检验工作的流程、接口和有关机制进行了优化，制定并发布了《进口民用核安全设备安全检验工作程序（试行）》，重点在口岸放行及开箱文件审批方面进行了调整。为了更好地履行安检行政审批职责，国家核安全局还启用了“国家核安全局进口民用核安全设备安全检验专用章”（简称“安检专用章”），用于批准进口核安全设备的放行文件。

优化后的进口核安全设备安全检验具体工作流程包括制定安全检验文件审查工作计划（月度）、文件接收、文件审查、行政审批、开箱见证检查和安全性能检查等步骤，工作流程图详见图 3–1。

（1）制订文件审查工作计划

核与辐射安全中心每月根据各报检单位报送的下月安全检验申报计划及有关材料，在每批次报检设备中选取拟进行安全检验文件审查的设备，编制安全检验文件审查月度工作计划报核一司批准后通知各报检单位。

（2）文件接收

核与辐射安全中心通过“进口民用核安全设备安全检验管理系统”接收有关申报文件。安检申报文件上文已有介绍，关于安全检验申报和相关管理系统的使用本书其他章节中有详细介绍。

（3）文件审查

接收安全检验申报文件后，核与辐射安全中心组织对申报文件进行形式审查，重点审查申报文件的完整性和有效性。形式审查合格后，核与辐射安全中心组织对申报文件进行技术审查，重点审查注册登记确认书有关条件的符合情况、设备出厂检验试验的结论、设备不符合项的关闭情况以及报检单位对所报设备是否实

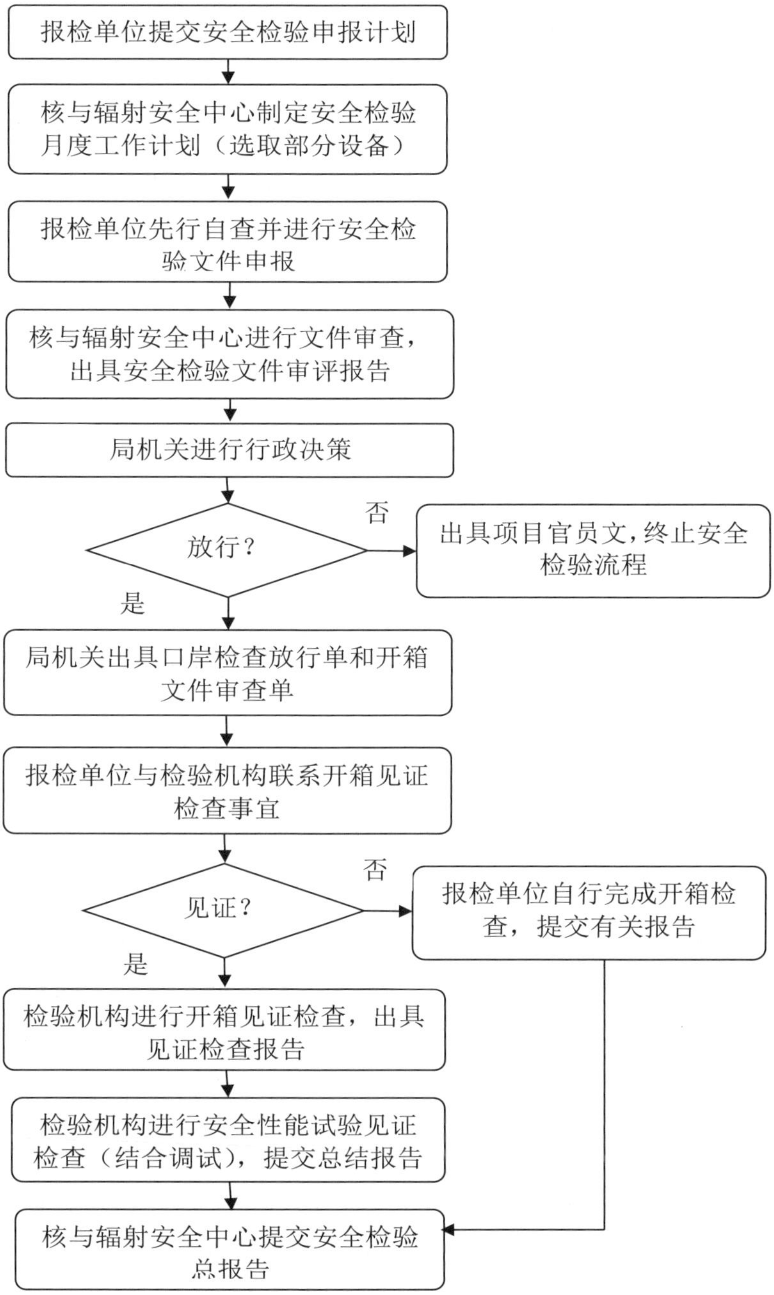

图 3−1　进口民用核安全设备安全检验工作流程图

施了有效的监造、装运前检验、监装和验收活动等。

对需要到核设施现场安装后开展补充验证的设备，核一司收到报检单位提出的申请后，会同核二司或核三司组织包括负责安全分析审查在内的专题审查组进行审查，核与辐射安全中心根据审查结论开展后续安全检验工作；对需要在核设施现场外开箱后开展补充验证的设备，原则上由核与辐射安全中心结合安全检验文件审查进行处理。

对于审查过程中发现的重要问题，核与辐射安全中心应当以书面形式提出审评问题，要求报检单位在20个工作日内对审评问题予以书面回复，逾期未予回复也未书面说明理由申请延期的，核与辐射安全中心以书面形式退回申报文件。

原则上，核与辐射安全中心应当在20个工作日内（不包括报检单位问题回复时间）完成安全检验文件审查工作，根据审查情况分别提出“放行”“有条件放行”或“不予放行”的审查意见，每周汇总文件审评意见和主要问题，出具《进口民用核安全设备安全检验文件审评报告》报送至核一司。

（4）行政审批

核一司对文件审查结论进行复核，满足放行条件的，出具《进口民用核安全设备口岸检查放行单》和《进口民用核安全设备开箱文件审查单》发送至报检单位；有条件放行的，应进一步提出后续监管要求；对不予放行的报检申请，以项目官员文形式通知报检单位。

（5）开箱见证检查

文件审查合格后，安全检验机构根据报检单位每月底报送的设备开箱检查计划，确定开箱见证检查的设备批次并通知报检单位。对于文件审查阶段有条件放行并提出监管要求的设备，安全检验机构应当进行开箱见证检查并跟踪有关监管要求的落实情况。开箱见证检查采取抽查的方式，抽查发现问题时应加倍扩大抽查比例。

开箱及有条件放行设备补充验证的见证检查，在核设施现场内进行的由辖区地区监督站负责，在核设施现场外进行的由核与辐射安全中心负责。开箱见证检查过程中，安全检验人员重点检查报检单位的开箱检查流程、检查人员资质、检查工具和检查内容及要求与开箱检查有关规程的一致性；有条件放行补充验证的见证检查中，安全检验人员重点检查补充验证工作是否按已确定的验证方案开展，验证工具和装置是否经过校准或检定，验证过程中出现的异常情况是否按要求进行了记录和处理，结果是否满足已确定的验收准则等。在开箱见证检查过程中，安全检验人员应当如实记录见证检查内容、检查结果及其发现的问题。对于发现的问题还应保留相关证据，如实体上的缺陷需进行拍照留存。对于检查过程中发现的重要问题，应以《重要情况报告》的形式及时上报。见证检查完成后出具《进口民用核安全设备开箱见证检查报告》发送报检单位；对于有条件放行的需要进行补充验证的设备，安全检验机构也应将见证结果书面发送报检单位。

报检单位应在完成开箱检查后 10 个工作日内将所完成的开箱记录和开箱报告报送至相应安全检验机构。

（6）安全性能试验见证检查

在设备安装和装料前调试阶段，各地区监督站对进口民用核安全设备安全性能试验进行监督检查。监督检查可以采取记录确认和现场见证的方式。

各地区监督站在核设施装料前进行的设备和系统安装及调试活动监督检查工作可替代进口民用核安全设备安全性能试验见证检查活动。设备安全性能试验见证检查完成后，各监督站应当在 15 个工作日内汇总核设施现场开箱见证检查、设备性能补充验证见证检查和安全性能试验见证检查总体情况，按机组出具《进口民用核安全设备现场监督总结报告》报送至核一司、核二司或核三司，并抄送核与辐射安全中心。

3.4.3 安检工作流程优化的效果

对比原有的安检工作流程，优化后的工作流程具有如下优点：

（1）职责更加明确。局机关负责口岸放行和开箱放行的核准工作，核与辐射安全中心负责文件接收、审评工作以及设施外开箱见证检查工作，地区监督站负责设施内的见证检查工作，体现了行政审批的合法性和严肃性，更符合国务院规范行政审批工作要求。

（2）接口更加清晰。优化后的安检工作口岸及文件审查由核与辐射安全中心出具技术审查意见，局机关审批后加盖“安检专用章”，印送给申请单位，体现了行政审批的规范性和权威性；进一步优化了地区监督站安检报告内容，在设施内设备开箱及设备安全性能试验证检查完成后，一次性集中汇总形成《进口民用核安全设备现场监督总结报告》（包括开箱见证检查和安全性能试验见证检查总体情况）报送局机关，同时抄送核与辐射安全中心。

（3）效率明显提高。尽管优化后的安检工作流程中加入了局机关核准程序，但是通过“合并报检、统一审查、内部优化、集中上报”的方式，将口岸和开箱文件由原有的两次申报改为一次申报，核与辐射安全中心对文件进行审查，每周定期将技术审查结论上报至局机关，集中进行核准，安检效率明显提高。

3.5 机组的安全检验总体评价

按照 HAF604 的要求“国务院核安全监管部门及其所属的检验机构应当在完成文件记录检查、开箱检查、安装和装料前调试阶段涉及安全性能的试验检查后，出具安全检验报告”，关于安全检验报告，法规中并没有明确规定相应的形式和内容。由于安全检验的文件放行、开箱见证检查工作均均以设备报检批次为单位开展，因此，关于 HAF604 中所规定的安全检验报告，大家之前普遍认为也应当以设备报检批次为单位，对每批进口核安全设备，在安检合格后，出具相应的安全检验报告。

但事实上，对每批次设备出具安全检验报告是难以做到的，这主要是由于，设备一旦进入安装调试阶段，安全性能试验见证检查工作并不是以设备批次为单位开展的，而是从单个设备的检查验证到系统的调试运行，如果一定要以设备报检批次为单位开展安全性能试验见证检查工作，会给地区监督站和营运单位增加很多不必要的工作量，且难以获取准确的信息。因此，关于 HAF604 中的安全检验报告的形式和内容需要进一步明确。

2012 年，安检大纲中对安全检验报告进行了明确，规定“在安装和装料前调试阶段，各地区监督站结合安装和调试活动监督，对进口民用核安全设备安全性能试验进行检查。安全性能检查完成后，各地区监督站出具《进口民用核安全设备安全性能试验检查报告》”“营运单位应当在核设施装料前调试工作完成后，将与进口民用核安全设备安全性能试验相关的报告报送至安检办和相应监督站”“安全检验工作和机组装料前调试工作完成后，安检办出具机组《进口民用核安全设备安全检验总报告》。针对安全检验过程中所发现的不合格的进口民用核安全设备，安检办或监督站应在相应阶段的检查报告中给出该设备安检不合格的结论，说明相关问题及处理措施并终止相关设备的安检工作。机组《进口民用核安全设备安全检验总报告》可作为发放首次装料批准书的依据之一”。

安检大纲的相关规定，对 HAF604 中的“安全检验报告”的形式和内容进行了明确，法规中的安全检验报告明确以机组为单位出具，在机组装料前调试工作完成后，核与辐射安全中心出具《进口民用核安全设备安全检验总报告》对机组进口核安全设备安全检验工作进行总结，并给出相应的安全检验结论。同时为了贯彻落实法规中“安全检验不合格的，营运单位不得运行使用”的要求，明确规定机组安全检验总报告作为首次装料批准书的颁发依据之一，这大大提高了机组安全检验总体评价的权威性和有效性。

在安检工作流程优化调整之后，在《进口民用核安全设备安全检验工作程序（试行）》中关于机组安全检验总报告进一步明确为“核与辐射安全中心应在收到有关地区监督站、核设施营运单位、民用核设施核岛建造总承包商提交的编制安全检验总报告所需资料后 15 个工作日内出具《进口民用核安全设备安全检验总报告》，汇总安全检验文件审查、核设施现场外开箱见证检查情况和设备性能补充验证见证检查情况，结合地区监督站的现场监督检查结论等出具机组进口核安全设备安全检验总体结论。机组《进口民用核安全设备安全检验总报告》可作为发放首次装料批准书的依据之一”。

从宁德 1 号机组开始，截至目前，核与辐射安全中心完成了多台机组的安全检验总报告，对机组中的进口核安全设备安全检验总体情况进行总结，对设备设计、制造、安装、调试的质量控制情况进行汇总，对营运单位遵守法律法规的情况进行评价，对发现的问题进行梳理，并给出机组后续运行过程中需要关注的重点问题，机组进口核安全设备安全检验总体评价成为国家核安全局设备监管的重要抓手之一，为提升机组建造质量和运行安全水平发挥了重要作用。

3.6 安全检验的职责分工和接口

3.6.1 职责分工

自开展安全检验工作以来，安检工作始终在国家核安全局的统一领导下有序开展，2010 年之前，华北核与辐射安全监督站受国家核安全局委托承担安全检验工作。2011 年之后，由于国家核安全局系统内的工作调整，安检工作由核一司归口管理，核与辐射安全中心负责具体实施安全检验工作。2015 年之后，按照国务院规范行政审批事项的要求，安全检验工作职责再次进行了调整，行政审批工作由核一司负责，核与辐射安全中心和地区监督站分别负责文件审查和见证检查工作。

目前国家核安全局涉及安全检验工作相关单位和部门及其职责分工如下：

（1）国家核安全局机关

国家核安全局机关全面负责进口民用核安全设备安全检验工作的统一管理，并为进口核安全设备安全检验工作提供必要的资源和保障。局机关各部门的职责是：

核一司归口管理进口民用核安全设备安全检验工作；负责建立进口民用核安全设备安全检验工作管理体系；负责批准进口民用核安全设备安全检验文件审查月度工作计划；负责出具《进口民用核安全设备口岸检查放行单》和《进口民用核安全设备开箱文件审查单》；负责组织进口民用核安全设备安全检验过程中发现的重大质量问题的调查和处理。

核二司、核三司协助处理进口民用核安全设备安全检验过程中发现的重大质量问题。

（2）核与辐射安全中心

核与辐射安全中心负责接收进口民用核安全设备安全检验申报文件；负责编制进口民用核安全设备安全检验文件审查月度工作计划；负责进口民用核安全设备安全检验申报文件的技术审评，出具《进口民用核安全设备安全检验文件审评报告》；负责核设施现场外进口民用核安全设备开箱检查的监督检查（开箱见证检查），出具《进口民用核安全设备开箱见证检查报告》；负责编制机组《进口民用核安全设备安全检验总报告》；负责核设施现场外进口民用核安全设备安全检验工作过程中发现问题的处理、重大质量问题的上报和协助处理。

（3）各地区核与辐射安全监督站

各地区核与辐射安全监督站负责辖区核设施现场内进口民用核安全设备开箱检查的监督检查，出具《进口民用核安全设备开箱见证检查报告》；负责进口民用核安全设备安全性能试验监督检查，出具《进口民用核安全设备现场监督总结报告》；负责辖区核设施现场内进口民用核安全设备安全检验工作过程中发现问题的处理、重大质量问题的上报和协助处理。

（4）技术后援单位

其他技术后援单位根据需要为进口民用核安全设备安全检验工作提供必要的技术支持。

3.6.2 工作接口

国家核安全局负责安全检验工作制度和体系建立和统一管理，建立接口渠道，并保持畅通，在安全检验工作接口方面：

（1）局机关

核一司负责将《进口民用核安全设备口岸检查放行单》、《进口民用核安全设备开箱文件审查单》发送报检单位，并抄送核安全中心和相应地区监督站。核一司及时向核二司或核三司通报进口民用核安全设备安全检验工作中发现的重大质量问题，必要时会同核二司或核三司参与审查和处理。核二司、核三司及时向核一司通报核设施安装调试和运行阶段发现的进口民用核安全设备重大质量问题，必要时会同核一司参与审查和处理。

（2）核与辐射安全中心

核与辐射安全中心按月编制《进口民用核安全设备安全检验文件审查计划》报送至核一司；按周编制《进口民用核安全设备安全检验文件审评报告》报送至核一司；在机组装料之前，将机组《进口民用核安全设备安全检验总报告》报送至核一司。核与辐射安全中心及时将完成的《进口民用核安全设备开箱见证检查报告》发送报检单位；及时将核一司批准的《进口民用核安全设备安全检验文件审查计划》发送报检单位。

对于设备在核设施现场内进行开箱活动，但在核设施现场外进行设备性能补充验证活动的情况，核与辐射安全中心完成见证检查后，需以书面形式将见证检查结果通知相关地区监督站以开展后续工作。

核与辐射安全中心将安全检验工作情况以月报、重要情况报告的形式报送核一司、核二司或核三司。

（3）地区监督站

地区监督站及时将完成的《进口民用核安全设备开箱见证检查报告》发送报检单位。地区监督站在机组进口核安全设备安全性能试验见证检查完成后按机组将《进口民用核安全设备现场监督总结报告》报送至核一司、核二司或核三司，并抄送核与辐射安全中心。

地区监督站将安全检验工作情况以简报、月报、年报和重要情况报告的形式报送核一司、核二司或核三司，并抄送核与辐射安全中心。

3.7 思考题

HAF604 中规定“国务院核安全监管部门及其所属的检验机构应当在完成文件记录检查、开箱检查、安装和装料前调试阶段涉及安全性能的试验检查后，出具安全检验报告”，这里所说的安全检验报告，需要以设备批次为单位出具吗？国家核安全局通过什么方式落实了上述法规要求？

第四章 民用核安全机械设备目录解读

4.1 民用核安全机械设备目录（2016 年修订）及解释说明

本节列出了《民用核安全设备目录（2016 年修订）》中机械设备目录及解释说明。民用核安全机械设备目录见表 4–1，核燃料循环设施后处理厂专用核安全机械设备目录见表 4–2。

表 4–1 民用核安全机械设备目录（2016 年修订）

核动力厂及研究堆等核设施通用核安全设备		
设备种类	设备类别	设备品种举例
核安全机械设备	钢制安全壳	
	安全壳钢衬里	
	压力容器	
	储罐	
	热交换器	管壳式热交换器
		板式热交换器
	管道和管配件	直管
		热交换器传热管
		管道预制
		弯头

续表

核动力厂及研究堆等核设施通用核安全设备		
核安全机械设备	管道和管配件	三通
		异径管
	泵	离心泵
		往复泵
		屏蔽泵
		其他类型核安全级泵
	堆内构件	
	控制棒驱动机构	
核安全机械设备	风机	离心式风机
		轴流式风机
	压缩机	离心式压缩机
		往复式压缩机
	阀门	隔离阀
		单向阀
		安全阀、释放阀
		调节阀
		其他类型核安全级阀
	支承件	设备支承件
		管道支承件
		阻尼器
	波纹管，膨胀节	金属波纹膨胀节
		特种型式金属膨胀节
		金属波纹管
	闸门	人员 / 应急闸门
		设备闸门
	机械贯穿件	
	法兰	
	铸锻件	容器类铸锻件
		泵阀类铸锻件
		支承类铸锻件
	设备模块	

表 4–2　核燃料循环设施后处理厂专用核安全机械设备目录

核燃料循环设施后处理厂专用核安全设备		
核安全机械设备	储罐	反应炉（器）
		萃取设备
		产品贮存容器
		贮槽
		后处理首端专用设备
		箱室设备
	热交换器	蒸发器
	泵	输运高放溶液的泵
	阀门	穿地阀

4.1.1 民用核安全机械设备目录的解释和说明

4.1.1.1 压力容器

（1）过滤器暂不纳入许可范围，其承压壳体制造单位无须取得压力容器制造许可证。

（2）反应堆压力容器或稳压器许可资质可覆盖堆芯补水箱的许可资质。

（3）核电厂使用的高压气瓶暂不纳入许可范围。

（4）压力容器的许可资质可覆盖同安全级别及以下级别储罐的许可资质。

4.1.1.2 储罐

同 4.1.1.1（4）。

4.1.1.3 热交换器

（1）蒸汽发生器许可资质可覆盖非能动余热排出热交换器及其他管壳式热交换器的许可资质。

（2）管壳式热交换器许可资质可覆盖套管式热交换器的许可资质。

4.1.1.4 管道和管配件

（1）锻制主管道的许可资质可以覆盖波动管的许可资质。

（2）仪表管和仪表用管配件属于许可范围。

（3）四通、管台、管道堵头暂不纳入许可范围。

（4）热交换器传热管许可范围包括直管、弯管、盘管。

（5）直管许可范围包括无缝和有缝直管，不包容工艺介质的除外。

（6）铜合金材质的传热管暂不纳入许可范围。

4.1.1.5 泵

（1）反应堆冷却剂泵分为轴封型、屏蔽型和湿绕组型三类，制造厂应分别申请相应的设计、制造许可资质；设计院所持核安全1级反应堆冷却剂泵设计许可资质不分泵型。

（2）反应堆冷却剂泵的本体铸锻件、法兰、高压冷却器和电机壳体属于许可范围，核安全1、2、3级泵的其他零部件不属于许可范围。

4.1.1.6 控制棒驱动机构

包括耐压壳和驱动机构，非压水堆统称反应性控制机构。

4.1.1.7 风机

鼓风机归类为“离心式风机”设备品种。

4.1.1.8 压缩机

压缩机的许可范围仅包括气体压缩机。

4.1.1.9 阀门

（1）爆破阀、风阀、仪表阀以及电磁阀等纳入其他类型核安全级阀门许可范围。

（2）风阀许可范围仅包括隔离阀、单向阀、调节阀。

（3）节流阀纳入调节阀的许可范围。

（4）电磁阀许可范围仅包括工艺管道用核安全级电磁阀，阀门执行机构用电磁阀暂不纳入许可范围。

（5）防火阀和防冲击波阀暂不纳入许可范围。

4.1.1.10 支承件

（1）管道支承件许可范围包括管部支承、根部支承、连接件、可变弹簧支吊架、恒力弹簧支吊架、限制件（横向限制件和管道防甩件）。

（2）设备支承件许可范围仅包括反应堆压力容器支承、稳压器支承、蒸汽发生器支承、主泵支承、主管道的防甩支承等核安全1级主设备支承件。

（3）阻尼器许可范围包括设备和管道的液压和机械阻尼器。

4.1.1.11 波纹管、膨胀节

泵、阀、阻尼器密封中使用的波纹管暂不纳入许可范围。

4.1.1.12 机械贯穿件

燃料运输通道贯穿件纳入机械贯穿件许可范围。

4.1.1.13 铸锻件

（1）铸锻件许可范围仅包括用于制造一回路承压边界中容器、管道、泵（含电机壳）、阀和主设备支承等核安全 1 级设备的铸锻件，以及堆内构件（限于法兰和支承板）。主设备阻尼器和波动管弹簧支承的铸锻件暂不纳入许可范围。

（2）核安全 1 级泵阀类铸锻件的许可范围包括主要承压部件，如泵体、泵盖、阀体、阀盖等。

（3）核安全 1 级容器类（含压力容器、蒸汽发生器、主管道）铸锻件的许可范围包括封头、筒体、接管（包括接管嘴、管座、安全端、人孔等）、管板、控制棒驱动机构耐压壳。

（4）支承类铸锻件限于堆内构件（限于法兰和支承板）和主设备（包括反应堆压力容器、蒸汽发生器、稳压器、主泵、主管道等）用支承锻件。

4.1.1.14 设备模块

（1）增加“设备模块”设备类别。

（2）一体化堆顶组件不属于许可范围。

4.1.2 核燃料循环设施后处理厂专用核安全设备的解释和说明

4.1.2.1 储罐

（1）反应炉（器）许可范围包括草酸钚焙烧炉、玻璃固化熔炉、草酸钚沉淀反应器。

（2）萃取设备许可范围包括共去污萃取设备、铀钚分离萃取设备、钚萃取设备、钚反萃取设备。

（3）产品贮存容器许可范围包括二氧化钚产品贮存容器、高放玻璃固化体贮存容器。

（4）贮槽许可范围包括溶解液贮槽、首端系统残渣槽、首端系统清液槽、共去污系统贮槽、钚线系统贮槽、其他高放溶液贮槽、临界安全贮槽、核材料衡算槽。

（5）后处理首端专用设备许可范围包括乏燃料溶解器、沉降离心机。

（6）箱室设备许可范围包括热室（设备室）壳体、钚线尾端工作箱。

4.1.2.2 热交换器

蒸发器许可范围包括高放废液蒸发器、中放废液蒸发器、铀溶液蒸发器、钚溶液蒸发器。

4.1.2.3 泵

输运高放溶液的泵许可范围包括蒸汽喷射泵、压空喷射器、空气提升器、可逆流体换向装置。

4.2 十九类机械设备简介

本节对核电厂中十九类机械设备进行了简要介绍，并列举了截至 2020 年 3 月底持有相应设备类别的境外注册登记单位清单。

4.2.1 钢制安全壳

安全壳是一个将反应堆本体及一回路蒸汽发生器、主泵、稳压器、管道阀门等设备包围集中在一起的密封建筑，用来包容和支承反应堆冷却剂系统及相关系统，以及专设安全设施系统，在正常运行时，为堆芯和反应堆冷却剂系统提供屏蔽防护，在发生设计基准事故时，包容气态放射性物质，是核电厂防止放射性物质向环境释放的最后一道屏障，是一个极其重要的建筑物。安全壳按材料分有钢壳、钢筋混凝土壳和预应力混凝土壳等几种；按结构分有单层壳和双层壳两种。钢制安全壳是三代先进核电系统独有的结构。以 AP1000 堆型为例，整个安全壳容器由中间的圆柱形筒体及上下两个椭圆型封头组成，最大直径 39.62 m，总高度 65.63 m，体积约 70 000 m^3，总重量约 3600 t。

4.2.2 安全壳钢衬里

在预应力混凝土安全壳内，一般有一层起密封作用的钢衬里。安全壳钢衬里一般由底板、截锥体、圆柱形筒体和穹顶组成，形成整体承压容器。安全壳钢衬里正是基于密封性能的重要考虑，抵御异常事故工况下的核污染扩散。

4.2.3 压力容器

压力容器，是指盛装气体或者液体，承载一定压力的密闭设备，其中，反应堆压力容器是核电厂中最重要的设备，也是设计、制造难度最高的核承压设备之一。它位于反应堆厂房的中心，为核电厂一回路的核心设备，承受着一回路冷却剂的高温和高压，而且还受到反应堆本体极强的放射性，其可靠性和安全性是设计的重要指标。

表 4–3　境外压力容器设计 / 制造单位统计表

序号	单位名称	证书类别	核安全级别	发证 / 延续发文号	变更发文号	证书有效期
1	日本三菱重工业株式会社（Mitsubishi Heavy Industries, Ltd.）	设计 / 制造	1、2、3 级	国核安发〔2016〕66 号		2021/3/28
2	俄罗斯伊佐尔厂股份无限公司（Izhorskiye Zavody JSC）	设计 / 制造	1、2、3 级	国核安发〔2016〕163 号		2021/8/1
3	俄罗斯 JSC“AEM-Technology”	设计 / 制造	1、2、3 级	国核安发〔2019〕146 号		2024/6/28

4.2.4 储罐

核电厂储罐的类型、用途、储存介质种类繁多，主要用于储存酸碱、除盐水、油及放射性废液等，储存介质的作用是向核电厂常规岛、核岛及 BOP 设备提供除盐水、密封水、化学水处理、润滑油及废液收集。

表 4–4　境外储罐设计 / 制造单位统计表

序号	单位名称	证书类别	核安全级别	发证 / 延续发文号	变更发文号	证书有效期
1	俄罗斯伊佐尔厂股份无限公司（Izhorskiye Zavody JSC）	设计 / 制造	1、2、3 级	国核安发〔2016〕163 号		2021/8/1
2	俄罗斯 Joint Stock Company “Atommashexport”	设计 / 制造	1、2、3 级	国核安发〔2018〕340 号		2023/12/29
3	俄罗斯 PJSC“Machine-Building Plant ‘ZiO-Podolsk’”	设计 / 制造	2、3 级 /1、2、3 级	国核安发〔2019〕102 号		2024/4/27

续表

序号	单位名称	证书类别	核安全级别	发证 / 延续发文号	变更发文号	证书有效期
4	俄罗斯 JSC “Tambovsky Zavod” Komsomolets “named in honour of N.S.Artemov”	设计 / 制造	3 级	国核安发〔2019〕204 号		2024/9/12
5	俄罗斯 LLC “Polesye”	设计 / 制造	2、3 级	国核安发〔2019〕229 号		2024/11/4

4.2.5 热交换器

热交换器是用来使热量从热流体传递到冷流体，以满足规定的工艺要求的装置，是对流传热及热传导的一种工业应用。根据传热面的形状和结构可分为管式换热器和板式换热器。不同类型的热交换器在核电站中应用广泛，例如蒸汽发生器、主泵高压冷却器、余热排出热交换器等。

蒸汽发生器是产生汽轮机所需蒸汽的换热设备，在核反应堆中，核裂变产生的热量由冷却剂带出，通过蒸汽发生器中的 U 形传热管将热量传递给二回路工质，使其产生具有一定温度、一定压力和一定干度的蒸汽。此蒸汽再进入汽轮机中做功，转换为电能或机械能。在这个能量转换过程中，蒸汽发生器既是一回路的设备，又是二回路的设备，所以被称为一、二回路的枢纽。

表 4–5　境外热交换器设计 / 制造单位统计表

序号	单位名称	证书类别	核安全级别	发证 / 延续发文号	变更发文号	证书有效期
1	西班牙 TECNICAS REUNIDAS S.A.	设计	2、3 级	国核安发〔2016〕18 号		2021/1/21
2	美国约瑟夫·欧特公司（Joseph Oat Corporation）	设计 / 制造	1、2、3 级	国核安发〔2017〕1 号		2022/1/5
3	美国 HOLTEC INTERNATIONAL	设计 / 制造	1、2、3 级	国核安发〔2017〕129 号		2022/6/27
4	俄罗斯 Joint Stock Company “Central Design Bureau of Machine Building” 中央机器设计制造局	设计 / 制造	3 级	国核安发〔2018〕88 号		2023/4/4

续表

序号	单位名称	证书类别	核安全级别	发证 / 延续发文号	变更发文号	证书有效期
5	俄罗斯 Joint Stock Company “Atommashexport”	设计 / 制造	1、2、3 级	国核安发〔2018〕340 号		2023/12/29
6	德国 KSB SE & Co. KGaA	设计 / 制造	1 级	国核安发〔2019〕42 号	国核安函〔2019〕71 号	2024/3/13
7	俄罗斯 PJSC “Machine-Building Plant ‘ZiO-Podolsk’ ”	设计 / 制造	2、3 级 /1、2、3 级	国核安发〔20169〕102 号		2024/4/27
8	瑞典 Alfa Laval Lund AB	设计 / 制造	3 级	国核安发〔2019〕102 号		2024/4/27
9	俄罗斯 JSC “AEM-Technology”	设计 / 制造	1、2、3 级	国核安发〔2019〕146 号		2024/6/28
10	奥地利 ANDRITZ AG	设计 / 制造	1 级	国核安发〔2019〕171 号		2024/8/13
11	俄罗斯 JSC “Tambovsky Zavod” Komsomolets “named in honour of N.S.Artemov”	设计 / 制造	3 级	国核安发〔2019〕204 号		2024/9/12
12	俄罗斯 LLC “Polesye”	设计 / 制造	2、3 级	国核安发〔2019〕229 号		2024/11/4

4.2.6 管道和管配件

管道和管配件在核电站中有着大量的应用，管道及其附属设备组成一个汽水循环通道，是核电厂重要组成部分。从连接反应堆压力容器、主泵和蒸发器的大尺寸主管道，到蒸汽发生器中上千根 U 形传热管，再到精细的仪表管，各种类型的管道犹如人体的血管，流动着不同温度、压力的各类介质，保障核电厂的平稳运行。管配件种类同样繁多，如三通、弯头、异径管等，主要起到管道连接的作用。

表 4–6　境外管道和管配件设计 / 制造单位统计表

序号	单位名称	证书类别	核安全级别	发证 / 延续发文号	变更发文号	证书有效期
1	法国 ALYNOX SAS	制造	2、3 级	国核安发〔2015〕70 号		2020/3/30
2	意大利沙士基达曼内斯曼不锈钢管公司意大利工厂（SALZGITTER MANNESMANN STAINLESS TUBES ITALIA SRL.）	制造	1、2、3 级	国核安发〔2015〕70 号	国核安发〔2018〕58 号	2020/3/30
3	日本新日铁住金株式会社	制造	1 级	国核安发〔2015〕155 号		2020/8/12
4	德国 Eisenbau Krämer GmbH	制造	2、3 级	国核安发〔2016〕18 号		2021/1/21
5	德国瓦卢瑞克有限公司（Vallourec Deutschland GmbH）	制造	1、2、3 级	国核安发〔2016〕66 号		2021/3/28
6	俄罗斯伊佐尔厂股份无限公司（Izhorskiye Zavody JSC）	设计 / 制造	1、2、3 级	国核安发〔2016〕163 号		2021/8/1
7	奥地利 Schoeller-Bleckmann Edelstahlrohr GmbH	制造	1、2、3 级	国核安发〔2017〕27 号	国核安发[2018]280 号	2022/2/7
8	意大利 FRANCHINI ACCIAI S.p.A.	制造	2、3 级	国核安发〔2017〕129 号		2022/6/27
9	美国 Sandvik, Inc.（原美国 Sandvik Materials Technology）	制造	1、2 级	国核安发〔2017〕225 号		2022/9/19
10	意大利 TECTUBI RACCORDI S.p.A.	制造	1、2、3 级	国核安发〔2019〕42 号		2024/3/13
11	法国 VALINOX NUCLEAIRE	制造	1、2、3 级	国核安发〔2019〕42 号		2024/3/13
12	俄罗斯 PJSC“Machine-Building Plant‘ZiO-Podolsk’”	设计 / 制造	2、3 级 /1、2、3 级	国核安发〔2019〕102 号		2024/4/27

续表

序号	单位名称	证书类别	核安全级别	发证/延续发文号	变更发文号	证书有效期
13	俄罗斯 JSC "AEM-Technology"	设计/制造	1、2、3 级	国核安发〔2019〕146 号		2024/6/28
14	法国 Manoir Pitres	制造	1 级	国核安发〔2019〕171 号		2024/8/13
15	美国 Swagelok Company	设计/制造	1、2、3 级	国核安发〔2019〕171 号		2024/8/13
16	韩国 HY-LOK Corporation	设计/制造	2、3 级	国核安发〔2019〕204 号		2024/9/12
17	俄罗斯 LLC "Belenergomash-BZEM"	设计/制造	2、3 级	国核安发〔2020〕14 号		2025/1/14

4.2.7 泵

泵是输送流体或使流体增压的机械。它将原动机的机械能或其他外部能量传送给介质，使介质能量增加。反应堆冷却剂泵（又称主泵）的功能是使冷却剂形成强迫循环，从而把反应堆中产生的热能传送至蒸汽发生器，以产生蒸汽，驱动汽轮机做功。反应堆冷却剂泵是压水堆核电厂的关键设备之一，在其运行时要满足能够长期在无人维护条件下安全可靠地工作、便于维修、辅助系统简单、能提供足够转动惯量，使反应堆堆芯得到适当冷却、过流部件表面材料耐高温耐腐蚀、放射性的冷却剂的泄漏要少等一系列要求，设计、制造难度相当大。按照结构划分，主泵分为屏蔽式和轴封式。除主泵外，核电站常用泵还包括上充泵、安全壳喷淋泵、主给水泵等。

表 4–7　境外泵设计／制造单位统计表

序号	单位名称	证书类别	核安全级别	发证/延续发文号	变更发文号	证书有效期
1	德国苏尔寿泵业有限公司（Sulzer Pumpen (Deutschland) GmbH）	设计/制造	2、3 级	国核安发〔2015〕70 号		2020/3/30

续表

序号	单位名称	证书类别	核安全级别	发证 / 延续发文号	变更发文号	证书有效期
2	日本三菱重工业株式会社（Mitsubishi Heavy Industries, Ltd.）	设计 / 制造	1、2、3 级	国核安发〔2016〕66 号		2021/3/28
3	鲁奇（瑞士）泵业有限公司（Rütschi Fluid AG）	设计 / 制造	3 级	国核安发〔2017〕1 号		2022/1/5
4	俄罗斯 Joint Stock Company “Central Design Bureau of Machine Building” 中央机器设计制造局	设计 / 制造	1、2、3 级	国核安发〔2018〕88 号		2023/4/4
5	乌克兰 Public JOINT-STOCK COMPANY “NASOSENERGOMASH Pump & Power Engineering Works Sumy”	设计 / 制造	2、3 级	国核安发〔2018〕143 号		2023/5/15
6	德国 KSB SE & Co. KGaA	设计 / 制造	1、2、3 级	国核安发〔2019〕42 号	国核安函〔2019〕71 号	2024/3/13
7	奥地利 ANDRITZ AG	设计 / 制造	1 级	国核安发〔2019〕171 号		2024/8/13
8	德国 Wepuko Pahnke GmbH	设计 / 制造	2、3 级	国核安发〔2019〕171 号		2024/8/13
9	法国 Clextral S.A.S	设计 / 制造	2 级	国核安发〔2019〕171 号		2024/8/13
10	美国 Curtiss-Wright Electro-Mechanical Corporation	设计 / 制造	1 级	国核安发〔2019〕204 号		2024/9/12
11	法国 CLYDE UNION SAS	设计 / 制造	2、3 级	国核安发〔2019〕229 号		2024/11/4
12	法国 FLOWSERVE POMPES SAS	设计 / 制造	3 级	国核安发〔2019〕229 号		2024/11/4
13	英国 Clyde Union Limited	设计 / 制造	2、3 级	国核安发〔2020〕14 号		2025/1/14
14	俄罗斯 Research and Production Amalgamation of Hydraulic Machine Company Incorporated	设计 / 制造	2、3 级	国核安发〔2020〕43 号		2025/2/27

4.2.8 堆内构件

压力容器内除燃料组件及其相关组件以外的所有其他构件，包括堆芯上部支承构件、堆芯下部支承构件、堆芯测量支承结构称为堆内构件。其主要功能包括：支承、压紧和准确地定位燃料组件及其相关组件、为控制棒提升和下降提供导向、提供冷却剂流道、合理分配进入堆芯的冷却剂流量、降低反应堆压力容器内表面所遭受的快中子辐照量等。

表 4–8　境外堆内构件设计／制造单位统计表

序号	单位名称	证书类别	核安全级别	发证／延续发文号	变更发文号	证书有效期
1	法国瑞尔有限公司（REEL SAS）	设计／制造	2、3 级	国核安发〔2015〕155 号		2020/8/12
2	俄罗斯伊佐尔厂股份无限公司（Izhorskiye Zavody JSC）	设计／制造	1、2、3 级	国核安发〔2016〕163 号		2021/8/1
3	俄罗斯 JSC“AEM-Technology”	设计／制造	1、2、3 级	国核安发〔2019〕146 号		2024/6/28

4.2.9 控制棒驱动机构

控制棒驱动机构是核电厂反应堆控制系统和安全保护系统的一种伺服机构。控制棒驱动机构的具体功能是用于提升、下降、保持或快插控制棒，以完成反应堆启动、调节反应堆功率、维持功率、停止反应堆和事故情况下的快速停堆，它是核反应堆的重要动作部件，也是直接影响核反应堆正常运行和安全可靠的关键设备之一。

表 4–9　境外控制棒驱动机构设计／制造单位统计表

序号	单位名称	证书类别	核安全级别	发证／延续发文号	变更发文号	证书有效期
1	加拿大 Laker Energy Products Ltd	制造	3 级	国核安发〔2019〕204 号		2024/9/12

4.2.10 风机

风机是依靠输入的机械能，提高气体压力并排送气体的机械，一般分为三类：通风机、鼓风机和空压机。核电厂用得最多的是通风机，它为核电站各厂房、各不同工作区域的通风、空调系统提供空气输送动力。通风、空调不仅是创造舒适的工作环境，更主要的是保证工作人员身体健康的辐射防护要求。

4.2.11 压缩机

压缩机是一种将低压气体提升为高压气体的从动的流体机械，是制冷系统的心脏。它从吸气管吸入低温低压的制冷剂气体，通过电机运转带动活塞对其进行压缩后，向排气管排出高温高压的制冷剂气体，为制冷循环提供动力。

表 4−10　境外压缩机设计 / 制造单位统计表

序号	单位名称	证书类别	核安全级别	发证 / 延续发文号	变更发文号	证书有效期
1	捷克派奇工业自动化股份公司（ZPA Pecky,a.s.）	设计 / 制造制造	3 级	国核安发〔2016〕66 号	国核安发〔2017〕1 号	2021/3/28
2	捷克阿特拉斯科普柯公司（ATLAS COPCO s.r.o.）	设计	3 级	国核安发〔2016〕163 号		2021/8/1

4.2.12 阀门

阀门是用来开闭管路、控制流向、调节和控制输送介质的参数（温度、压力和流量）的管路附件。阀门在核电厂的所有回路、管道、动力设备、各种容器，以及与利用或传送液体和气体介质有关的部件上均有配置。在核电厂的设备中，阀门虽然只是配件，但是它的作用却不容忽视，因为其对核电厂的安全和可靠运行具有极为重要的作用。以一座双机组百万千瓦规模的压水堆核电站为例，阀门的用量就需约 3 万台，采购这些阀门的投资额占总投资额的 2% 左右。其中一些重要的阀门产品，如主蒸汽安全阀、主蒸汽隔离阀、稳压器安全阀等，都是核电厂中十分重要的设备。在核电厂中所使用的阀门，对其抗辐照性能、密封性能、使用寿命、安全可靠性、抗震性能等一系列指标都有极高的要求。核电厂中常用的阀门包括截止阀、闸阀、安全阀、止回阀、调节阀等。

表 4-11　境外阀门设计／制造单位统计表

序号	单位名称	证书类别	核安全级别	发证／延续发文号	变更发文号	证书有效期
1	美国德莱赛公司（Dresser, Inc.）	设计／制造	2、3 级	国核安发〔2015〕70 号		2020/3/30
2	西班牙应用机械阀门工业公司（APLICACIONES MECANICAS VALVULAS INDUSTRIALES SA）	设计／制造	3 级	国核安发〔2015〕70 号		2020/3/30
3	法国格力斯 [Generale de Robinetterie Industrielle et de Systemes de Sureté (GRISS)]	设计／制造	2、3 级	国核安发〔2015〕70 号		2020/3/30
4	瑞士希西艾公司（CCI AG）	设计／制造	1、2、3 级	国核安发〔2015〕70 号		2020/3/30
5	法国瑞尔有限公司（REEL SAS）	设计／制造	2、3 级	国核安发〔2015〕155 号		2020/8/12
6	美国 FR Flow Control Valves US Bidco, Inc, dba TRILLIUM VALVES USA（原 WEIR VALVES & CONTROLS USA,INC.）	设计／制造	1、2、3 级	国核安发〔2015〕155 号	国核安函〔2020〕7 号	2020/8/12
7	日本希西艾公司（CCI K.K.）	设计／制造	3 级	国核安发〔2015〕155 号		2020/8/12
8	德国科莫阀门公司（Kühme Armaturen GmbH）	设计／制造	2 级	国核安发〔2015〕165 号		2020/8/19
9	德国苏莫斯公司（XOMOX International GmbH & Co.OHG）	设计／制造	2 级	国核安发〔2015〕165 号		2020/8/19
10	英国汤姆逊阀门有限公司（Thompson Valves Ltd）	设计／制造	1、2、3 级	国核安发〔2015〕244 号		2020/11/2
11	德国菲尼克斯 - 阿尔马图伦 - 沃克 - 布莱格尔有限公司（Phönix Armaturen-Werke Bregel GmbH）	设计／制造	2、3 级	国核安发〔2016〕66 号		2021/3/28
12	法国 DAHER VALVES	设计／制造	3 级	国核安发〔2016〕163 号	国核安发〔2019〕182 号	2021/8/1
13	卢森堡西斯托 - 阿尔马图伦公司（SISTO Armaturen S.A.）	设计／制造	2、3 级	国核安发〔2016〕163 号		2021/8/1
14	日本冈野阀门制造株式会社 (Okano Valve MFG. Co. LTD.)	设计／制造	1、2、3 级	国核安发〔2016〕163 号		2021/8/1

续表

序号	单位名称	证书类别	核安全级别	发证 / 延续发文号	变更发文号	证书有效期
15	法国德莱赛公司（Dresser Produits Industriels）	设计 / 制造	2、3 级	国核安发〔2016〕163 号		2021/8/1
16	美国 Emerson Automation Solutions Final Control US LP(原滨特尔阀门与控制公司）	设计 / 制造	1、2、3 级	国核安发〔2016〕163 号	国核安函〔2019〕14 号、71 号	2021/8/1
17	美国克瑞公司（Crane Nuclear, Inc.）	设计 / 制造	1、2、3 级	国核安发〔2016〕163 号	国核安发〔2017〕146 号、国核安发〔2018〕280 号	2021/8/1
18	美国 Valcor Engineering Corporation	设计 / 制造	1、2、3 级		国核安发〔2017〕225 号	2022/9/19
19	美国 Curtiss Wright Flow Control Corporation	设计 / 制造	1、2、3 级	国核安发〔2017〕332 号		2022/11/20
20	美国 SPX FOLW US,LLC	设计 / 制造	1 级	国核安发〔2018〕58 号		2023/2/24
21	德国 Schroeder Valves GmbH & Co.KG	设计 / 制造	2、3 级	国核安发〔2018〕205 号		2023/8/13
22	俄罗斯 Joint Stock Company “Atommashexport”	设计 / 制造	1、2、3 级	国核安发〔2018〕340 号		2023/12/29
23	俄罗斯核阀门工艺设计院（PKTI “Atomarmproekt”）	设计	2、3 级	国核安发〔2019〕27 号		2024/2/12
24	日本 TOA Valve Engineering Inc.	设计 / 制造	1、2、3 级	国核安发〔2019〕27 号		2024/2/12
25	法国 SEGAULT S.A.S.	设计 / 制造	1、2、3 级	国核安发〔2019〕27 号		2024/2/12
26	法国 VELAN S.A.S.	设计 / 制造	1、2、3 级	国核安发〔2019〕41 号		2024/3/8
27	美国 Flowserve Corporation	设计 / 制造	1、2、3 级	国核安发〔2019〕42 号		2024/3/13
28	法国 DAHER VALVES	设计 / 制造	1、2、3 级	国核安发〔2019〕42 号		2024/3/13
29	法国 Emerson Process Management S.A.S	设计 / 制造	1、2、3 级	国核安发〔2019〕42 号		2024/3/13
30	德国 KSB SE & Co. KGaA	设计 / 制造	1、2、3 级	国核安发〔2019〕42 号	国核安函〔2019〕71 号	2024/3/13

续表

序号	单位名称	证书类别	核安全级别	发证/延续发文号	变更发文号	证书有效期
31	美国 Fisher Controls International LLC	设计/制造	1、2、3级	国核安发〔2019〕102号		2024/4/27
32	法国 KSB S.A.S.	设计/制造	2、3级	国核安发〔2019〕121号		2024/6/3
33	俄罗斯 PJSC“Contour”	设计/制造	2、3级	国核安发〔2019〕121号		2024/6/3
34	韩国 Samshin Limited	设计/制造	1、2、3级	国核安发〔2019〕171号		2024/8/13
35	德国 Armaturenfabrik Franz Schneider GmbH+Co.KG	设计/制造	2、3级	国核安发〔2019〕171号		2024/8/13
36	法国 Trillium Flow Technologies France SAS(原 Weir Power & Industrial France)	设计/制造	1、2、3级	国核安发〔2019〕171号	国核安函〔2019〕83号	2024/8/13
37	俄罗斯 JSC“Soyuz-01”Firm	设计/制造	2、3级	国核安发〔2019〕204号		2024/9/12
38	英国 Trillium Flow Technologies UK Limited(原 Weir Valves & Controls UK Ltd)	设计/制造	2、3级	国核安发〔2019〕204号	国核安函〔2019〕83号	2024/9/12
39	乌克兰 PJSC“Kyiv Central Design Bureau of Valves”	设计/制造	2、3级	国核安发〔2020〕14号		2025/1/14
40	美国 Control Components Inc.	设计/制造	2、3级	国核安发〔2020〕14号		2025/1/14
41	德国 SEMPELL GmbH	设计/制造	1、2、3级	国核安发〔2020〕14号		2025/1/14
42	西班牙 Ringo Valvulas S.L.	设计/制造	1、2、3级	国核安发〔2020〕43号		2025/2/27
43	俄罗斯 JSC“Zavod ‘Znamya truda’”	设计/制造	2、3级	国核安发〔2020〕43号		2025/2/27

4.2.13 支承件

支承件，顾名思义就是为设备提供支撑和保持稳定的一类设备。核电厂中使用的支承件分为设备支承件、管道支承件和阻尼器三类。设备支承件包括反应堆压力容器支承、稳压器支承、蒸汽发生器支承、主泵支承、主管道的防甩支承等核安全1级主设备支承件；管道支承件包括管部支承、根部支承、连接件、可变弹簧支吊架、恒力弹簧支吊架、限制件（横向限制件和管道防甩件）；阻尼器包括设备和管道的液压和机械阻尼器。

表 4–12　境外支承件设计 / 制造单位统计表

序号	单位名称	证书类别	核安全级别	发证 / 延续发文号	变更发文号	证书有效期
1	俄罗斯伊佐尔厂股份无限公司（Izhorskiye Zavody JSC）	设计 / 制造	1、2、3 级	国核安发〔2019〕163 号		2021/8/1
2	法国 NFM 技术公司（NFM TECHNOLOGIES）	制造	1、2、3 级	国核安发〔2017〕27 号		2022/2/7
3	俄罗斯 Joint Stock Company “Central Design Bureau of Machine Building” 中央机器设计制造局	设计 / 制造	2、3 级	国核安发〔2018〕88 号		2023/4/4
4	俄罗斯 Joint Stock Company “Atommashexport”	设计 / 制造	1、2、3 级	国核安发〔2018〕340 号		2023/12/29
5	德国 LISEGA SE	设计 / 制造	1、2、3 级	国核安发〔2019〕42 号		2024/3/13
6	法国 SOCIETE DES USINES QUIRI ET CIE	设计 / 制造	1、2、3 级	国核安发〔2019〕42 号		2024/3/13
7	俄罗斯 PJSC “Machine-Building Plant ‘ZiO-Podolsk’ ”	设计 / 制造	2、3 级 /1、2、3 级	国核安发〔2019〕102 号		2024/4/27
8	俄罗斯 JSC TYAZHMASH	制造	1、2 级	国核安发〔2019〕102 号		2024/4/27
9	俄罗斯 JSC “AEM-Technology”	设计 / 制造	1、2、3 级	国核安发〔2019〕146 号		2024/6/28
10	俄罗斯 LLC “Polesye”	设计 / 制造	2、3 级	国核安发〔2019〕229 号		2024/11/4
11	俄罗斯 LLC “Belenergomash-BZEM”	设计 / 制造	2、3 级	国核安发〔2020〕14 号		2024/11/4

4.2.14 波纹管、膨胀节

波纹管是指用可折叠皱纹片沿折叠伸缩方向连接成的管状弹性敏感元件。波纹管在仪器仪表中应用广泛，主要用途是作为压力测量仪表的测量元件，将压力转换成位移或力，也用来补偿管线热变形、减震、吸收管线沉降变形等。

膨胀节习惯上也叫补偿器，或伸缩节。由构成其工作主体的波纹管和端管、支架、法兰、导管等附件组成。膨胀节是为了补偿因温度差与机械振动引起的附加应力，而设置在容器壳体或管道上的一种挠性结构。利用其工作主体波纹管的有效伸缩变形，以吸收管线、容器等由热胀冷缩等原因而产生的尺寸变化，或补偿管线、容器等的轴向、横向和角向位移。

表 4–13　境外波纹管、膨胀节设计 / 制造单位统计表

序号	单位名称	证书类别	核安全级别	发证 / 延续发文号	变更发文号	证书有效期
1	加拿大 Thorburn Flex Inc.	设计 / 制造	2、3 级	国核安〔2020〕14 号		2025/1/14
2	俄罗斯 LLC "Belenergomash-BZEM"	设计 / 制造	2、3 级	国核安发〔2020〕14 号		2025/1/14

4.2.15 闸门

核电厂中使用的闸门包括设备闸门、人员 / 应急闸门两类。

设备闸门是核电厂安全壳上最大的附属结构部件，是核电厂中用于转运大型设备的重要核级设备，其功能是为大型设备运入和运出反应堆厂房提供通道。安全壳及其上面的所有贯穿件，包括设备闸门共同构成一个整体，对内要求具有极高的防泄漏密封性，能防止含放射性空气的外溢。所以设备闸门和安全壳应有相同的安全等级。

人员闸门广泛用于每个核电机组中，它的主要功能是供人员和小型设备在反应堆运行或停堆时通过，而不损坏安全壳的密封功能。其作为反应堆安全壳的贯穿件，第三道安全屏障的组成部分，承担着安全壳密封性和完整性的重要任务。人员闸门是一个钢制筒形结构，贯穿安全壳并与钢衬里相焊接，筒体两端铰接着起密封作用的承压门，门自安全壳内向外压紧，形成一个承压密封舱室。

表 4–14　境外闸门设计 / 制造单位统计表

序号	单位名称	证书类别	核安全级别	发证 / 延续发文号	变更发文号	证书有效期
1	法国 NFM 技术公司（NFM TECHNOLOGIES）	制造	1、2、3 级	国核安发〔2017〕27 号		2022/2/7
2	俄罗斯 Joint Stock Company "Atommashexport"	设计 / 制造	1、2、3 级	国核安发〔2018〕340 号		2023/12/29

4.2.16 机械贯穿件

机械贯穿件是安全壳内的系统管道和安全壳外的系统管道连接时，为了保证安全壳的密封而预埋在安全壳上，连接安全壳内外管道的一种密封设备。它既要满足系统管道设计的要求，又必须满足安全壳气密性和完整性要求。

机械贯穿件将贯穿管路与安全壳混凝土中预埋的锚固套筒连接在一起，管道所承受的载荷经机械贯穿件传递给安全壳，因此机械贯穿件又起着系统管道固定支架的作用。

表 4–15　境外机械贯穿件设计／制造单位统计表

序号	单位名称	证书类别	核安全级别	发证／延续发文号	变更发文号	证书有效期
1	法国瑞尔有限公司（REEL SAS）	设计／制造	2、3 级	国核安发〔2015〕155 号		2020/8/12
2	俄罗斯 Joint Stock Company “Atommashexport”	设计／制造	1、2、3 级	国核安发〔2018〕340 号		2023/12/29
3	俄罗斯 LLC “Polesye”	设计／制造	2、3 级	国核安发〔2019〕229 号		2024/11/4

4.2.17 法兰

法兰是轴与轴之间相互连接的零件，用于管端之间的连接；也有用在设备进出口上的法兰，用于两个设备之间的连接。法兰连接或法兰接头，是指由法兰、垫片及螺栓三者相互连接作为一组组合密封结构的可拆连接。法兰是核电厂管道工程中的重要部件，主要用于管道、泵、阀门及各种压力容器之间的连接，它通过螺栓紧固使法兰挤压垫片来保持密封，以保证连接处不会发生泄漏。为确保设备及系统的安全运行，需保证法兰部件连接的可靠性。法兰连接是管道施工的重要连接方式。法兰连接有较好的强度和紧密性，适用的尺寸范围广，安装拆卸较为方便，能够承受较大的压力。

表 4-16 境外法兰设计 / 制造单位统计表

序号	单位 名称	证书 类别	核安全 级别	发证 / 延 续发文号	变更 发文号	证书 有效期
1	法国瑞尔有限公司（REEL SAS）	设计 / 制造	2、3 级	国核安发〔2015〕155 号		2020/8/12
2	法国 SPECIAL BRIDES SERVICE	制造	1、2、3 级	国核安发〔2017〕27 号		2022/2/7
3	俄罗斯 LLC “Belenergomash-BZEM”	设计 / 制造	2、3 级	国核安发〔2020〕14 号		2025/1/14

4.2.18 铸锻件

锻件是指通过对金属坯料进行锻造变形而得到的工件或毛坯。利用对金属坯料施加压力，使其产生塑形变形，可改变其机械性能。铸件是用各种铸造方法获得的金属成型物件，即把冶炼好的液态金属，用浇注、压射、吸入或其他浇铸方法注入预先准备好的铸型中，冷却后经打磨等后续加工手段，所得到的具有一定形状、尺寸和性能的物件。

铸锻件在核电厂中有大量的运用。其中，大型锻件是核岛主设备的关键部件，例如，蒸汽发生器、稳压器、反应堆压力容器的筒体、封头、压力容器整体顶盖、蒸汽发生器管板、主管道、主泵泵壳、叶轮等部件均为锻件。除此以外，阀门的阀体、阀盖、主设备支承等也都是采用锻件。

为了满足核电厂对于主设备耐高温、耐高压及耐辐照的要求，对于大型锻件的成分、内外部缺陷、力学性能、外形尺寸等指标的要求极为严苛，因此大型、超大型锻件的质量直接影响到重大装备的整体水平和运行可靠性，大型、超大型锻件的制造也是衡量一个国家重大装备制造能力的重要标杆。

表 4–17　境外铸锻件设计 / 制造单位统计表

序号	单位名称	证书类别	核安全级别	发证 / 延续发文号	变更发文号	证书有效期
1	印度阿鲁纳合金有限公司（Aruna Alloy Steels Pvt Ltd.）	制造	1 级	国核安发〔2015〕155 号		2020/8/12
2	意大利菲特集团公司 (FEAT GROUP S.P.A)	制造	1 级	国核安发〔2016〕66 号		2021/3/28
3	意大利弗马斯公司（FOMAS S.p.A.）	制造	1 级	国核安发〔2016〕66 号		2021/3/28
4	意大利 S.A.F.A.S. SOCIETA' S AZIONARIA FONDERIA ACCIAI SPECIALI - S.P.A.	制造	1 级	国核安发〔2016〕163 号		2021/8/1
5	法国联合锻件公司（L'UNION DES FORGERONS）	制造	1 级	国核安发〔2016〕245 号		2021/10/9
6	法国奥伯杜瓦公司（AUBERT & DUVAL）	制造	1 级	国核安发〔2016〕245 号		2021/10/9
7	法国 SETFORGE La Clayette	制造	1 级	国核安发〔2017〕27 号		2022/2/7
8	法国 SPECIAL BRIDES SERVICE	制造	1、2、3 级	国核安发〔2017〕27 号		2022/2/7
9	德国 Edelstahl Rosswag GmbH	制造	1 级	国核安发〔2017〕27 号		2022/2/7
10	美国 BRADKEN-ATLAS LIMITED PARTNERSHIP	制造	1 级	国核安发〔2017〕43 号		2022/3/6
11	法国 FORGITAL FMDL SAS	制造	1 级	核安发〔2017〕104 号		2022/6/1
12	意大利 SIDERFORGEROSSI GROUP S.p.A.	制造	1 级	核安发〔2017〕104 号		2022/6/1
13	美国 Jorgensen Forge Corporation	制造	1 级	国核安发〔2017〕225 号		2022/9/19
14	加拿大 Patriot Forge Co.	制造	1 级	国核安发〔2018〕58 号		2023/2/24

续表

序号	单位名称	证书类别	核安全级别	发证 / 延续发文号	变更发文号	证书有效期
15	美国 MetalTek International, Inc.	制造	1 级	国核安发〔2018〕88 号		2023/4/4
16	美国 Scot Forge Company	制造	1 级	国核安发〔2018〕88 号		2023/4/4
17	罗马尼亚 VILMAR S.A.	制造	1 级	国核安发〔2018〕143 号		2023/5/15
18	法国 GASCARD MARTIN-PROST S.A.S.	制造	1 级	国核安发〔2018〕280 号		2023/10/19
19	法国 SOCIETE SEINE ET MARNAISE DE FORGE ET D’OUTILLAGE	制造	1 级	国核安发〔2018〕340 号		2023/12/29
20	俄罗斯 OMZ-Special Steels LLC	制造	1 级	国核安发〔2019〕27 号		2024/2/12
21	日本 The Japan Steel Works,Ltd.	制造	1 级	国核安发〔2019〕102 号		2024/4/27
22	乌克兰 PJSC “ENERGOMASHS-PETSSTAL”	制造	1 级	国核安发〔2019〕121 号		2024/6/3
23	俄罗斯 JSC “AEM-Technology”	设计 / 制造	1、2、3 级	国核安发〔2019〕146 号		2024/6/28
24	法国 Manoir Pitres	制造	1 级	国核安发〔2019〕171 号		2024/8/13
25	意大利 Forge Monchieri S.p.A	制造	1 级	国核安发〔2019〕171 号		2024/8/13
26	奥地利 voestalpine BöHLER Edelstahl GmbH & Co KG	制造	1 级	国核安发〔2019〕204 号		2024/9/12
27	意大利 RingMill S.p.A	制造	1 级	国核安发〔2019〕229 号		2024/11/4

4.2.19 设备模块

模块化设计与建造技术是AP1000核电厂的主要特点之一，又分为结构模块和设备模块。设备模块主要是指将核电站中部分区域的设备、管道、风管、电气、仪表以及钢结构框架等组装成一体，在设备工厂组装完成，再运输至核电现场进行安装。采用模块化建造方法，实现了核电厂核岛工程建设中土建和安装的交叉施工，大大缩短了核电厂的工程建设周期。2016年修订的设备目录首次将设备模块纳入其中。

4.3 主要进口核安全机械设备监管范围解析

虽然《民用核安全设备目录（2016年修订）》对设备许可范围进行了解释说明，但是在实际工作中，由于相关单位对目录认识理解不足，特别是由于成套设备结构复杂、部件较多，漏报、误报等情况在进口核安全设备安全检验时常有发生。因此，笔者选取了几类进口核安全机械设备，对监管范围及常见问题进行了梳理总结，供进口核安全设备安检申报和质量监督工作参考。

4.3.1 反应堆冷却剂泵（主泵）

反应堆冷却剂泵主要分为轴封型、屏蔽型和湿绕组型三类。目前，轴封型主泵主要应用在M310、“华龙一号”堆型机组上，屏蔽型主泵主要应用在AP1000堆型机组上，湿绕组型主泵将主要应用于CAP1400堆型机组上。根据设备目录解释和说明，反应堆冷却剂泵的本体铸锻件、法兰、高压冷却器和电机壳体属于许可范围。由于主泵具有部件多、结构复杂等特点，准确识别主泵部件的监管范围存在一定难度。按照设备监管的有关原则，结合进口核安全设备安全检验工作实践，对轴封型主泵和屏蔽型主泵中属于目录范围内的设备（部件）进行了举例说明。

4.3.1.1 轴封泵

以奥地利ANDRITZ AG设计的轴封泵为例，除主泵本身以外，属于监管范围内的设备（部件）还包括泵本体铸锻件，高压冷却器（含盘管、铸锻件），法兰，辅助系统阀门（含铸锻件、电动装置）、管道、管件等，相应设备（部件）的设计/制造厂家应取得注册登记确认书。

（1）泵本体铸锻件

按照设备目录中主泵和铸锻件的解释说明，以及承压边界铸锻件的监管原则，对照上述轴封泵结构示意图，主泵本体铸锻件主要有泵壳、泵盖（主泵法兰等）、密封室、密封室盖铸锻件等。

（2）高压冷却器

高压冷却器是主泵外置热交换器，用于冷却主泵轴封，是一回路压力边界的一部分。根据设备目录要求，高压冷却器属于监管范围。同时按照核 1 级热交换器、铸锻件和管道的监管原则，原则上高压冷却器中的承压边界铸锻件和管道也应属于监管范围，即高压冷却器盖锻件、高压冷却器壳体锻件、高压冷却器盘管（传热管）。

（3）法兰

主泵法兰属于承压边界，法兰锻件也属于监管范围。根据主泵结构形式和命名方式的不同，主泵法兰主要包含主法兰、热屏法兰、导叶法兰等。国核安函〔2011〕52 号文明确规定，设备制造单位可以自行加工配对法兰，但必须在持有锻件或法兰制造许可证或注册登记确认书的单位购买法兰锻坯。

（4）辅助系统设备

除主泵本体外，主泵辅助系统上的管道、管配件、法兰、阀门原则上也属于目录范围。针对核 1 级阀门，还需重点关注其本体铸锻件（阀体、阀盖）、1E 级阀门电动装置。

4.3.1.2 屏蔽泵

以美国 EMD 设计的屏蔽泵为例，除主泵本身以外，属于监管范围内的设备（部件）还包括泵本体铸锻件、外置热交换器、法兰、电机壳体等，相应设备（部件）的设计 / 制造厂家应取得注册登记确认书。

（1）本体铸锻件

按照设备目录中主泵和铸锻件的解释说明，以及承压边界铸锻件的监管原则，主泵本体铸锻件主要有泵壳、定子壳体（电机壳体）等。

（2）法兰

屏蔽泵中法兰主要包含定子主法兰、定子下法兰、定子下端盖、定子主封头（定子端盖）、定子主封头环等。主泵法兰属于承压边界，因此法兰锻件也属于监管范围。此外，国核安函〔2011〕52 号文明确规定，设备制造单位可以自行加工配对法兰，但必须在持有锻件或法兰制造许可证或注册登记确认书的单位购买法兰锻坯。

（3）外置热交换器

类似于轴封泵的高压冷却器，外置热交换器属于监管范围。按照核1级热交换器、铸锻件和管道的监管原则，外置热交换器中的承压边界铸锻件（壳体、封头、管板等）和传热管，以及外置热交换器上、下部管组件中的管道、法兰等设备原则上也属于监管范围。

4.3.2 管道和管配件

4.3.2.1 主管道

主管道是连接反应堆一回路冷却剂系统主要设备的管道，是包容反应堆冷却剂的压力边界，为核安全1级主设备。对于主管道的许可，国家核安全局在许可证和注册登记确认书的设备品种中单独进行了明确，并对堆型、制造工艺如锻造、铸造、管道预制等进行了规定，采购单位应当严格按照要求采购。应当注意的是：（1）核1级直管的许可资质不能覆盖主管的制造活动；（2）主管道铸锻件应当向持有相应铸锻件许可证或注册登记确认书的厂家采购，核1级管道的铸锻件也应当具有相应资质；（3）锻制主管道的许可资质可以覆盖波动管的许可资质。

4.3.2.2 管道预制

管道预制的范围主要包括弯制、挤压、焊接（含对焊和支管焊）。对于核电厂中一些需要预制的管道如主蒸汽管道（超级管道）等，需持有相应许可证或注册登记确认书的厂家进行预制活动。

4.3.2.3 仪表管件

仪表管件是用于仪表管道的连接的管配件，主要有卡套式管接头、焊接式管接头、螺纹式管接头等结构形式。根据设备目录的解释说明，仪表管和仪表管用管配件属于许可范围。由于管配件主要包括三通、弯头、异径管，四通、管台、管道堵头暂不纳入许可范围。因此，仪表管用管配件的监管范围也为三通、弯头和异径管。

4.3.2.4 热交换器传热管

热交换器传热管是热交换器的传热元件之一，用于两个介质之间热量的交换。根据目录要求，热交换器传热管的许可范围包括直管、弯管和盘管，即直管、弯管和盘管应当分别取得相应资质条件，管道预制资质不可覆盖弯管和盘管。目前，铜合金材质的传热管暂不纳入许可范围。如热交换器传热管制造中需采购母管的，母管制造也应具有相应资质。

4.3.3 阀门

关于阀门的许可范围，设备目录的解释说明较为清晰，但是还应当重点关注以下相关内容。核 1 级阀门的阀体、阀盖铸锻件属于监管范围（一般不包含由棒料加工的阀体阀盖）。阀门装配的 1E 级阀门电动装置属于监管范围。阀门接口装配管道、管配件的，相应管道和管配件制造厂应具有相应资质。对于阀门上装配法兰，根据国核安函〔2011〕52 号文要求，设备制造单位可以自行加工配对法兰，但必须在持有锻件或法兰制造许可证或注册登记确认书的单位购买法兰锻坯。此外，在阀门采购时，要尽量按照目录中设备品种举例研究阀门的结构形式和功能用途等，以免出现因命名方式不同造成的超范围采购或制造情况。

4.4 思考题

（1）高安全级别的注册登记确认书资质能否覆盖以下级别资质？

（2）进口民用核安全机械设备的所用铸锻件是否属于监管范围？

（3）一般情况下，轴封型主泵有哪些部件属于监管范围？

第五章 民用核安全电气设备目录解读

5.1 民用核安全电气设备概述

5.1.1 民用核安全电气设备目录（2016 年修订）

本节列出了《民用核安全设备目录（2016 年修订）》中电气设备目录及解释说明。民用核安全电气设备目录和核燃料循环设施后处理厂专用核安全电气设备目录见表 5–1。

表 5–1　民用核安全电气设备目录（2016 年修订）

核动力厂及研究堆等核设施通用核安全设备		
设备种类	设备类别	设备品种举例
核安全（1E 级）电气设备	传感器	温度计
		流量计
		压力变送器
		液位计
		辐射监测探测器
		核测仪表
	电缆	中压电力电缆
		低压电力电缆
		控制电缆
		仪表电缆
		同轴电缆
		电缆附件

续表

核动力厂及研究堆等核设施通用核安全设备		
	电气贯穿件	
	仪控系统机柜	仪控机架、机柜
		仪控盘、台、屏、箱
	电源设备	应急柴油发电机组
		蓄电池（组）
		充电器
		逆变器
		不间断电源
	阀门驱动装置	阀门电动装置
	电动机	交流电动机
		直流电动机
核安全（1E 级）电气设备	变压器	配电变压器
	成套开关设备和控制设备	交流中压开关柜
		交流低压开关柜
		直流开关柜
		电气盘、台、屏、箱
核燃料循环设施后处理厂专用核安全设备		
核安全（1E 级）电气设备	传感器	吹气装置
		临界事故报警仪

5.1.2 国家核安全局 2016 年民用核安全电气设备目录修订的主要内容

与 2007 年《民用核安全设备目录》相比，核安全电气设备方面的变化主要有：

（1）在传感器设备类别里，将压力变送器和差压变送器统一为压力变送器，液位变送器修订为液位计。

（2）在电缆设备类别里，将设备品种举例的电力电缆细分为中压电力电缆和低压电力电缆，将电缆连接件修订为电缆附件。

（3）将原有的机柜设备类别和控制台屏、显示仪表类别统一为仪控系统机柜，设备品种举例为仪控机架、机柜和仪控盘、台、屏、箱。

（4）将原有的应急柴油发电机组和蓄电池（组）统一为电源设备，并且新增设备品种举例为充电器、逆变器和不间断电源。

（5）新增变压器设备类别，设备品种举例为配电变压器。

（6）新增成套开关设备和控制设备，设备品种举例为交流中压开关柜、交流低压开关柜、直流开关柜和电气盘、台、屏、箱。

（7）新增核燃料循环设施后处理厂专用核安全（1E 级）电气设备，设备类别为传感器，设备品种举例为吹气装置和临界事故报警仪。

5.2 民用核安全电气设备目录的解释和说明

5.2.1 传感器

（1）温度计许可范围包括温度传感器、温度变送器、温度开关等。

（2）压力变送器许可范围包括压力变送器、差压变送器、压力开关等。

（3）流量计许可范围包括差压式、电磁式以及其他形式的流量计，负责设备成套装配和整机试验的成套供应商需取得许可资质，节流装置（流量孔板、文丘里管）等相关部件供应商无需申请许可资质。流量开关暂不纳入许可范围。

（4）辐射监测探测器许可范围包括气体辐射监测探测器（如 γ 电离室辐射探测器、G-M 计数管辐射探测器等）、闪烁体辐射监测探测器（如 NaI 闪烁体探测器、塑料闪烁体探测器等）、半导体辐射监测探测器等。

（5）核测仪表许可范围包括硼计数管、补偿电离室、长中子电离室、裂变室以及执行安全功能的自给能探测器等形式的核测量仪表。

（6）转速传感器、位移传感器、化学成分分析仪暂不纳入许可范围。

（7）与传感器配套供货的电缆、电缆附件等部件无需取得许可资质。

5.2.2 电缆

（1）仪表电缆许可范围包括补偿电缆等。

（2）电缆附件许可范围包括使用热收缩材料的电缆终端和电缆中间接头，负责热缩部件生产的单位需取得许可资质，其他部件供应商无需申请许可资质。

5.2.3 电气贯穿件

电气贯穿件中的终端（连接）箱、端子排等暂不纳入许可范围。

5.2.4 仪控系统机柜

（1）仪控系统机柜指核设施仪表和控制系统机柜，许可范围包括仪控机架、机柜，仪控盘、台、屏、箱。安装于主控室盘、台、屏上的1E级事故后监测仪表（如指针式仪表、数字式显示仪表、视频显示器、记录仪等）暂不纳入许可范围，由成套供应商负责鉴定并对质量负总责。

（2）仪控机架、机柜许可范围包括继电器机架、反应堆控制保护系统机柜、堆外核测机柜、堆芯冷却监测系统机柜、核岛通风控制系统机柜、辐射监测机柜等仪表控制用机架、机柜类设备。

（3）仪控盘、台、屏、箱许可范围包括后备盘、紧急停堆盘、远程停堆盘、辐射监测仪控制箱等安装于主控制室或现场电气间的非机柜类仪控设备。

（4）机柜内部的线缆、接线端子、端子排、接插件以及安装于机柜或盘、台、屏、箱上的按钮、开关、指示灯、仪表等部件暂不纳入许可范围。

5.2.5 成套开关设备和控制设备

（1）成套开关设备和控制设备是指由一个或多个开关设备和与之相关的控制、测量、信号、保护、调节等设备构成并由制造商负责完成所有内部的电气和机械的连接，用结构部件完整地组装在一起的一种组合体。

（2）成套开关设备和控制设备许可范围包括交流中压开关柜、交流低压开关柜、直流开关柜和电气盘、台、屏、箱等，断路器等柜内元器件暂不纳入许可范围。

5.2.6 电源设备

（1）应急柴油发电机组中属于《目录》中的设备，原则上应从持证单位采购，如不从持证单位采购，由成套供应商负责对设备鉴定并对质量负总责。

（2）应急柴油发电机组中的发电机暂不纳入许可范围。

（3）蓄电池（组）的金属支架暂不纳入许可范围。

（4）不间断电源指由变流器、开关和储能装置（如蓄电池）组合构成、在输入电源故障时维持负载电力连续性的电源设备。

5.2.7 阀门驱动装置

阀门电动装置用电动机配套单位无需取得许可资质。

5.3 常见民用核安全电气设备简介

5.3.1 传感器

监测、控制和保护系统都要使用传感器。因为反应堆内中子注量率高，γ 射线辐射强，压力和温度也高，核电厂所用的传感器要能适应这种恶劣的工作环境，并考虑到中子和 γ 射线辐射对材料的影响及辐射发热等问题。此外，堆芯空间小，用来安装传感器的空间和间隔有限，这就要求传感器体积尽量小、结实耐用并能经受机械振动。在设计、制造和安装上要根据它是否用于保护系统，是否属于安全级，有无抗地震要求等三个准则来选用传感器。常见的核级传感器包括温度计、流量计、压力变送器、液位计、辐射监测探测器、核测仪表等。传感器主要用于测量反应堆中安全相关的工艺过程参数，向反应堆保护系统及事故后监测系统提供信号，用于安全保护、控制、显示、记录等功能。

压力传感器的功能和性能技术要求主要包括功能性要求（精度、响应时间、超压影响、温漂等）、电气性能要求、电磁兼容性要求、机械性能要求、工业安全要求、鉴定要求等。温度传感器主要有两种，一类是以铂电阻作为温度计传感元件的热电阻，另一类是利用两种金属合金的热电效应原理形成回路的热电偶。

表 5–2　传感器注册登记单位信息

单位名称	证书类别	发证 / 延续发文号	变更发文号	证书有效期
俄罗斯 Limited Liability Company “NTL-Pribor”（仪表科技实验室公司）	设计 / 制造	国核安发〔2015〕70 号		2020/3/30
法国 KROHNE SAS	设计 / 制造	国核安发〔2015〕70 号		2020/3/30
德国 WIKA Alexander Wiegand SE & Co.KG（原 Emerson Process Management GmbH & Co.OHG）	设计 / 制造	国核安发〔2015〕165 号	国核安函〔2019〕51 号	2020/8/19
英国赛特尼特公司 (Centronic Limited)	设计 / 制造	国核安发〔2015〕165 号		2020/8/19
法国堡盟波登海尼公司 (Baumer Bourdon Haenni SAS)	设计 / 制造	国核安发〔2015〕165 号		2020/8/19
法国 THERMOCOAX SAS	设计 / 制造	国核安发〔2017〕1 号	国核安发〔2019〕182 号	2022/1/5
美国 Fluid Components International	设计 / 制造	国核安发〔2017〕1 号		2022/1/5
法国 ARCYS	设计 / 制造	国核安发〔2018〕205 号		2023/8/13
美国 WEED Instrument Company Inc.	设计	国核安发〔2018〕205 号		2023/8/13

续表

单位名称	证书类别	发证 / 延续发文号	变更发文号	证书有效期
加拿大 Mirion Technologies （IST Canada）Inc.	设计 / 制造	国核安发〔2018〕280 号		2023/10/19
美国 Mirion Technologies（IST）Corporation	设计 / 制造	国核安发〔2018〕280 号		2023/10/19
德国 KROHNE Messtechnik GmbH	设计 / 制造	国核安发〔2018〕340 号		2023/12/29
英国 Delta Mobrey Ltd.(原 Delta Cotrols Ltd.)	设计 / 制造	国核安发〔2019〕27 号	国核安函〔2019〕51 号	2024/2/12
法国 Fuji Electric France SAS	制造	国核安发〔2019〕27 号		2024/2/12
法国 HOUDEC INNOVATION S.A.S.	设计 / 制造	国核安发〔2019〕41 号		2024/3/8
法国 Photonis France S.A.S.	设计 / 制造	国核安发〔2019〕41 号		2024/3/8
美国 Westinghouse Electric Company, LLC	设计 / 制造	国核安发〔2019〕42 号		2024/3/13
德国 Framatome GmbH	设计 / 制造	国核安发〔2019〕42 号		2024/3/13
法国 Pyro- Contrôle	设计 / 制造	国核安发〔2019〕42 号		2024/3/13
美国 Rosemount Nuclear Instruments, Inc.	设计 / 制造	国核安发〔2019〕42 号		2024/3/13
俄罗斯 Research Enterprise INKOR Limited	设计 / 制造	国核安发〔2019〕42 号		2024/3/13
俄罗斯 POZIT JSC	设计 / 制造	国核安发〔2019〕42 号		2024/3/13
法国 Rolls-Royce Civil Nuclear SAS	设计 / 制造	国核安发〔2019〕42 号		2024/3/13
法国 Mirion Technologies (MGPI) S.A.	设计 / 制造	国核安发〔2019〕142 号		2024/6/18
美国 WEED Instrument Company Inc.	制造	国核安发〔2019〕142 号		2024/6/18
德国 Mirion Technologies(MGPI H&B) GmbH	设计 / 制造	国核安发〔2019〕171 号		2024/8/13
法国 REGULATEURS GEORGIN	设计 / 制造	国核安发〔2019〕171 号		2024/8/13
德国 KSR KüblerNiveau-Messtechnik GmbH	设计 / 制造	国核安发〔2019〕182 号		2024/8/23
美国 Thermo Gamma-Metrics LLC	设计 / 制造	国核安发〔2019〕204 号		2024/9/12
俄罗斯 JSC “SNIIP-SYSTEMATOM”	设计 / 制造	国核安发〔2019〕229 号		2024/11/4

5.3.2 电缆

核电厂电缆应用于核反应堆厂房、核辅助厂房、汽轮机厂房等，电缆敷设方法一般选用管道或线槽，要求电缆在寿期内具有牢靠的热稳定性、防潮性、化学稳定性和抗辐射性。为确保整个电路系统的高牢靠性，防止设备损坏导致的严重经济损失，一般选用重复的多路独立线路体系和设备。核级电缆一般需要通过寿命、辐照、热老化、湿热老化、阻燃、低烟无卤方面的鉴定，技术要求较高。核安全级电缆主要分为中压电力电缆、低压电力电缆、控制电缆、仪表电缆、同轴电缆和电缆附件。

表 5–3 电缆注册登记单位信息

单位名称	证书类别	发证 / 延续发文号	变更发文号	证书有效期
比利时 KabelwerkEupen AG	设计 / 制造	国核安发〔2015〕155 号		2020/8/12
瑞典 Habia Cable AB	设计 / 制造	国核安发〔2017〕1 号		2022/1/5
德国 PRYSMIAN Kabel und Systeme GmbH	设计 / 制造	国核安发〔2017〕43 号		2022/3/6
美国 Meggitt Safety Systems, Inc.	设计 / 制造	国核安发〔2018〕205 号		2023/8/13
美国 Westinghouse Electric Company, LLC	设计	国核安发〔2019〕42 号		2024/3/13
德国 Framatome GmbH	设计	国核安发〔2019〕42 号		2024/3/13
法国 NEXANS FRANCE	设计 / 制造	国核安发〔2019〕102 号		2024/4/27
法国 Prysmian Cables et Systemes France S.A.S.	设计 / 制造	国核安发〔2019〕121 号		2024/6/3
德国 Tyco Electronics Raychem GmbH	设计 / 制造	国核安发〔2019〕171 号		2024/8/1
美国 RSCC Wire & Cable LLC	设计 / 制造	国核安发〔2020〕14 号		2025/1/14

5.3.3 电气贯穿件

电气贯穿件是安装在核电厂安全壳上，用于电缆穿越安全壳的专用电气设备，作为安全壳的一部分，其作用是在正常和各种事故（包括地震、失水事故或严重事故工况）条件下，维持核电厂安全壳的完整性和电气连续性，防止放射性物质外泄，构成反应堆的第三道屏障，因此，电气贯穿件对核电站的安全运行起着至关重要的作用。不同堆型的电气贯穿件结构类似，通常包括：筒体、端板、馈通组件、压力检测组件（包含阀门与压力表）、接线箱、接线端子。根据馈通中导体的电压等级及功能分类，电气贯穿件通常可以分为中压动力电气贯穿件、低压动力电气贯穿件、仪表 / 控制电气贯穿件、同轴电气贯穿件这几类。

表 5–4　电气贯穿件注册登记单位信息

单位名称	证书类别	发证 / 延续发文号	变更发文号	证书有效期
美国 Curtiss-Wright Flow Control Service Corporation	设计 / 制造	国核安发〔2015〕70 号		2020/3/30
德国 SCHOTT AG	设计 / 制造	国核安发〔2015〕244 号		2020/11/2
美国 Mirion Technologies（Conax Nuclear）,Inc.	设计 / 制造	国核安发〔2015〕244 号		2020/11/2
乌克兰 Private Joint-Stock Company “ELOX PLANT”	设计 / 制造	国核安发〔2017〕104 号		2022/6/1
美国 Westinghouse Electric Company, LLC	设计	国核安发〔2019〕42 号		2024/3/13
德国 Framatome GmbH	设计	国核安发〔2019〕42 号		2024/3/13
法国 MIRION Technologies (IST France)	设计 / 制造	国核安发〔2019〕102 号		2024/4/27

5.3.4 仪控系统机柜

仪控系统机柜包括仪控机架、机柜和仪控盘、台、屏、箱等。机架通常被用于综合布线，安装配线架和理线架，实现对电缆和光缆布线系统的管理。机柜是用于容纳电气或电子设备的独立式或自支撑的机壳。机柜一般配置门、可拆或不可拆的侧板和背板。机柜是仪控设备中不可或缺的组成部分，是许多仪控设备的载体，可以提供对存放设备的防水、防尘、防电磁干扰等防护作用。机柜用于网络设备、通信器材和电子设备的叠放区域，通常采用全封闭或半封闭结构，具有增强电磁屏蔽、削弱设备工作噪音、减少设备地面面积占用的优点。盘、台、屏、箱可为安装在它们内部或上面的设备提供环境保护，能防尘、防滴水、防腐、防潮、防结露、防昆虫及啮齿动物，能耐受指定的最高、低温度以及支承结构的振动，如无特别指明，应符合 IP41 标准（对于室内空调安装）和 IP65（对于室外安装）或相当的标准。应有足够的强度能经受住搬运、安装和运行期间短路产生的所有偶然应力。设计时应考虑足够的空气流通，以保证元件散热及盘内温度不超过设计允许的温度极限值。机柜内的每个端子排和端子应当有清晰的标志，并与图纸和接线表相符。非金属器件如端子排、导线、电缆绝缘、导线支架、电缆连接件、油漆等要用阻燃和自熄火材料制成,不能使用助燃性材料或引起火焰蔓延的材料。每个箱柜要提供至少一根连贯的铜接地汇流母线，应有螺栓连接或焊接固定到柜的框架上。盘柜上所有暴露的金属部件都应确实有效地与接地母线相连，所有盘柜上的仪表装置的外壳都应有效的接地。安装在盘台柜上面和里面的设备和电气元件（包括马达保护器、继电器、控制开关、熔断器、空气开关、指示灯及其他独立安装的设备）应设永久性的标志铭牌，以便于识别，铭牌标记应与设计院图纸相符。仪表盘柜是仪表的一个终端集合,是所有现场仪表到终端显示的一个瓶颈,它既起到了安装仪表等元件作用，又起到了保护盘内元件不受损伤的作用。模拟盘能系统地显示系统的实际运行情况，鉴于在一个大的调度中心，一般通过远动装置采集的信息量，已达可观程度，因此与计算机化远动装置直接连接的模拟盘只是为调度员提供关键的信息，以显示系统的总貌，而不可能显示过多的内容。调度人员最关心的是系统的运行方式，在模拟盘上直接反映了各设备及开关的运行状态，为调度人员了解系统运行状况提供了方便，同时在模拟盘的相应位置上配置了遥测数字显示仪表，以指示系统的运行情况。控制盘台是布置监控过程所需的仪表、控制设备 [包括键盘和（或）鼠标]、信号装置和屏幕显示器等的结构装置。

表 5–5 仪控系统机柜注册登记单位信息

单位名称	证书类别	发证 / 延续发文号	变更发文号	证书有效期
俄罗斯 Joint Stock Company “Research and Production Corporation” Space Monitoring Systems, Information & Control and Electro-mechanical Complexes “named after A.G. Iosifian”（简称“全俄机电”）	设计 / 制造	国核安发〔2015〕70 号		2020/3/30
西班牙 InstalacionesInabensa S.A.	设计 / 制造	国核安发〔2017〕1 号		2022/1/5

续表

单位名称	证书类别	发证 / 延续发文号	变更发文号	证书有效期
俄罗斯 EZAN	制造	国核安发〔2018〕280 号		2023/10/19
德国 Konsortium IBB GmbH & MLP Prozessleittechnik GmbH Berlin	设计 / 制造	国核安发〔2018〕340 号		2023/12/29
美国 Westinghouse Electric Company, LLC	设计 / 制造	国核安发〔2019〕42 号		2024/3/13
德国 Framatome GmbH	设计 / 制造	国核安发〔2019〕42 号		2024/3/13
俄罗斯 Research Enterprise INKOR Limited	设计 / 制造	国核安发〔2019〕42 号		2024/3/13
法国 Rolls-Royce Civil Nuclear SAS	设计 / 制造	国核安发〔2019〕42 号		2024/3/13
日本三菱电机株式会社	设计 / 制造	国核安发〔2019〕102 号		2024/4/27
法国 Mirion Technologies (MGPI) S.A.	设计 / 制造	国核安发〔2019〕142 号		2024/6/18
德国 Mirion Technologies(MGPI H&B) GmbH	设计 / 制造	国核安发〔2019〕171 号		2024/8/13
德国 Weidmüller Interface GmbH & Co.KG	设计 / 制造	国核安发〔2019〕182 号		2024/8/23
法国 2H Energy SAS	设计 / 制造	国核安发〔2019〕182 号		2024/8/23
美国 Thermo Gamma-Metrics LLC	设计 / 制造	国核安发〔2019〕204 号		2024/9/12
法国 FRAMATOME SAS	设计 / 制造	国核安发〔2019〕204 号		2024/9/12
俄罗斯 JSC“SNIIP-SYSTEMATOM”	设计 / 制造	国核安发〔2019〕229 号		2024/11/4

5.3.5 电源设备

核安全电源设备主要包括应急柴油发电机组、蓄电池（组）、充电器、逆变器、不间断电源等。核电厂目前用到的核级蓄电池多为铅酸蓄电池，一般安装于电气厂房或安全厂房。电极主要由铅及其氧化物制成，电解液是硫酸溶液。放电状态下，正极主要成分为二氧化铅，负极主要成分为铅；充电状态下，正负极的主要成分均为硫酸铅。1E 级蓄电池常见结构为开口富液式，具有管状、平板或纯铅大面积（普兰特极板）正极板，组装在抗冲击的透明壳体中，电池壳体和盖胶合在一起形成防漏密封容器。电池应配备有螺纹连接或卡套连接的通风帽和液位指示标识。有些厂家还为蓄电池配置减少氢气释放量以及水分消耗量的水分重组系统。

UPS即不间断电源（Uninterruptible Power System），是一种含有储能装置的不间断电源。主要用于给部分对电源稳定性要求较高的设备，提供不间断的电源。当外部电源输入正常时，UPS将外部电源稳压后供应给负载使用，此时的UPS就是一台交流式电稳压器，同时它还向机内电池充电；当外部电源中断（事故停电）时，UPS切换逆变器转换方式，将电池的直流电能转化为交流电，使负载维持正常工作状态并保护负载软、硬件不受损坏。UPS设备通常对电压过高或电压过低都能提供保护。按照工作原理，UPS主要分为三类：后备式UPS、在线互动式UPS，在线式UPS。

柴油发电机组是以柴油为主燃料的一种发电设备。整套柴油发电机组主要分为三个部分：柴油发动机、发电机和控制器。柴油机驱动发电机运转，将柴油的化学能转化为电能。在柴油机汽缸内，经过空气滤清器过滤后的洁净空气与喷油嘴喷射出的高压雾化柴油充分混合，在活塞上行的挤压下，体积缩小，温度迅速升高，达到柴油的燃点。柴油被点燃，混合气体剧烈燃烧，体积迅速膨胀，推动活塞下行，称为“做功”。各汽缸按一定顺序依次做功，作用在活塞上的推力经过连杆变成了推动曲轴转动的力量，从而带动曲轴旋转。将无刷同步交流发电机与柴油机曲轴同轴安装，就可以利用柴油机的旋转带动发电机的转子，利用“电磁感应”原理，发电机就会产生感应电动势，经闭合的负载回路就能产生电流。

表5–6　电源设备注册登记单位信息

单位名称	证书类别	发证 / 延续发文号	变更发文号	证书有效期
德国 Hoppecke Batterien GmbH & Co.KG	设计 / 制造	国核安发〔2016〕66号		2021/3/28
美国 EnerSys Delaware Inc.	设计 / 制造	国核安发〔2016〕163号		2021/8/1
瑞士 Gutor Electronic LLC	设计 / 制造	国核安发〔2017〕146号		2022/7/18
德国 BenningElektrotechnik und Elektronik GmbH & CO.KG	设计 / 制造	国核安发〔2018〕58号		2023/2/24
法国 EnerSys S.A.R.L.	设计 / 制造	国核安发〔2018〕58号		2023/2/24

续表

单位名称	证书类别	发证 / 延续发文号	变更发文号	证书有效期
德国 AEG Power Solutions GmbH	设计 / 制造	国核安发〔2018〕88 号		2023/4/4
美国 Westinghouse Electric Company, LLC	设计	国核安发〔2019〕42 号		2024/3/13
德国 Framatome GmbH	设计	国核安发〔2019〕42 号		2024/3/13
德国 MTU Friedrichshafen GmbH	设计 / 制造	国核安发〔2019〕102 号		2024/4/27
韩国 Hyundai Heavy Industries Co.,Ltd.	设计 / 制造	国核安发〔2020〕14 号		2025/1/14

5.3.6 阀门驱动装置

阀门电动驱动装置是实现阀门程控、自控和遥控不可缺少的驱动设备，其运动过程可由行程、转矩或轴向推力的大小来控制。阀门电动装置的工作特性和利用率取决于阀门的种类、装置工作规范及阀门在管线或设备上的位置。

电动装置一般由下列部分组成：

（1）专用电动机，特点是过载能力强、起动转矩大、转动惯量小，短时、断续工作。减速机构，用以减低电动机的输出转速。

（2）行程控制机构，用以调节和准确控制阀门的启闭位置。

（3）转矩限制机构，用以调节转矩（或推力）并使之不超过预定值。

（4）手动、电动切换机构，进行手动或电动操作的联锁机构。

（5）开度指示器，用以显示阀门在启闭过程中所处的位置。

在核电厂中，按照阀门的位置不同，分为三类执行机构：

（1）“常规”或“一般标准”类型，该类型安装在无放射性区域，成为“常规”或“一般区域”，并在正常环境中运行。

（2）“核级标准”类型安装在“核级区域”房间内，这样房间内产生放射性，并运行在异常和正常和环境中。

（3）“核事故”类型，该类型安装在有放射性的“核级区域”房间内，并运行在异常和正常核环境中。

表 5–7　阀门驱动装置注册登记单位信息

单位名称	证书类别	发证／延续发文号	变更发文号	证书有效期
美国 Flowserve Corporation	设计／制造	国核安发〔2015〕244号		2020/11/2
捷克 ZPA Pecky,a.s.	设计／制造	国核安发〔2016〕66号	国核安发〔2017〕1号	2021/3/28
英国 Rotork Controls Limited	设计／制造	国核安发〔2016〕245号		2021/10/9
法国 BERNARD CONTROLS S.A.	设计／制造	国核安发〔2019〕42号		2024/3/1
德国 Framatome GmbH	设计／制造	国核安发〔2019〕42号		2024/3/13
德国 AUMA Riester GmbH & Co.KG	设计／制造	国核安发〔2019〕146号		2024/6/28
日本齿轮工业株式会社	设计／制造	国核安发〔2019〕171号		2024/8/13

5.3.7 电动机

电动机分为交流电动机和直流电动机。交流电动机是一种将交流电的电能转变为机械能的装置。交流电动机主要由一个用以产生磁场的电磁铁绕组或分布的定子绕组和一个旋转电枢或转子组成。电动机利用通电线圈在磁场中受力转动的现象而制成的。交流电动机分为同步交流电动机和感应电动机两种。直流电动机是将直流电能转换为机械能的电动机。因其良好的调速性能而在电力拖动中得到广泛应用。直流电动机按励磁方式分为永磁、他励和自励三类，其中自励又分为并励、串励和复励三种。当直流电源通过电刷向电枢绕组供电时，电枢表面的 N 极下导体可以流过相同方向的电流，根据左手定则导体将受到逆时针方向的力矩作用；电枢表面 S 极下部分导体也流过相同方向的电流，同样根据左手定则导体也将受到逆时针方向的力矩作用。这样，整个电枢绕组即转子将按逆时针旋转，输入的直流电能就转换成转子轴上输出的机械能。

表 5–8　电动机注册登记单位信息

单位名称	证书类别	发证 / 延续发文号	变更发文号	证书有效期
俄罗斯 Leningrad Electric Machine Engineering Plant Ltd（列宁格勒电机厂生产联合有限公司）	设计 / 制造	国核安发〔2016〕66号		2021/3/28
俄罗斯 ELSIB 公司	设计 / 制造	国核安发〔2016〕163号		2021/8/1
法国 Constructions Electriques de Beaucourt（艾默生利莱森玛电机）	设计 / 制造	国核安发〔2016〕163号		2021/8/1
法国 JEUMONT Electric	设计 / 制造	国核安发〔2017〕1号		2022/1/5
法国 GE Energy Power Gonversion France	设计 / 制造	国核安发〔2018〕143号		2023/5/15
美国 Westinghouse Electric Company, LLC	设计	国核安发〔2019〕42号		2024/3/13
德国 Framatome GmbH	设计	国核安发〔2019〕42号		2024/3/13
日本三菱电机株式会社	设计 / 制造	国核安发〔2019〕102号		2024/4/27

5.3.8 变压器

变压器是利用电磁感应的原理来改变交流电压的装置，常见的变压器按相数分为：单相变压器，用于单相负荷和三相变压器组；三相变压器，用于三相系统的升、降电压。按冷却方式分为：干式变压器，依靠空气对流进行自然冷却或增加风机冷却，多用于高层建筑、高速收费站点用电及局部照明、电子线路等场景，变压器容量小；油浸式变压器，依靠油作冷却介质、如油浸自冷、油浸风冷、油浸水冷、强迫油循环等。

5.3.9 成套开关设备和控制设备

成套开关设备和控制设备包括交流中压开关柜、交流低压开关柜、直流开关柜、电气盘、台、屏、箱等设备。低压成套配电装置也叫做低压成套设备或低压开关柜。它是将控制、测量、保护等低压电器元件根据使用要求按照一、二次接线方案组装在封闭式或敞开式的金属屏柜内，作为接受和分配电能的成套装置。主要特点是：结构紧凑、占地少、安装和维护方便、有金属外壳保护、电器元件和载流体不易被侵蚀、污染、使用安全，设备便于标准化和系列化。中压开关柜是以开关为主体，将其他各种电器元件按一定主接线要求组装为一体的成套电气设备。除一次电器元件外，还包括控制、测量、保护和调整等方面的元件和电气连接、配件、外壳等有机组合在一起构成开关柜。

表 5–9　成套开关设备和控制设备注册登记单位信息

单位名称	证书类别	发证 / 延续发文号	变更发文号	证书有效期
美国 Westinghouse Electric Company, LLC	设计 / 制造	国核安发〔2019〕42 号		2024/3/13
法国 2H Energy SAS	设计 / 制造	国核安发〔2019〕182 号		2024/8/23

5.4 常见问题

5.4.1 应急柴油发电机组

在《民用核安全电气设备目录（2016 年修订）》及其解释说明中明确，在应急柴油发电机组中属于《目录》中的设备，原则上应从持证单位采购，如不从持证单位采购，由成套供应商负责对设备鉴定并对质量负总责。现阶段，安检工作的范围包括应急柴油发电机组整机和目录范围内持证单位供货的核级部件。报检单位应认真梳理应急柴油发电机组部件的安全等级，对于目录范围内的核级部件，应当按要求履行安全检验手续。对于确需从非持证原供应商采购进口目录范围内运行备件的情况，可选取以下方案：第一，采购单位应积极推动设备原供方进行注册登记；第二，从原成套供应商采购，成套供应商对设备质量负总责；第三，开展设备替代的技术论证，从其他注册登记厂家采购设备。

5.4.2 成套设备

仪控机架、机柜包括继电器机架、反应堆控制保护系统机柜、堆外核测机柜、堆芯冷却监测系统机柜、核岛通风控制系统机柜、辐射监测机柜等仪表控制用机架、机柜类设备。成套开关设备和控制设备是指由一个或多个开关设备和与之相关的控制、测量、信号、保护、调节等设备构成并由制造商负责完成所有内部的电气和机械的连接，用结构部件完整地组装在一起的一种组合体。不间断电源指由变流器、开关和储能装置（如蓄电池）组合构成、在输入电源故障时维持负载电力连续性的电源设备。以上几种设备为典型的成套设备，由成套供应商负责鉴定并对质量负总责，现阶段，以成套设备履行安检手续。

5.4.3 设备部件

报检单位应做好目录范围内核级设备和部件的识别工作，并在合同签订、开工检查、驻厂监造和出厂验收等环节重点审查核查分包设备供应商资质的有效性，对于目录范围内的核级部件，应当按要求履行安全检验手续。但以下几种情况需报检单位注意：第一，电缆的设备品种容易混淆，采购单位要注意目录中的类型和注册登记确认书中的资格条件；第二，传感器的设备品种较多，分类比较细，除配套的电缆、接插件等部件外，不再涉及成套概念，采购单位要认真研究，防止买错或者漏报；第三，机柜内部的线缆、接线端子、端子排、接插件以及安装于机柜或盘、台、屏、箱上的按钮、开关、指示灯、仪表等部件暂不纳入许可范围；第四，成套开关设备和控制设备内部的断路器等柜内元器件暂不纳入许可范围。

5.5 思考题

（1）进口民用核安全电气设备类别包括哪些？

（2）2016 年版的进口民用核安全电气设备目录，与之前的目录相比有哪些变化？

（3）应急柴油发电机组的核级部件采购注意事项有哪些？

（4）哪些设备涉及成套设备的概念？成套设备的安检注意事项有哪些？

（5）如何做好目录范围内核级设备和部件的识别工作？

第六章 进口民用核安全设备监造、装运前检验、监装和验收

6.1 引言

6.1.1 我国设备监造的发展

20世纪80年代,国内火电机组的设备设计、制造质量问题频出,供需矛盾突出。为了确保每年成套的电力新装发电机组的装机容量计划完成，1983年由原水利电力部和机械工业部联合颁发了《大型发电设备和输变电设备用户驻制造厂代表暂行办法》，1986年原水利电力部物资局和机械工业部又联合颁发了《水利电力部向大型发电设备制造厂派驻总代表条例》，向各主机制造厂派出水利电力部驻厂总代表组，旨在通过行政手段，完成催交和监造两大任务。此后，为使电力设备监造工作规范化，根据按国际模式兴建的吴泾电厂六期扩建工程2台30万千瓦火电机组的制造质量管理经验，原能源部成套设备局于1991年组织原西安热工院、电科院等部级质检中心的资深专家，编制了《国产大型火电机组设备制造质量监检大纲》与《大型变压器监造大纲》《高压开关监造大纲》，作为电力设备招标后商订合同监造条款的内部指导性文件。原电力部成立后，在总结设备监造试点活动基础上，与原机械部于1995年1月又联合颁发了《大型电力设备质量监造暂行规定》《驻大型电力设备制造厂总代表组工作条例》，并由部成套设备局组织地区总代表组转变职能，由过去组织电厂筹建处驻厂代表监造，改为自身参与，

并就地就近选聘已退休的电建安装、中试所或制造厂的工程技术人员，组成地区性的监造队伍。为了贯彻“项目法人负责制”的精神，适应建立社会主义市场经济的发展和电力用户的需求，使监造工作标准化、规范化，更具操作性，中国电力企业联合会标准化部于 1995 年 12 月组织部质检中心等有关单位，编制了电力行业标准——《电力设备用户监造技术导则》（DL/T 586-95），供电力用户在合同环境下自主选择监造模式。

核安全设备的监造工作也随着我国核电发展从探索实践到逐步规范完善。从国内核电集团设备监造的发展历程来看，中广核集团从大亚湾核电厂的委托法国电力公司（EDF）监造，到岭澳核电厂的参与 EDF 的联合监造，再到岭澳扩建项目的自主监造。经历了从学习到参与实践，再到形成自身的设备监造方法的艰难历程，体现了设备监造项目管理能力和水平的不断提升。中核集团从秦山一期的业主聘请研究院、制造厂的小部分技术专家进行自主监造，到秦山二期的工程业主和设计院的技术人员共同完成监造，到秦山三期的完全委托国外监造机构进行监造，再到田湾核电的由业主组织监造队负责进行监督。随着我国核电建设快速发展，国内核电集团也逐步建立起各自的监造体系。

6.1.2 核安全设备监造的必要性

民用核安全设备，是指在民用核安全设施中使用的执行核安全功能的设备，包括核安全机械设备和核安全电气设备。在核电厂，民用核安全设备执行包容放射性物质、控制反应性、有效冷却堆芯等安全功能，对核电厂的安全稳定运行十分重要。特别是作为核安全屏障的重大设备如压力容器、蒸汽发生器一旦失效，将会造成核泄漏事故，其危害和影响非常巨大。有些核安全设备尤其是核承压设备不可更换或很难替换，如反应堆压力容器，在核电厂服役期间无法更换。有些核电设备，例如蒸汽发生器、堆内构件等，更换引起的停堆、放射性处理等问题将带来巨大的时间和经济损失。而且，核安全设备还具有制造技术难度高和制造周期长等特点，比如蒸汽发生器和反应堆压力容器的制造周期一般在 3 年以上，在制造过程中如能及早发现质量问题并采取纠正措施，可有效避免对核电厂建设进度和建造质量产生严重影响。此外，当前部分设备制造企业的质量保证管理水平和制造技术水平与核电设备制造要求还存在一定差距。因此，对核安全设备实施监造，是保证核安全设备质量、满足核电工程进度需求的重要手段之一。

6.1.3 我国进口成套设备的检验、装运前预检验、监造或监装

1993年，根据《中华人民共和国进出口商品检验法》及其实施条例，以及国务院转发的《关于进口成套设备检验工作的试行规定》，原国家进出口商品检验局发布了《进口成套设备检验和监督管理实施条例细则》，以加强进口成套设备检验和监督管理工作。细则规定进口成套设备都必须在合同约定的期限内进行检验。未经检验的成套设备、材料不准安装使用。对大型成套设备和在国内不具备检验条件，到货后不能进行解体检验的一般成套设备，订货单位应当在对外贸易合同中订明在出口国进行装运前预检验、监造或者监装条款。收用货单位应当依照对外贸易合同的约定认真落实在出口国装运前的预检验、监造或者监装，主管部门应当加强监督；商检机构可以根据需要派出检验人员参加或者组织实施装运前预检验、监造或者监装，细则中给出了装运前预检验、监造或者监装检查要点。此外，细则中还规定了到货地检验，主要包括开箱检验、安装调试检验、试运转检验等内容。

6.1.4 核安全设备监造的法律法规要求

现行核安全法律法规中对核安全设备的监造工作进行了规定，特别是设备条例和配套规章，明确要求核设施营运单位对核安全设备进行监造，以加强对核安全设备的质量管理和过程控制，有效落实主体责任。《中华人民共和国核安全法》第十七条规定，核设施营运单位和为其提供设备、工程以及服务等的单位应当建立并实施质量保证体系，有效保证设备、工程和服务等的质量，确保设备的性能满足核安全标准的要求，工程和服务等满足核安全相关要求。《民用核安全设备监督管理条例》第二十条规定，民用核设施营运单位，应当对民用核安全设备的设计、制造、安装和无损检验活动进行质量管理和过程控制，做好监造和验收工作。《民用核安全设备设计制造安装和无损检验监督管理规定》（HAF601）第二十六条规定，在民用核安全设备设计、制造、安装和无损检验活动中，民用核设施营运单位应当采取驻厂监造或者见证等方式对过程进行监督，并做好验收工作。《进口民用核安全设备监督管理规定》（HAF604）第二十三条规定，民用核设施营运单位应当对进口民用核安全设备进行监造、装运前检验、监装，并对进口民用核安全设备质量进行验收。可以看出，不论是在国产设备或是进口设备的制造过程中，营运单位都应当按法规要求对核安全设备进行监造管理。

虽然HAF604明确要求营运单位应对进口核安全设备进行监造，但是如何有效实施监造活动却没有更加具体和细化的规定，为营运单位的监造管理和国家核安全局的监督检查带来困难。因此，作为进口核安全设备安全检验工作审评单位，核与辐射安全中心在广泛征求相关单位的意见基础上，于2013年制定并发布了《进口民用核安全设备监造、装运前检验和监装及验收管理导则（A版）》（环核安中心函〔2013〕203号）（以下简称监造导则），对有关单位的监造、装运前检验和监装及验收活动进行规范，督促做好质量管理和过程控制，以保证相关责任有效落实。随着“进口民用核安全设备安全检验合格审批”被确定为行政审批事项，2016年，国家核安全局对安全检验工作流程、接口、内容进行了调整，划清了事权、接口和要求。2017年《进口民用核安全设备安全检验工作程序（试行）》发布后，安全检验内部管理更加规范和高效。为了适应进口民用核安全设备监督管理的新要求，全面落实HAF604规定，明确有关活动的内容和要点，强化质量管理和过程控制，国家核安全局组织核与辐射安全中心对监造导则进行了一次修订，已完成征求意见工作，亟待发布。

6.2 监造管理

6.2.1 监造的定义

《民用核安全设备监督管理条例释义》中明确，“监造”是指营运单位对供应商从原材料验收、生产制造到出厂的全过程进行跟踪和监督检查。此外，国内较早发布的核电设备监造标准《压水堆核电站一回路主设备监造技术导则》（DL/T 1143—2009）中也对监造进行了定义——“监造是指监造单位根据合同的约定，按照一定的准则，对制造单位的有关设备制造活动进行质量监督，使这些活动符合准则的要求。”可以看出，监造是监造单位按照一定要求或准则对设备制造过程实施质量监督的一种活动，是保证设备质量的一种手段。

6.2.2 监造单位

HAF604第二十三条规定，民用核设施营运单位应当对进口民用核安全设备进行监造、装运前检验、监装，并对进口民用核安全设备质量进行验收。HAF604第四十四条规定，营运单位委托民用核安全设备成套供应商、民用核设施核岛建造总承包商或者民用核安全设备持证单位采购设备的，由被委托的采购单位承担本规定中规定的营运单位的相关责任。可以看出，进口核安全设备的采购单位应承担起设备监造责任。对于采购单位能否委托第三方单位实施设备监造，目前法律法规中没有明确规定。《压水堆核电站一回路主设备监造技术导则》中明确，接受监造任务的监造单位应建立并保持完善的质量管理体系，并具有分析处理所监造设备质量问题的能力，并取得国家监管部门颁发的相应执业资格。目前，进口核安全设备的监造基本上由采购单位执行，设备代理商（中间商）等单位开展监造活动是不被认可的。

6.2.3 监造的组织与体系

监造单位应当建立起与之相适应的监造组织机构，总体原则上应适合项目总体管理模式，确保质保体系有效运行，职责明确，接口清晰，并具有独立性。目前，核电建设工程总承包单位一般都由设备采购部门组织实施设监造，并按照监造片区和设备专业分别设立相应组织机构，匹配相应人力资源，明确岗位职责。

监造单位还应当建立起监造工作程序体系，编制监造相关工作程序。目前，核电建设工程总承包单位主要参考质量保证体系建立起相应监造工作体系，分层级的将各项监造管理要求、导则和指导文件纳入监造体系中，用于指导设备监造中的各项工作。

6.2.4 监造人员

HAF003 中对质量保证人员配备与培训进行了明确要求“必须根据从事特定任务所要求的学历、经验和业务熟练程度，对所有从事影响质量的活动的人员进行资格考核。必须制定培训大纲和程序，以便确保这些人员达到并保持足够的业务熟练程度。在某些情况下，必须酌情颁发资格证书，以证明达到和保持的业务水平。”除参照以上规定外，考虑到监造工作的重要性和特殊性，监造单位在监造人员的配备和培训方面还应当重点注意以下几方面：

（1）熟悉核安全法律法规、有关监造管理程序，以及设备的合同、设计文件、技术规范、标准等。监造人员是监造工作的第一执行人，熟悉相关文件能确保有效落实监造工作计划，及时发现监造过程中的问题，是做好监造工作的基础。

（2）具备一定的专业基础知识和经验。核电设备制造涉及锻造、焊接、机加工、热处理、无损检测、检验试验等多种专业。设备涉及压力容器、热交换器、泵、阀门、管道、支架、吊车、柴油机、电机、电气仪控设备等。在制造过程中会涉及设备各领域，需具有一定的专业技术能力和经验。特别是特殊工艺如焊接、无损检验等，专业性较强，对监造人员专业知识提出了更高要求。HAF604 第二十七条规定，民用核设施营运单位应当对进口民用核安全设备无损检验活动的质量进行验证。可以采取现场见证、文件审查等方式进行，必要时，可以进行抽查复验。可以看出，从事无损检验的监造人员还应当具备验证无损检验活动质量的能力。

（3）良好的沟通协调能力。设备监造活动涉及供应商、业主、核安全监管部门等各方人员，要求监造人员具备良好的沟通协调能力。

（4）良好的英语水平。特别是从事进口核安全设备监造活动人员，须有良好的英语基础，才能满足境外监造沟通交流的需要。

（5）质量意识和核安全文化。监造人员的质量意识和核安全文化素养直接影响到设备质量和可靠性，监造单位要着重提高人员质量意识和核安全文化水平。

监造单位应不断规范完善监造人员的培训和管理工作，形成一套行之有效的培训、资格评定和授权管理机制，为保证核安全设备质量提供必要的人力保障。一般来说，监造人员的主要职责包括负责设备监造的具体工作，出席质量控制点的见证，编写见证记录；对设备监造质量、进度负责，协助项目负责人做好合同支付控制；编制所涉及的监造工作程序、监造实施细则；参与审查各类制造文件，参与处理现场技术问题；编制所监造设备的监造日志、监造周报及其他专项报告；进行设备监造方面的经验反馈；编写设备监造完工报告等。

6.2.5 质量计划及实施

6.2.5.1 质量计划编制和审核

设备监造质量控制的方法主要是执行质量跟踪文件（质量计划）和日常的巡视检查。质量计划是设备制造过程中重要的工程技术文件，是设备制造之前提供的制造、检验及试验的工作计划，由设备供应商编制，采购单位组织相关部门（在供应商未提交审查的质量计划之前，驻厂代表也可对质量计划工序内容进行预审并选取质量控制点）进行审查，供应商再根据审查意见修改后提交采购单位批准生效。关于质量计划的审核，HAF601 第二十一条明确规定“民用核安全设备制造和安装单位应当根据具体活动编制相应的质量计划，并经民用核设施营运单位审查认可”。采购单位在进行质量计划审查时，应重点注意：

（1）设备相关信息准确性和完整性。主要包括质量计划编号、采购单位和合同号、项目机组、设备名称和编码（功能位置码）、核安全等级、质保等级、设备图纸、技术规范、参考标准，以及所涉及的质量控制单位信息等。

（2）工艺流程的正确性和合理性。相关零部件制造工序内容及流程是否与合同设备制造加工工艺规程一致、工艺逻辑关系是否正确、检查或检验实施的可达性、是否与设计文件、标准、规范等规定的制造检验顺序相同。

（3）见证点的可接受性。供方设点级别的高低、设点数量及合理性，是否满足自身监造管理程序要求和核安全监管部门的监管要求。

设备质量计划编制审核完成后，采购单位应当按要求报送质量计划等文件。HAF604 第十九条规定，营运单位应当在相关民用核安全设备设计、制造、安装和无损检验活动开始 1 个月前，向国务院核安全监管部门及其派出机构提交书面报告。书面报告的内容应当包括相关民用核安全设备设计、制造、安装和无损检验活动的内容、进度安排、质量计划以及营运单位监造计划。

6.2.5.2 质量控制点分类和定义

质量控制点，也可称作质量见证点，根据设备制造工序的重要程度、复杂程度、制造或检查的持续性等因素可分为文件审查点（R）、见证点（W）、停工待检点（H）。

（1）R 点（report point），文件审查点，也叫报告点，指的是采购方代表选择该点后，供应商应提供该工序制造记录或报告至采购方代表进行审查。

（2）W 点（witness point），见证点。制造过程中的一项关键工序，质量活动前供应商应提前通知采购方，对供应商制造活动进行的监督见证。如果采购单位代表明确不出席或没有按确定的时间出席，供应商可以继续进行制造活动，但应该提供证明以验证制造活动被成功完成并合理记录。

（3）H 点（hold point），停工待检点。制造过程中的一项关键工序，质量活动前供应商应提前通知采购方，没有采购方代表的出席，供应商不能继续进行制造活动，除非事先获得书面授权。

6.2.5.3 质量计划的实施要求

根据监造导则要求，采购单位（报检单位）对进口民用核安全设备进行监造管理过程中，应实施有效性监造，即在质量计划的实际执行过程中，对设备制造关键工艺环节设定质量控制点并进行现场见证和签点释放。报检单位应将关键质量控制点设为 H 或 W 点，以确保关键工艺环节的质量处于受控状态。

根据设备的核安全级别、设备功能并结合报检单位在质量计划执行过程中所面临的特殊情况，质量计划实施的原则如下：

（1）对于核安全 1 级机械设备，报检单位应对每台设备质量计划中所选取的设备制造关键质量控制点进行现场见证并签点释放。

（2）对于核安全 2、3 级机械设备及核安全 1E 级电气设备，以设备报检批次为单位，现场见证的质量控制点应涵盖所选取的设备制造关键质量控制点，应见证的质量控制点可分布于一台或多台设备质量计划中，并做到签点释放。

（3）对于合同数量较多的核安全 2、3 级机械设备及核安全 1E 级电气设备（如阀门、电缆等），以采购合同为单位（仅限同一机组），进行全过程监造管理，且选点见证设备数量不低于合同设备总量 20% 的，可视为报检单位对该合同包设备进行了有效监造管理，同时报检单位应在首次报检时提交该合同包监造选点见证计划，以供核查。

（4）特殊情况下，核 2、3 级管道和管配件及支承件可以设备采购合同为单位（仅限同一机组），现场见证的质量控制点应涵盖所选取的设备制造关键质量控制点。

（5）质量控制点的签点释放日期应为实际见证日期，见证点的签点移植也应为原始日期。

（6）所选取的设备制造关键质量控制点不允许放弃，特殊情况下放弃的质量控制点，报检单位应出具有效放弃证明文件，并在后续过程中对该控制点的相关工艺补充检验试验措施，监管单位将进行见证检查。

对于放弃部分关键质量控制点且不满足上述质量计划实施原则的，报检单位应在进口核安全设备到货后选取相应检验试验项目进行复验。应当特别注意是，报检单位在放弃控制点时要充分考虑到复验的可行性，例如试样余料是否充足、国内试验条件是否满足要求、检查和试验的可达性等因素，保证复验工作顺利开展，设备质量得到有效验证。

6.2.5.4 分供方质量计划实施要求

分供方是为境外设备供货商提供零部件的分包商，分供方所提供的零部件或分包物项对设备的质量和性能至关重要，报检单位和设备供货商应该对这些分供方实施监督管理和质量控制。

上述零部件包含但不局限于《民用核安全设备目录（2016 修订）》中给出的设备和部件，报检单位和设备供货商应该对这些物项制订监造计划，并在质量计划中选取制造关键质量控制点进行监督见证。分包物项质量计划实施的原则如下：

（1）以报检批次为单位，报检单位和设备供货商应该对分包质量计划中设备制造关键质量控制点进行现场见证并签点释放。

（2）以报检批次为单位，设备制造关键质量控制点不允许放弃，报检单位在特殊情况下放弃相应控制点，应出具有效放弃证明文件。

（3）以报检批次为单位，设备供货商在特殊情况下放弃相应控制点，可以对该物项按照相关技术要求进行入厂复验；除此之外，设备供货商对分供方的监督管理按 6.2.5.3 节中规定执行。

6.2.6 关键质量控制点

前节中提到，报检单位应将关键质量控制点设为 H 或 W 点，并进行现场见证。但是，核安全设备种类繁多，设备重要程度、制造工艺和制造难度也不尽相同，对于如何确定设备的关键质量控制点，监造导则中给出了几种常见核安全设备的关键质量控制点设点要求。

表 6–1　进口核安全机械设备制造关键质量控制点

类别	设备名称	关键质量控制点	设点类型
泵	离心泵（余排泵，安注泵，安喷泵，电动泵等）；屏蔽泵（AP1000 主泵）	水压试验	H 或 W 点
		泵组功能性试验	H 或 W 点
		动平衡试验	H 或 W 点
	往复泵（水压试验泵）	水压试验	H 或 W 点
		泵组功能性试验	H 或 W 点
阀门	隔离阀（闸阀、截止阀）；单向阀（止回阀）；安全阀；释放阀；调节阀；其他核安全级阀门	水压试验	H 或 W 点
		泄漏试验	H 或 W 点
		功能试验	H 或 W 点
		整定试验 *（只针对安全阀）	H 或 W 点

续表

类别	设备名称	关键质量控制点	设点类型
管道和管配件	热交换器传热管直管	水压试验	H 或 W 点
		化学成分试验	H 或 W 点
		力学性能试验	H 或 W 点
		无损检测	H 或 W 点
	稳压器波动管 主管道 超级管道	化学成分试验	H 或 W 点
		力学性能试验	H 或 W 点
		无损检测	H 或 W 点
	弯头、三头、异径管	化学成分试验	H 或 W 点
		力学性能试验	H 或 W 点
		无损检测	H 或 W 点
支承件	液压阻尼器	功能性试验	H 或 W 点
	管道及设备支承件（支吊架、管箍等）	化学成分试验	H 或 W 点
		力学性能试验	H 或 W 点
		无损检测	H 或 W 点
铸锻件	管板、封头、接管安全端、筒体；泵壳、主法兰、导叶法兰、热屏法兰；阀体、阀盖	化学成分试验	H 或 W 点
		力学性能试验	H 或 W 点
		水压试验（泵壳）	H 或 W 点
		无损检测	H 或 W 点

表 6–2　进口核安全电气设备制造关键质量控制点

类别	设备名称	关键质量控制点	设点类型
传感器	温度计	功能试验（校准试验、响应时间测试等）	H 或 W 点
	流量计	功能试验	H 或 W 点
	压力变送器、差压变送器、液位变送器	功能试验（校准试验、温度漂移试验、响应时间测试等）	H 或 W 点
	辐射监测传感器	功能试验	H 或 W 点
	核测仪表	功能试验	H 或 W 点
电缆	电力电缆 控制电缆 仪表电缆 同轴电缆 电缆连接件	功能试验（耐压试验、绝缘电阻、机械性能等）	H 或 W 点
机柜	仪控机架、机柜	功能试验（安全功能）	H 或 W 点
	仪控接线箱	功能试验	H 或 W 点

续表

类别	设备名称	关键质量控制点	设点类型
控制台屏、显示仪表	控制台屏箱	功能试验	H 或 W 点
	事后监测仪表	功能试验	H 或 W 点
应急柴油发电机组	应急柴油发电机组	定子线圈耐压试验	H 或 W 点
		定子整浸后电气试验	H 或 W 点
		转子无损检验	H 或 W 点
		转子嵌线后耐压试验	H 或 W 点
		转子动平衡	H 或 W 点
		柴油机曲轴机械性能和无损检验	H 或 W 点
		柴油机连杆机械性能和无损检验	H 或 W 点
		柴油机凸轮轴机械性能和无损检验	H 或 W 点
		柴油机机体机械性能、尺寸检查	H 或 W 点
		电气柜、保护柜出厂功能试验	H 或 W 点
		柴油发电机组出厂试验	H 或 W 点
蓄电池组	蓄电池组	功能试验（容量试验等）	H 或 W 点
阀门电动装置	阀门电动装置	功能试验（转矩测试、绝缘电阻测试等）	H 或 W 点
电动机	交流电动机 直流电动机	功能、性能试验（力矩测试、耐压测试、振动测试等）	H 或 W 点

考虑到监造导则的通用性和适用性，制定的关键质量控制点主要集中于设备的检验和试验阶段，是报检单位必须满足的最低监管要求，但这并不意味着报检单位在实际质量计划选点设点中完全按照导则要求即可。在质量计划设点时，采购单位应当在综合考虑设备的安全级别和重要性、质保等级、制造周期、制造难度和复杂性、供方质量管理水平和业绩、经验反馈等因素后科学合理设置质量控制点，确保设备制造过程中的监督活动既突出重点，又具有一定覆盖性，从而进一步保证设备质量。

6.2.7 其他监造活动

在实际工作中，监造单位往往根据设备重要性和监造等级采取不同的监造方式。常用的监造方式主要有全过程驻厂监造、短期驻厂监造、选点监督、出厂前验收等。除质量计划的审查和执行外，监造活动主要还包括供应商文件审查、开工前检查、日常巡检、专项检查等工作。

6.2.7.1 供应商文件审查

监造单位在监造活动开始前需对供应商的文件进行审查，主要有供应商项目质量保证大纲、供应商及人员资质、设备制造/试验大纲和技术文件、质量计划、设备包装发运要求、不符合项处理程序等，核查文件是否满足采购合同和技术规范要求。

6.2.7.2 开工前检查

开工先决条件检查，是在设备开工制造前，监造人员对供应商在人、机、料、法、环、测等方面开展的一次全面检查。确认满足设备开工制造条件后，方可允许供应商开始制造活动。结合进口核安全设备监管要求，监造人员在设备开工检查前应重点核查供应商的注册登记确认书，确保所制造设备类别、品种、核安全级别与确认书范围一致，确认书在有效期内。对于有效期内无法完成全部设备制造活动的，监造人员应在注册登记确认书有效期前 6 个月及时提醒境外供应商向国家核安全局申请重新注册登记。此外，监造人员在开工前检查时还应关注人员资质、制造装备及原材料准备、程序文件、制造场所环境等情况。

6.2.7.3 日常巡检

日常巡检是对设备制造活动的常规检查，是监造人员开展监造活动的另一种重要的检查手段，一般采取定期或不定期检查方式。日常巡检主要针对质量计划未选点或未纳入质量计划的工作或制造相关活动，如机加工、半成品或成品的存储、不符合物项的隔离或标记、设备防异物的控制等，主要包括质量计划执行情况是否满足要求，物项控制检查如物项储存、标识、防异物的控制，未纳入质量控制点的特殊工序（焊接、热处理、无损检验等）巡检，已发生质量问题的跟踪处理等。监造人员还应当重点关注境外供应商的分包物项和服务是否满足注册登记确认书的要求，即注册登记确认书备注中明确分包的，境外供应商必须予以分包，如理化检验、无损检验、原材料采购等方面。原则上，进口核安全机械设备的制造活动可参照《民用核安全机械设备设计和制造活动不能分包的关键工艺和技术（2016年修订）》进行监督管理。

6.2.7.4 专项检查

专项检查是监造人员根据制造厂实际情况，针对可能影响设备质量的某一项或多项要素进行的检查活动，可采取抽查方式对现场、文件进行检查。专项检查可以对制造厂操作人员如无损检测人员、焊工、焊接操作工进行资格验证，对计量检测工具、工装设备和试验仪器台架有效期进行验证，对制造厂质量控制文件如工艺规程、工作程序、质量计划、试验验收方法和标准，以及操作指导书等适用文件进行检查，对质量问题的处理和关闭情况以及要求整改情况进行检查等。

6.3 装运前检验和监装管理

6.3.1 装运前检验和监装的定义

装运前检验（Pre-Shipment Inspection，PSI），是国际商品贸易中经常采用的一种检验方式，是检验机构对所有涉及用户成员方的产品的质量、数量、价格、关税税则目录和商品分类进行核实的一种海关措施。它是 WTO 协议框架下的一种法定进口货物核查措施，通常由进口国政府有关部门颁布法令，指定一家或多家跨国公证行对本国进口货物实行强制性装船前检验。其目的是防止套汇、避税等非法活动。检验检疫机构对涉及国家安全、环境保护、人类健康的进口旧机电进行装运前检验。根据《民用核安全设备监督管理条例释义》，“装运前检验”是指在进口民用核安全设备生产完成后、发运前，根据合同及技术条件的要求，对进口民用核安全设备的质量、性能、规格、数量等进行检验。在进口核安全设备监管中，装运前检验的目的是在设备发运前检验设备质量、性能、规格、数量，主要由报检单位（采购单位）完成。

根据《民用核安全设备监督管理条例释义》，“监装”是指对进口民用核安全设备的包装、运输过程进行跟踪和监督检查。

6.3.2 装运前检验和监装管理要求

监造导则中明确，采购单位（报检单位）应该依据合同技术条件的要求，针对进口民用核安全设备制定相应的检验大纲，大纲中应该涵盖设备质量、性能、规格、数量等检查和检验内容，并在设备生产完成后、发运前、在设备供货商厂内实施装运前检验活动，以验证设备是否能够满足合同技术要求。

进口民用核安全设备在装运前检验合格且具备发运条件后，报检单位应该根据合同及技术条件和经过审查批准的包装运输程序对设备的包装介质、数量等情况及运输过程进行跟踪和监督检查，直至设备安全运至合同约定的目的地。

报检单位应在进口民用核安全设备监造管理过程中进行全过程管理，在装运前检验和监装活动完成后，报检单位应出具如下材料（任选其一），以证明其实施了相关活动：

（1）质量计划中涉及装运前检验、监装的相应工序已经完成了见证、签点；

（2）提供有效的设备装运前检验和监装情况报告；

（3）提供质量放行单，可视报检单位进行了，或委托其他单位进行了装运前检验及监装活动，但在其所提供的质量放行单中必须说明对装运前检验和监装活动的认可意见。

6.3.3 设备质量放行单

一般情况下，采购单位在设备发运前应出具《设备质量放行单》。设备制造完成后、发运前，监造人员应当按照采购合同和技术规范要求，对完工文件和设备实体进行检查，如没有违反合同规定有关要求的，可出具设备质量放行文件。质量放行文件中要明确采购合同、物项标识、不符合项关闭情况、供应商质量申明等相关信息，结合监管要求，质量放行单中还需说明对装运前检验和监装活动的认可意见，以证明采购单位按要求履行了装运前检验和监装责任。设备质量放行（单）不能代替验收（报告）。

6.4 验收管理

6.4.1 验收的定义

根据《民用核安全设备监督管理条例释义》，“验收”是指报检单位对进口民用核安全设备制造活动的重要控制环节，应该根据经审查认可的规范标准、合同、技术规格书、验收大纲等文件的要求实施验收。

6.4.2 验收管理

6.4.2.1 设备验收条件

在设备验收前，采购单位应重点关注以下几方面的准备情况。

（1）设备供应商完成所有制造和检验试验工作，所有完工文件资料齐全。

（2）编制验收大纲，验收大纲应涵盖设备规格、数量、质量、性能及完工文件等检查内容。

（3）所有不符合项和整改问题已按相应程序处理关闭。

（4）设备供应商提出书面申请，监造人员初验合格后再进行正式验收。

6.4.2.2 设备验收方式和内容

采购单位结合自身实际情况，可采取设备供货商厂内验收、设备到货后验收或者二者相结合的方式对设备进行验收。无论采取哪种方式，采购单位都应按照验收大纲要求，对设备竣工文件和设备实体进行验收检查，文件审查中重点关注产品质量证明文件、材料检验试验报告、质量计划执行情况、质量记录完整性和有效性、设计变更和不符合项关闭情况等。在实体检查过程中，对设备外观、标识、尺寸、规格、数量、清洁度、出厂试验复验结论（如有）、备品备件以及其他技术文件规定的要求进行检查。

对于设备到货后开展的验收，采购单位应在设备开箱检查阶段开展验收活动，出具验收记录，汇总验收过程中发现的问题，形成设备验收结论，随开箱检查记录和报告一并报送至相应的安全检验机构。

6.4.2.3 不得通过验收的情况

设备条例第二十九条明确规定，民用核设施营运单位应当对民用核安全设备质量进行验收。有下列情形之一的，不得验收通过：

（1）不能按照质量保证要求证明质量受控的；

（2）出现重大质量问题未处理完毕的。

6.5 不符合项管理

6.5.1 不符合项定义

按照 HAF003 中的定义，不符合项是指性能、文件或程序方面的缺陷使得某一物项的质量变得不可接受或不能确定。NCR（Non-Conformance Report），指不符合项报告。

6.5.2 不符合项的分类

根据《民用核安全设备制造阶段不符合项监督管理要求（试行）》（国核安发〔2016〕84号），国家核安全局将民用核安全设备制造阶段发现的不符合项分为一般不符合项、较大不符合项、重大不符合项三类。

（1）一般不符合项：指民用核安全设备制造过程中不符合持证单位工艺规程、程序或活动前制定的验收要求，但满足法规标准和采购技术文件要求的不符合项。

（2）较大不符合项：指1E级民用核安全电气设备及其核级零部件以及核安全2、3级机械设备制造过程中不符合相关法规标准或采购技术文件要求的不符合项。

（3）重大不符合项：指核安全1级机械设备及其核级零部件制造过程中不符合相关法规标准或采购技术文件要求的不符合项。

6.5.3 不符合项的上报及处理

6.5.3.1 不符合项上报

采购单位应按照法律法规要求建立不符合项管理程序，规范监造工作中的不符合项管理。原则上，采购单位对进口核安全设备制造阶段不符合项的管理应参照《民用核安全设备制造阶段不符合项监督管理要求（试行）》要求上报。

（1）对于重大不符合项，须在发现后5个工作日内采用书面方式上报国家核安全局和华北核与辐射安全监督站，并根据国家核安全局和华北站的要求及时报送相关资料。返工和返修的处理结果须得到项目责任单位书面认可后方可关闭。

（2）对于较大不符合项，须在发现后10个工作日内采用书面方式上报华北站，同时根据华北站的要求及时报送相关资料。返工和返修的处理结果须得到项目责任单位书面认可后方可关闭。

（3）一般不符合项，不需上报国家核安全局和华北站。

（4）对于民用核安全设备制造阶段出现的弄虚作假、违规操作等管理问题，也须在发现后5个工作日内采用书面方式上报华北站，同时根据华北站的要求及时报送相关资料。处理结果须得到项目责任单位书面认可后方可。

（5）须在每季度开始7个工作日内向华北站报送本单位上一季度民用核安全设备及其核级零部件发生的不符合项清单。

（6）上报的不符合项中，国家核安全局或华北站明确提出审查要求的，相关单位应按照要求提供相关资料，并按照审查进度和要求开展不符合项处理工作。除此之外，可以按照经项目责任单位审查认可的处理方案开展不符合项处理工作。

6.5.3.2 不符合项的处理

HAF003 中规定，必须制定一些措施，控制不满足要求的物项，以防止误用或误装。必须按文件规定的程序对不符合要求的物项进行审查，并确定是否不加修改地接受、拒收、修理或返工。必须规定对不符合项进行审查的责任和对不符合项进行处理的权限。不符合项的处理方式主要有：

（1）不做改进的接收（照用）：当可以证实不符合项并不影响质量时，接受按原目的使用。

（2）返工：通过完善、再加工、再装配或其他纠正措施，使不符合项符合原规定要求的过程。

（3）修理：是指把一个不符合项恢复到一种状态的过程，虽然在这种状态下该物项仍不符合原来的技术要求，但它可靠、安全地执行其功能的能力未受损害。

（4）报废：不能按原目的使用。

不符合项管理是设备监造的一项重要内容。所有不符合项的处理必须按书面程序进行并形成文件，记录不符合项及处理的细节。经过维修和返工的物项，必须重新进行检查和试验。实际上，采购单位基本均建立起不符合项管理流程，并根据一定原则对不符合项实行分级管理，明确每类不符合项的审批与关闭权限。

采购单位（报检单位）在进行安检申报时，应提交该批进口核安全设备的不符合项报告和记录，明确不符合项的处理和关闭是否满足相关管理要求的情况。对于国家核安全局组织审查的不符合项，采购单位还应当一并提交国家核安全局的审查意见。

6.6 监造、装运前检验、监装和验收报告

采购单位（报检单位）在安检申报时应提交进口核安全设备的监造、装运前检验、监装和验收报告，在报告中对监造、装运前检验、监装和验收情况分别进行梳理总结，并形成总体结论。

6.6.1 监造情况说明

主要针对该批次报检设备质量计划的执行情况以及无损检验活动的验证情况进行概述性说明。本部分应给出主体设备及分包设备（民用核安全设备目录范围内）的质量计划执行情况，主要内容如下：

（1）设备名称 / 功能位置码；

（2）质量计划编号；

（3）主要控制点；

（4）出席情况。

报检单位可附相应的质量计划、控制点放弃证明、监造人员的授权文件、设备复验报告等材料进行说明。报检单位应对该批次报检设备关键工艺环节质量控制点的见证情况和见证比例是否符合本管理细则的要求以及主要的不符合项进行总结说明，给出总体结论。

6.6.2 装运前检验情况

报检单位应对该批次报检设备的装运前检验情况进行总结。主要针对质量计划中相应质量控制点的监督见证检查情况，检验的设备性能、功能与技术要求的符合性，完工文件的质量及符合检查情况，发现的主要问题及处理情况进行总结说明。完工文件检查的格式见安检申报相关规定，可附相应的文件检查清单和出厂验收报告应作为附件。报检单位应针对该批设备的装运前检验情况给出总体结论。

6.6.3 监装情况

报检单位应描述监装人员是否按照包装程序和装箱清单要求对包装材料、防水、衬垫、气体保护、设备数量、标识等进行了检查和核对。报检单位可提供相应的监装证明、照片等作为附件。报检单位应对该批次报检设备的监装情况给出总体结论并明确是否满足监管要求。

6.6.4 验收情况

报检单位应对该批次报检设备的验收情况进行总结。应详细描述设备验收的主要检查内容、发现问题的处理关闭情况和检查结论，相应的验收报告应作为附件。

报检单位应针对该批设备的验收情况给出总体结论。

6.6.5 总体结论

报检单位应针对该批次报检设备的监造、装运前检验、监装和验收活动结果给出总体评价，说明是否满足监造导则的要求。

6.7 突发事件期间管理要求

为有效应对突发事件期间进口民用核安全设备的监造、装运前检验、监装和验收活动的管理，指导采购单位（报检单位）在突发事件期间有序开展进口核安全设备的监造、装运前检验、监装和验收工作，在国家核安全局指导下，核与辐射安全中心编制了《突发事件期间进口民用核安全设备监造、装运前检验、监装和验收管理细则（暂行）》。

突发事件主要指突然发生，造成或者可能造成严重社会危害，需要采取应急处置措施予以应对的自然灾害、事故灾难、公共卫生事件和社会安全事件。

6.7.1 监造管理

在突发事件期间，报检单位应加强与境外供应商的沟通协调，及时调整工作计划，原则上不得因突发事件放弃质量控制点。对于受突发事件管控的影响，无法按时参加见证的设备，可视情况推迟见证工作。

对于不具备推迟见证条件的设备，优先采取远程视频见证的方式。在工序实施过程中，报检单位应进行全程连线并妥善保存视频资料。远程视频见证的检查要素和要求应与现场见证保持一致。其中关键工艺操作过程应采取远程视频见证的方式，其他检查要素可采取文件审查的方式。

对于不具备推迟见证条件且无法远程视频见证的设备，报检单位应保留有效文件、邮件等资料证明相关情况，可将现场见证点降为文件审查点，致函明确要求供应商在工序实施过程中进行录像或拍照，留存重要检查要素的证明材料，文件审查完成后应当出具文件审查记录。

在自身不具备见证条件的情况下，报检单位可委托具备见证条件的总包商或第三方机构进行质量控制点的见证工作。

对于远程视频见证的质量控制点，报检单位应通过扫描、邮件、传真等方式及时完成质量计划的签字，质量计划签字栏应填写实际签字日期，应在备注栏填写“××× 于 ×× 年 ×× 月 ×× 日远程视频见证”。

6.7.2 装运前检验和监装管理

在突发事件期间，对于无法在设备供货商厂内实施装运前检验和监装活动的设备，报检单位应出具有效的证明文件，致函明确要求供应商对设备的关键功能、性能、完工文件、合同号、规格、数量、包装介质等情况进行检查，对实施过程进行录像或拍照。

6.7.3 验收管理

对于受突发事件影响无法在境外开展设备出厂验收的情况，报检单位可采取视频验收的方式，检查要素和要求应与现场验收保持一致。

对于无法采取视频验收的情况，报检单位可采取文件验收和设备到货后验收相结合的方式对设备进行验收，文件验收结论和报告在安全检验申报时提交。对于设备到货后开展的验收，报检单位应在设备开箱检查阶段开展验收活动，出具验收记录，形成设备验收结论，随开箱检查记录和报告一并报送至相应的安全检验机构。对于因突发事件特殊情况放弃质量控制点见证的设备，报检单位应在验收过程中制定合理可行的补充措施对设备进行质量复验，并提供复验结果报告。

6.7.4 文件管理

在突发事件期间，报检单位应做好制定进口核安全设备安检计划，并向国家核安全局及其所属的检验机构进行备案。

依据文件（来往函件、政策文件）、短视频或照片等证明材料的归档工作。报检单位应编制《突发事件期间进口民用核安全设备监造、装运前检验、监装和验收情况报告》，对关键质量控制点的见证检查、装运前检验、监装检查及验收的情况进行说明，在设备安全检验申报时提交。

6.8 思考题

（1）进口核安全设备监造的依据文件主要有哪些？

（2）核安全设备监造人员应当具备哪些条件？

（3）进口核安全设备质量计划选点见证要求主要有哪些？

（4）进口核安全设备监造主要包括哪些内容？

第七章 安全检验文件申报

7.1 概述

7.1.1 引言

2008 年，《民用核安全设备监督管理条例》的发布实施标志着进口民用核安全设备安全检验工作的开始。经过十余年的发展，伴随着进口核安全设备行业形势的变化和法律环境的约束，涉及进口核安全设备安全检验工作的相关规章制度相继发布和实施，推动进口核安全设备安全检验工作形成一个完整的体系。进口核安全设备的安全检验文件申报管理工作也逐渐成熟和规范。

梳理近些年的文件申报情况可以发现，不管是初步涉足进口核安全设备的采购管理企业还是已建立成熟管理制度且具备大量成功申报经验的采购单位，采购环节发生的种种管理和质量问题都会导致设备入境时申报工作不顺利，从而影响设备的及时使用。图 7–1 给出了近些年来进口核安全设备安全检验一次申报的通过情况。

据统计，非一次申报通过设备的平均受理时间约为 8 天，比一次申报通过设备的平均受理时间多一倍，极大影响设备的安全检验申报时效。根据统计资料，导致申报不顺利的直接原因包括但不限于文件质量差、设备供应商资质不符合要求、质量管理不到位、合同管理不合规、申报流程错误、设备质量存在瑕疵等。

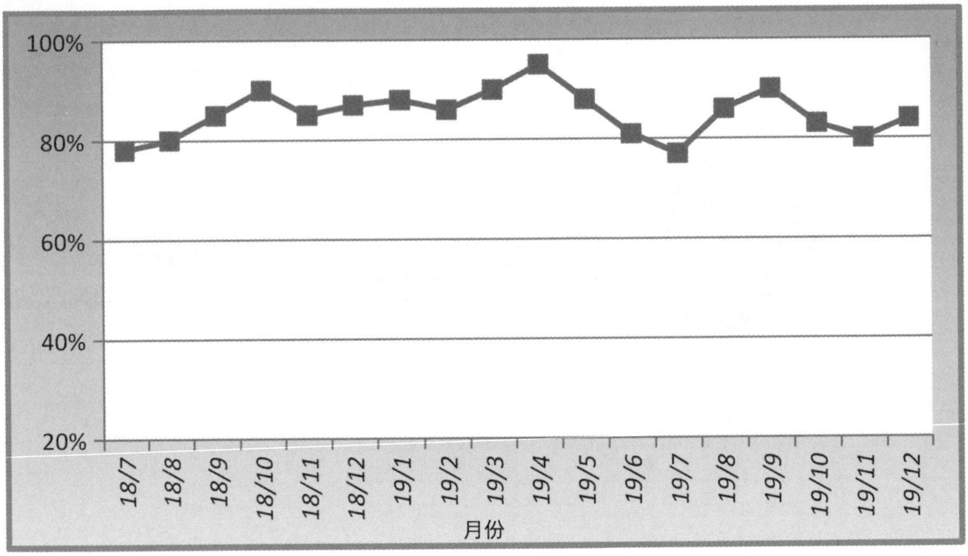

图 7–1　近些年来进口核安全设备安全检验申报一次通过率

这些问题产生的深层次原因主要是采购单位或个人不清楚或者不理解申报要求的具体细节，导致采购单位对设备申报工作的管理体系、组织机构、规章制度、人力物力技术资源等方面的设置和投入不能满足实际需求。

由此可见，精准理解申报要求具体细节是采购单位疏通申报工作症结、提高设备安全检验效率的首要课题。本章通过详实的要点分析、注意事项归纳和问题剖析，全面解析申报工作的要求细节，为采购单位深刻理解进口民用核安全设备安全检验申报工作要求并全面做好设备完工文件的验收工作提供一个参考。一方面可以助力采购单位提高申报一次成功率，降低合规成本，另一方面也能帮助其精准定位采购管理问题，优化关键节点，进一步提升进口核安全设备的质量管理水平。

7.1.2 相关法规条例介绍

HAF604 规定了进口民用核安全设备安全检验申报工作相关要求。其中，第三十三条要求，“进口民用核安全设备到达口岸前，民用核设施营运单位应当向国务院和安全监管部门及其所属的检验机构报检，并提供下列材料：（一）进口民用核安全设备报检申请表；（二）注册登记确认书复印件；（三）装箱清单；（四）产品质量合格证书。营运单位提交的上述材料应当为中文或者英文”。第三十五条要求“民用核设施营运单位应当在进口民用核安全设备计划开箱检查20个工作日前，向国务院核安全监管部门及其所属的检验机构申报，并提交下列材料：（一）进口核安全设备装配总图、出厂检验试验报告等产品竣工文件；（二）营运单位监造、装运前检验和监装以及验收结果报告；（三）国务院核安全监管部门监督检查发现问题的处理和关闭情况报告；（四）进口民用核安全设备活动不符合项情况，以及较大和重大不符合项记录；（五）国务院核安全监管部门要求提交的其他资料。营运单位提交的上述材料应当为中文或英文。”上述条款明确了进口核安全设备安全检验申报工作的方式和申报文件要求。

2012年，按照HAF604的要求，监管机构先后发布实施了《进口民用核安全设备安全检验大纲（试行）》《进口民用核安全设备安全检验文件申报指南》，对申报工作做出了初步规范。进口民用核安全设备安全检验申报管理工作逐步走向正轨。

2016年，为规范行政审批工作，提高安全检验工作的有效性，国家核安全局对安全检验工作进行调整和优化（国核安函〔2016〕14号关于启用“国家核安全局进口民用核安全设备安全检验专用章”并进一步规范和优化安全检验工作流程的通知），对申报工作的流程做出重大调整，即口岸和开箱“两步申报”合为“一步申报”。优化后的申报流程规范了申报工作，提高了申报效率。依照发文的精神要求，国家核安全局发布并实施《进口民用核安全设备安全检验工作程序》，对合并申报事项的具体操作要求进行规范。此后，按照新版工作程序的要求，并结合多年安全检验工作经验，新版《进口民用核安全设备安全检验文件申报指南》逐渐成熟，进一步规范了进口民用核安全设备安全检验申报工作。

此外，进口民用核安全设备安全检验工作的设备申报范围由国家核安全局发布的《民用核安全设备目录（2016年修订）》及相关管理文件所规定。

7.2 申报的工作流程

根据工作程序的要求，进口民用核安全设备的安全检验申报工作主要包括以下流程，具体见图7–2：

（1）申报计划。报检单位在每月25号之前向安全检验机构提交次月安全检验文件申报计划。

（2）抽查设备。核与辐射安全中心根据规章制度要求，抽取一定比例的核安全设备，并编制周度审查计划上报国家核安全局进行审批。

（3）批准计划。国家核安全局批准周度审查计划，并告知报检单位。

（4）申报文件。报检单位按照计划要求进行文件申报。

（5）受理文件。核与辐射安全中心对申报文件进行审查，并出具审查意见。

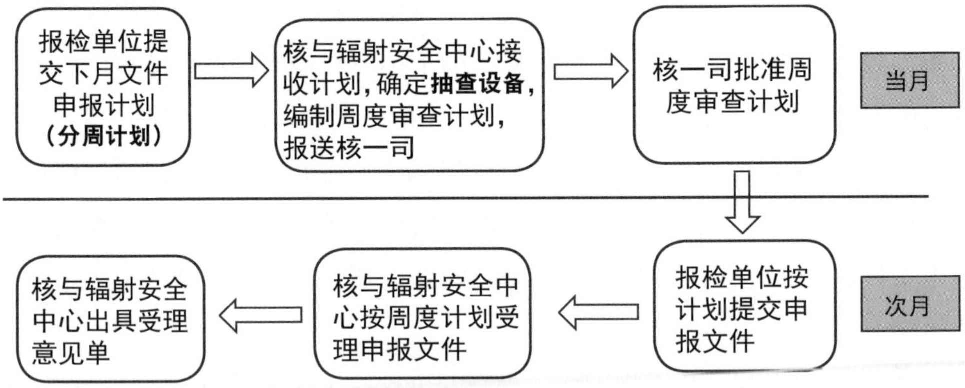

图 7–2　申报工作流程图

7.3 申报计划

进口民用核安全设备的安全检验申报工作采取计划管理的方式进行。计划管理可以合理优化各方安全检验工作的资源投入，提高申报效率。本节主要介绍申报计划的相关文件和要求。

7.3.1 文件清单

在申报计划阶段，报检单位应提交的文件包括：

（1）《安全检验文件申报计划汇总表》，格式和内容详见第 7.6 节申报文件格式和内容示例 7–1。

（2）《报检设备信息表》，格式和内容详见第 7.6 节申报文件格式和内容示例 7–2。

（3）相应的装箱清单。

7.3.2 注意事项

（1）上述文件必须在实际申报文件月份的上一个月 25 号之前提交。

（2）装箱清单中需明确标出全部报检设备，如图 7–3 所示。如申报计划时装箱清单尚未生成，可提供设备发运清单或类似效力文件。

Packing List (Crate List)

Contract name	GATE VALVES FOR TIANWAN NPP UNIT 5&6 PROJECT OF TIANWAN NUCLEAR POWER CO., LTD																				
Contract:	10CMIA146FR/NTWC011			AMENDMENT 02						Technical Document Code of CNPE			Specification : 0603G4040/0603G4136/0603G4132								
Main equipment name	For GATE VALVES /GLOBE VALVES																				
Packing case 2	Inside case No.	CNPE item code	Equipment item No.	Equipment name	Valve property code	Item type (equipment and component)	Sub-item No.	Sub-item name	Specifications and models	Unit	Qty	Sub-item No.	System No.	Safety level	Warranty class	Storage level	Identification level	Anti-seismic level		Factory No.	Drawing
Case 2	1	06039TES105VA	9TES105VA	VACUUM RELIEF VALVES DN40	XNNFWH0040	Equipment	NA	NA	XNNFWH0040	56	1	NA	TES	NC	QNC	B2	1A	/	073415 1	930902	2H1015 TWX45500120191D44DD
Case 2	2	08031EAS180VR	1EAS180VR	VACUUM RELIEF VALVES ND40	XJNFWC0040	Equipment	NA	NA	XJNFWC0040	5	1	NA	EAS	3	QA2	B2	1A	/	072935 10	930909	2H1015 TWX45500120191D44DD
Case 2	3	08032EAS180VR	2EAS180VR	VACUUM RELIEF VALVES ND40	XJNFWC0040	Equipment	NA	NA	XJNFWC0040	6	1	NA	EAS	3	QA2	B2	1A	/	072935 12	930909	2H1015 TWX45500120191D44DD
Case 2	4	5742160001	/	SE: SET OF GASKET FOR VACUUM RELIEF VALVES DN40	XJNFWC0040	Spare Parts SE	NA	NA	XJNFWC0040	56	1	NA	NA	NC	QNC	B2	/	/	/	930903	2H1016 TWX45500121191D44DD
Case 2	5	5742160002	/	SO: SET OF GASKET FOR VACUUM RELIEF VALVES DN40	XJNFWC0040	Spare Parts SO	NA	NA	XJNFWC0040	56	1	NA	NA	NC	QNC	B2	/	/	/	930904	2H1016 TWX45500121191D44DD
Case 2	6	574216003	/	SO : SET OF BB SCREW WASHER FOR VACUUM BREAKER VALVES	XJNFWC0040	Spare Parts SO	NA	NA	XJNFWC0040	56	1	NA	NA	NC	QNC	B2	[illegible]	[illegible]	[illegible]	930905	2H1016 TWX45500121191D44DD
Case 2	7	5742160001	/	SO: SET OF GASKET FOR VACUUM RELIEF VALVES DN40	XNNFWH0040	Spare Parts SO	NA	NA	XNNFWH0040	56	1	NA	NA	NC	QNC	B2	[illegible]	[illegible]	[illegible]	930906	2H1015 TWX45500120191D44DD
Case 2	8	574216003	/	SO : SET OF BB SCREW WASHER FOR VACUUM BREAKER VALVES	XNNFWH0040	Spare Parts SO	NA	NA	XNNFWH0040	56	1	NA	NA	NC	QNC	B2	[illegible]	[illegible]	[illegible]	930907	2H1015 TWX45500120191D44DD

1

图 7–3 装箱清单中的报检设备标识示例

（3）《安全检验文件申报计划汇总表》作为公文应加盖报检单位公章，且公章应合法有效。

（4）《报检设备信息表》中，设备的主要参数信息可列出设备的规格、尺寸、使用环境、通过介质、技术等级等信息，以方便后续抽查工作的开展。

（5）报检单位应按照国家核安全局批准的安全检验文件审查月度工作计划组织文件申报活动，否则可能面临不予受理的结果。

（6）计划尽量做到实事求是，不虚报不漏报，以免影响申报时效。如下月未能按照计划申报报检设备，报检单位需要提供正式的原因分析报告备案。

7.3.3 问题分析

本小结主要分析申报计划不成功的几种常见情况。

（1）未在规定的时间内开展计划申报工作

部分报检单位不清楚申报计划的时限要求，申报截止日期之前未按要求提交相应文件。这部分单位主要涉及较长时间未开展申报业务或新入行的报检单位，其内部管理程序尚未进行相关要求，也存在新业务人员不熟悉管理要求的情况。

（2）申报计划文件信息错误，缺少设备参数信息，文件无效或者质量差

部分申报计划文件不合规，表格和附件未按照格式和内容要求填写，比如设备的规格、尺寸、使用环境、通过介质、技术等级等信息错误或缺项，或者提交文件未经单位合法授权。主要原因是业务人员法律意识不强，业务能力不足，责任心不够。

（3）申报计划时，设备尚未发货，缺少设备装箱清单

部分进口设备的运输周期短，可能存在申报计划时，设备尚未发货，装箱清单并未生成。

7.3.4 提高申报计划的准确性

对于如何提高申报计划的准确性，可从以下几个方面入手：

（1）完善管理制度，将申报计划工作要求内化于企业内部管理中，建立申报工作质量与员工薪资奖惩相结合的量化机制。

（2）加强相关人员的业务培训力度，提高从业人员的能力水平。

（3）精准把控设备发货运输情况，设置预警机制。

7.4 申报文件

申报文件是进口民用核安全设备安全检验申报工作的重点。申报的文件一定程度上反映采购单位对设备的质量管理情况。本节主要介绍申报文件清单以及相关要点，具体要点主要从申报文件的格式和内容介绍、注意事项和问题分析等方面进行介绍。

7.4.1 文件清单

根据《进口民用核安全设备安全检验工作程序》，报检单位需要提交以下申报文件：

（1）进口民用核安全设备安全检验申报材料上报函；

（2）进口民用核安全设备口岸报检申请表；

（3）进口民用核安全设备安全检验报检说明表；

（4）设计和制造单位的注册登记确认书复印件；

（5）产品质量证明文件；

（6）设备装箱清单；

（7）对外贸易合同摘要及信息表；

（8）进口民用核安全设备开箱文件报检申请表；

（9）进口民用核安全设备完工文件自查报告；

（10）设备质量计划；

（11）设备装配总图；

（12）设备的监造、装运前检验、监装及验收结果报告；

（13）设备出厂检验试验报告；

（14）不符合项情况以及较大和重大不符合项记录；

（15）设备的技术文件；

（16）安全检验工作管理程序；

（17）核安全监管部门监督检查发现问题的处理和关闭情况报告；

（18）要求提交的其他资料。

其中，根据国务院相关文件的要求，在文件申报时设计和制造单位的注册登记确认书复印件无需提交。

申报文件分为填报类文件和原始记录文件。第（1）、（2）、（3）、（7）、（8）、（9）为填报类文件，其余为原始记录文件。

7.4.2 安全检验申报材料上报函

安全检验申报材料上报函为填报类文件，作为申报的封面文件，其格式和内容详见第 7.6 节申报文件格式和内容示例 7—3。

（1）格式和内容介绍

上报函的主要填报内容为：申报文号、项目名称、上报资料的基本情况、自查情况及结果、报检单位公章。

申报文号由报检单位命名，一般命名规则为：报检单位名（项目名 + 机组名）-AJ- 报检年份 - 编号，例如“CNPE（TW56）-AJ-2020-001”“TSN（TS）-AJ-2019-005”。

项目名称包含报检设备对应的核电项目名称、目标机组以及报检设备品种和名称等信息，例如“台山核电一期工程 1、2 号机组截止阀”“田湾项目 3、4 号机组主泵”。

上报资料的基本情况一般按文件清单顺序罗列申报文件名称及文件页数。

自查情况及结果一般包括对申报设备的供应商资质、设备制造的图纸和质量记录、质量控制情况、不符合项等方面的自查结果及最终结论。

报检单位公章指符合报检单位用章规定的单位公章。

（2）注意事项

关于上报函的填报，主要注意事项如下：1）项目名称填写要规范，避免遗漏信息；2）自查工作要做实，根据自查情况得出符合事实的合格结论，否则可能承担申报失败的后果；3）单位公章使用要符合内部管理流程，合法有效。

7.4.3 口岸报检申请表

口岸报检申请表为填报类文件，说明设备申报的基本信息，其格式和内容详见第 7.6 节申报文件格式和内容示例 7—4。

（1）格式和内容介绍

主要填报内容为：到达基本信息、报检单位信息、报检信息、报检设备情况。

到达基本信息包括报检单位、到达口岸、预计到达时间、报检时间。报检单位信息包括单位的联络信息和申报接口人的联络信息。报检信息包括设备的合同信息、主要类别、制造单位、设备数量、随箱文件。报检设备情况包括设备类别/设备品种/设备名称、数量、制造国、制造厂商、注册登记确认书编号、所报检设备和分包设备的不符合项和设备鉴定情况、其他情况说明。

（2）注意事项

关于口岸报检申请表的填报，主要注意事项如下：1）申报接口人的邮箱、电话信息要准确，如有变化要及时更新；2）报检设备包括成套设备及其目录范围内的分包设备，上述设备可按照分包关系罗列；3）报检设备的设备类别、品种、名称要严格按照供应商的注册登记确认书范围进行填报，不得随意填写产品名称，以免造成误解导致申报不成功；4）报检设备的不符合项关闭情况、设备鉴定结论等需要进行说明。对新设计或重新进行设计验证的进口民用核安全设备，报检设备的鉴定大纲、报告和设计单位审查结论等文件需要提交，以备审查；5）其他情况一般包括报检设备的范围说明、特殊的过程控制情况、设备调换备案情况等信息。

7.4.4 安全检验报检说明表

安全检验报检说明表为填报类文件，详细说明申报设备的各项信息，其格式和内容详见第7.6节申报文件格式和内容示例7–5。

（1）格式和内容介绍

主要填报内容为：设备类别、品种、名称、物资编码、核级、质量文件编号、设备的开箱地点。

安全检验报检说明表的设备信息比申请表更为详细。

（2）注意事项

关于安全检验报检说明表的填报，主要注意事项如下：1）报检设备包括成套设备及其目录范围内的分包设备，上述设备可按照分包关系罗列。2）报检设备的设备类别、品种、名称要严格按照供应商的注册登记确认书范围进行填报，不得随意填写产品名称，以免造成误解导致申报不成功。

7.4.5 产品的质量证明文件

产品的质量证明文件属于设备的原始质量记录文件，是制造单位按照相关管理和技术要求对设备进行出厂检验或试验后出具的质量结论文件。

（1）主要内容要点

产品的质量证明文件主要确认以下几个要点：1）质量证明文件的出具方；2）文件的合法性；3）与报检设备的一致性；4）质量状况满足的标准和技术条件；5）质量结论。阀门的质量文件示例见图 7–4，图中给出了质量证明文件的要点。

Samshin Limited

■ HEAD OFFICE & FACTORY
1138-11, SEONGJIN-RO, IPJANG-MYEON,
SEOBUK-GU, CHEONAN-SI, REPUBLIC OF KOREA
Tel. (041) 590-6000

CERTIFICATE OF COMPLIANCE

No.: SS-J024A-17-001

Date: June. 21. 2018

Page 1 of 3

1. Customer : CHINA NUCLEAR POWER ENGINEERING CO., LTD.
2. Project : TAISHAN NUCLEAR POWER STATION UNIT 1&2
3. P.O No. : GNESTS00116
4. Specification No. : NEEG-F DC 241 REV.C, NEEG-F DC 294 REV.B
NEEO-G/2008/en 1122 REV.E, NEEO-G/2008/en 1139 REV.D
5. Equipment Name : Hand Operated Shutoff Globe Valves (Type : 165, 167)
6. Samshin Order No. : 183-101

We hereby certify that the following equipment for the project mentioned the above complies with the technical and quality requirements stipulated on the purchase order.

Equipment Description:

Mfg. Serial No. Valve Type Material Size(DN) Rating Q'ty(ea)

Refer to Attachment

Valve ID No.	RIN Code	Type No.	Material	Rating	Valve Size	Q'ty	Drawing Number	Quality Class
1RIS1976VP-(SF1801-0027)	SNVSSQ0015ST--	165	SA182 F316L	2500#	DN 15	1	NA-TS-J024-165 SHEET NO.2	Q2
2RIS1976VP-(SF1801-0028)	SNVSSQ0015ST--	165	SA182 F316L	2500#	DN 15	1	NA-TS-J024-165 SHEET NO.2	Q2
1RIS2976VP-(SF1801-0029)	SNVSSQ0015ST--	165	SA182 F316L	2500#	DN 15	1	NA-TS-J024-165 SHEET NO.2	Q2
2RIS2976VP-(SF1801-0030)	SNVSSQ0015ST--	165	SA182 F316L	2500#	DN 15	1	NA-TS-J024-165 SHEET NO.2	Q2
1RIS3976VP-(SF1801-0031)	SNVSSQ0015ST--	165	SA182 F316L	2500#	DN 15	1	NA-TS-J024-165 SHEET NO.2	Q2

TOTAL: 38

Certified by

Manager of QA Department　　2018.6.21　Date

图 7–4　阀门的质量证明文件示例

（2）注意事项

关于设备的质量证明文件，主要注意事项包括：1）质量证明文件是否由持有注册登记确认书的设备供应商出具，且合法有效；2）文件的符合性申明是否包含所报检的设备，且相关信息符合设备设计要求；3）质量申明是否列清设备制造所满足的技术标准；4）质量结论是否完全合格。

（3）问题分析

对于质量证明文件，特别需要注意的是，某些设备由于不符合项未关闭或者出厂试验尚未完成留待安装后关闭，其质量证明文件的放行结论为有条件放行，即上述第4点质量结论不完全合格。这说明设备可能存在不完整交付的问题，采购方应采取措施在境外处理完毕,否则这一质量文件不符合安全检验申报的要求。

7.4.6 装箱清单

设备的装箱清单记录着设备的装箱情况和基本参数信息，属于设备状态的原始记录文件，是设备装箱、运输、到货开箱等工作的重要衔接文件。

（1）主要内容要点

装箱清单的主要要点：1）文件的出具方；2）文件的合法有效性；3）相关信息与报检设备的一致性。阀门的装箱清单示例见图7–5，图中给出了上述要点。

（2）注意事项

关于设备的装箱清单，主要注意事项包括：1）是否为设备的制造方或委托发运方出具；2）是否合法有效，授权人员签字或者单位公章均可视为有效；3）箱单中的采供双方信息、合同信息、目标机组、设备信息是否与报检设备信息相符。

（3）问题分析

一般来说，设备的装箱清单随着货物直接到达核电项目现场。有时候，某些大宗材料，如仪表管道、管件等，因其特殊的采购模式，存在代理商集中采购后在国内分装发货的现象。对于这种情况，设备的装箱清单往往不是制造方或者委托方的原装箱清单，而是国内代理商的分装清单。这种情况下，原装箱清单才是设备安检申报的目标文件，分装清单可作为附属文件。

7.4.7 对外贸易合同摘要

采购进口核安全设备需同境外供货商签订采购贸易合同。对外贸易合同摘要

Packing List (Crate List)

Contract name	GATE VALVES FOR TIANWAN NPP UNIT 5&6 PROJECT OF TIANWAN NUCLEAR POWER CO., LTD		
Contract:	**10CMIA146FR/NTWC011 AMENDMENT 02**	Technical Document Code of CNPE	Specification : 0603G4040/0603G4136/0603G4132
Main equipment name	For GATE VALVES /GLOBE VALVES		

Packing case 2	Inside case No.	CNPE item code	Equipment item No.	Equipment name	Valve property code	Item type (equipment and component)	Sub-item No.	Sub-item name	Specifications and models	Unit	Qty	Sub-item No.	System No.	Safety level	Warranty class	Storage level	Identification level	Anti-seismic level		Factory No.	Drawing
Case 2	1	06039TES105VA	9TES105VA	VACUUM RELIEF VALVES DN40	XNNFWH0040	Equipment	NA	NA	XNNFWH0040	56	1	NA	TES	NC	QNC	B2	1A	/	073415 1	930902	2H1015 TWX45500120191D44DD
Case 2	2	06031EAS180VR	1EAS180VR	VACUUM RELIEF VALVES ND40	XJNFWC0040	Equipment	NA	NA	XJNFWC0040	5	1	NA	EAS	3	QA2	B2	1A	/	072935 10	930909	2H1015 TWX45500120191D44DD
Case 2	3	06032EAS180VR	2EAS180VR	VACUUM RELIEF VALVES ND40	XJNFWC0040	Equipment	NA	NA	XJNFWC0040	6	1	NA	EAS	3	QA2	B2	1A	/	072935 12	930909	2H1015 TWX45500120191D44DD
Case 2	4	5742160001	/	SE: SET OF GASKET FOR VACUUM RELIEF VALVES DN40	XJNFWC0040	Spare Parts SE	NA	NA	XJNFWC0040	56	1	NA	NA	NC	QNC	B2	/	/	/	930903	2H1016 TWX45500121191D44DD
Case 2	5	5742160002	/	SO: SET OF GASKET FOR VACUUM RELIEF VALVES DN40	XJNFWC0040	Spare Parts SO	NA	NA	XJNFWC0040	56	1	NA	NA	NC	QNC	B2	/	/	/	930904	2H1016 TWX45500121191D44DD
Case 2	6	574216003	/	SO : SET OF BB SCREW WASHER FOR VACUUM BREAKER VALVES	XJNFWC0040	Spare Parts SO	NA	NA	XJNFWC0040	56	1	NA	NA	NC	QNC	B2				930905	2H1016 TWX45500121191D44DD
Case 2	7	5742160001	/	SO: SET OF GASKET FOR VACUUM RELIEF VALVES DN40	XNNFWH0040	Spare Parts SO	NA	NA	XNNFWH0040	56	1	NA	NA	NC	QNC	B2				930906	2H1015 TWX45500120191D44DD
Case 2	8	574216003	/	SO : SET OF BB SCREW WASHER FOR VACUUM BREAKER VALVES	XNNFWH0040	Spare Parts SO	NA	NA	XNNFWH0040	56	1	NA	NA	NC	QNC	B2				930907	2H1015 TWX45500120191D44DD

1

图 7–5　阀门的装箱清单示例

是对采购贸易合同的首页以及签字页部分内容进行摘录留存以证明设备采购活动的合同主体以及其真实性，属于设备的原始记录文件。

（1）主要内容要点

对外贸易合同摘要的主要要点：1）合同首页及签字页的完整性；2）设备供货方的资质问题；3）合同的有效性。

（2）注意事项

关于设备的对外贸易合同摘要，主要注意事项包括：1）合同是否和境外供应商直接签订；2）合同内容是否覆盖申报的设备；3）合同是否合法有效。

其中，某些设备通过国内代理商采购，其合同的模式为采购单位—代理商—境外供应商的链条关系。由于代理商的存在可能导致设备技术要求的传递质量不稳定，因此监管层面上不鼓励这种代理合同关系，且已事实存在这一情况的设备可能面临监管机构对其进行质量验证的风险。

（3）对外贸易合同信息表

信息表为填报类文件，鉴于某些申报设备的供货关系复杂，合同信息表对合同关系进行梳理展示。其格式和内容详见第 7.6 节申报文件格式和内容示例 7–6。其主要内容为：分包合同的合同主体、合同号、技术附件、分包内容、分包商资质等信息。依据设备的分包层级关系如实填报即可。

7.4.8 开箱文件报检申请表

开箱文件报检申请表为填报类文件，说明设备申报的基本信息，其格式和内容详见第 7.6 节申报文件格式和内容示例 7–7。

（1）格式和内容介绍

同口岸报检申请表类似，开箱文件报检申请表的主要填报内容为：报检单位信息、开箱文件申报信息、报检设备情况。

报检单位信息包括单位的联络信息和申报接口人的联络信息。开箱报检信息包括设备的合同信息、开箱地点和时间。报检设备情况包括设备类别 / 设备品种 / 设备名称、数量、制造国、制造厂商、注册登记确认书编号、其他情况说明。

（2）注意事项

关于开箱文件报检申请表的填报，主要注意事项如下：1）申报接口人的邮箱、电话信息要准确，如有变化要及时更新；2）报检设备包括成套设备及其目录范围内的分包设备，上述设备可按照分包关系罗列；3）报检设备的设备类别、品种、名称要严格按照供应商的注册登记确认书范围进行填报，不得随意填写产品名称，以免造成误解导致申报不成功；4）其他情况一般包括设备的装箱信息、技术文件升版和变更情况等。开箱文件报检申请表的相关信息应和口岸报检申请表的信息相一致。

7.4.9 完工文件自查报告

完工文件自查是指申报单位按照相关要求对报检设备的完工文件以及申报文件进行审查并形成审查记录的工作过程。按照采购单位的设备验收管理程序，对设备的完工文件进行审查是设备验收工作的重要组成部分。这种验收审查需要对合同约定的设备质量文件进行全面梳理审查，并得出验收结论。在验收合格的基础上，形成合格的申报文件。通过自查工作，一方面可以在设备出厂前对其质量情况有全面的结论，避免带病出厂，另一方面可以保证申报文件的质量，提高申报效率。

（1）完工文件自查报告的格式和内容介绍

自查报告为填报类文件，其格式和内容详见第 7.6 节申报文件格式和内容示例 7–8。主要内容为：自查项目、依据或准则、检查内容、检查结论和备注、自查结论。

其中，自查项目包括：境外单位注册登记确认书、与技术规格书或有关设计文件的符合性、设备的设计变更控制及设计验证情况、设备的无损检验活动、设备的质量计划及制造过程质量控制情况、设备的制造过程检验和出厂试验完成情况、设备的装配总图、较大和重大不符合项的处理及关闭情况、设备的采购合同及分包管理、核安全监管部门监督检查发现问题的处理及关闭情况、其他信息。

以自查“境外单位注册登记确认书”项目为例，自查的主要依据和准则为证书的注册登记范围和条件、证书有效期和注册登记地点。自查内容为设备的安全级别、技术参数、制造周期和地点。自查过程为将上述内容对照审查依据，确定是否符合审查依据以得出审查结论。其中，备注部分为审查过程文件，可作为审查实施的依据。其他审查项目的自查过程依此进行。

（2）注意事项

关于自查报告的填报，主要注意事项如下：1）自查工作的实施要遵循自查项目、检查内容的要求，做好审查过程记录；2）对于注册登记确认书项目的审查是自查工作的重心；3）自查结论应实事求是，报告的审批合法有效，符合采购单位内部程序要求。

（3）如何做好自查工作

要做好自查工作，保证稳定的自查质量，采购可以从几个方面入手：1）完善完工文件验收管理工作，适当优化验收工作程序，在验收环节留存审查记录；2）整合验收审查记录，设置申报前自查工作机制，有效运行自查工作审批事宜；3）加强自查工作人员法律法规、业务能力培训。

7.4.10 质量计划

质量计划是设备制造单位为控制设备制造质量而编制的一种工具文件，也是采购单位对设备开展质量监造活动的文件载体。它是设备的质量记录原始文件。

（1）质量计划文件的要点

设备的质量计划主要包括以下要点：1）质量计划的基本信息，如编制单位、合同信息、版本变更情况、适用范围等；2）文件的有效性；3）质量计划的内容，如工序流程、适用程序、见证点设置、实施日期、记录报告、实施人员、见证点签字情况等信息。图 7–6 给出了中压安注泵的质量计划示例。

（2）注意事项

对于设备的质量计划，主要注意事项如下：1）质量计划的基本信息与报检设备的相关情况一致；2）质量计划合法有效，版本变更符合程序要求；3）设备的工序执行逻辑合理，实施记录完整有效；4）采购方的见证点设置合理，设备的关键质量控制点能有效覆盖，且执行情况符合监造大纲的要求。

（3）问题分析

质量计划作为质量控制实施情况的文件记录，反映制造单位和采购单位对设备的质量控制情况，其主要问题是部分关键质量控制点的现场见证记录缺失，主要原因：1）由于设备监造大纲的要点内容不全，质量计划中设备关键质量控制点的设置不全；2）质量计划的执行不到位。

针对这些问题，采购单位可充分对接相关管理要求，要求制造单位升版质量计划覆盖设备的关键质量控制点；优化完善监造大纲，增强质量计划的可执行性。

N° QBO *Quality Book n°*	Commande client / poste *Sales order / item*	Numéro d'ordre *Item*	Plan qualité *Quality Plan*			SPXFLOW		
21910106-29-400	14CMAE/FQF009CF	1						
N° Plan Qualité :	2910106-21-400	N° Article Client Customer Part Nr	N.A.					
DESIGNATION / *Designation*	PLAN / *Drawing*	REV	ARTICLE BRUT	Spec.Brut	Rev.	Norme	Niveau RCCM	Niveau CU
REPARATION CUVE DE POMPE BARREL CASING REPAIR	F137350	2	20052995	RAQ1-10130	1	M3402	2	AQ1
MATIERE / *Material*	REPERE / *Item*		ARTICLE USINE *Machined part number*	Spec. usiné *Mech.spec.*	Rev.	Identification	N313AY	
Z3CN20-09-M	10-3		20053488	BAQ1-10131	1			

Poste	Designation du contrôle	Procédure	Révision	Date	Rapport	Intervenants CU	Intervenants CNPE	Observation
1	Contrôle Visuel à réception *Visual examination on reception*	V7000	10	23/07/2019	Conforme	R		
2	Affouillement du défaut si nécessaire *Grinding of the defect if necessary*	C3047R	16	23/07/2019	Conform SAP 1209957			Mr Marc Antoine
3	Ressuage du défaut *Pentrant test of the excavation*	RE4000	16	23/07/2019	Conform PV N°1209958			Mr Marc Antoine Level 2
4	Soudage *Welding*	C3047R	~~16~~ 15	~~02/08/2019~~ 24/07/2019	WTS N°3759	R		
5	Reprise par usinage ø448H7 *Machining ø*	F137350	2	31/07/2019	Conform	-		
6	Dimensionnel du ø448H7 *Dimensionnal Check*	F137350	2	05/08/2019	Conform PV N°1226416	R		
7	Ressuage de la soudure *Dye Penetrant Test*	RE4000	16	08/08/2019	Conform PV N°1209963	W	2019.08.08	Mr Charleville Level 2
8	Visuel *Visual Check*	V7000	10	08/08/2019	Conform	-		Mr Chareleville Level 2
9	Epreuve Hydrostatique *Hydrostatic Test*	GH 5000	N	08/11/2019	1209967-2 1209967-1	W	W 2019.11.8	
10	Dimensionnel des cotes d'interfaces *Dimensionnal Check Interfaces sizes after Hydrostatic Test*	F137350	2	15/11/2019	Conform PV N° 1226416	R		Barrel casing / Suction casing / Casing cover
11	Décapage - Passivation - Class A22 *Pickling - Passivation - Class A22*	R200	Q	28/11/2019 12/12/2019	PV N° 1209971 PV N° 1209971.2			Barrel casing / Suction casing / Casing cover
12	Visuel après décapage - passivation *Visual Check after pickling - passivation*	R200	Q	"	"	R		Barrel casing / Suction casing / Casing cover
13	Assemblage de la pompe *Assembly of the pump*	F137459	D	14/12/19	Conform			

图 7–6　中压安注泵的质量计划示例

7.4.11 装配总图

装配总图是指导设备装配的重要技术文件，直观展示设备的结构形式、设计参数、装配关系、部件清单等信息。它是设备的原始技术文件。图 7–7 给出了气动截止阀的装配总图示例。

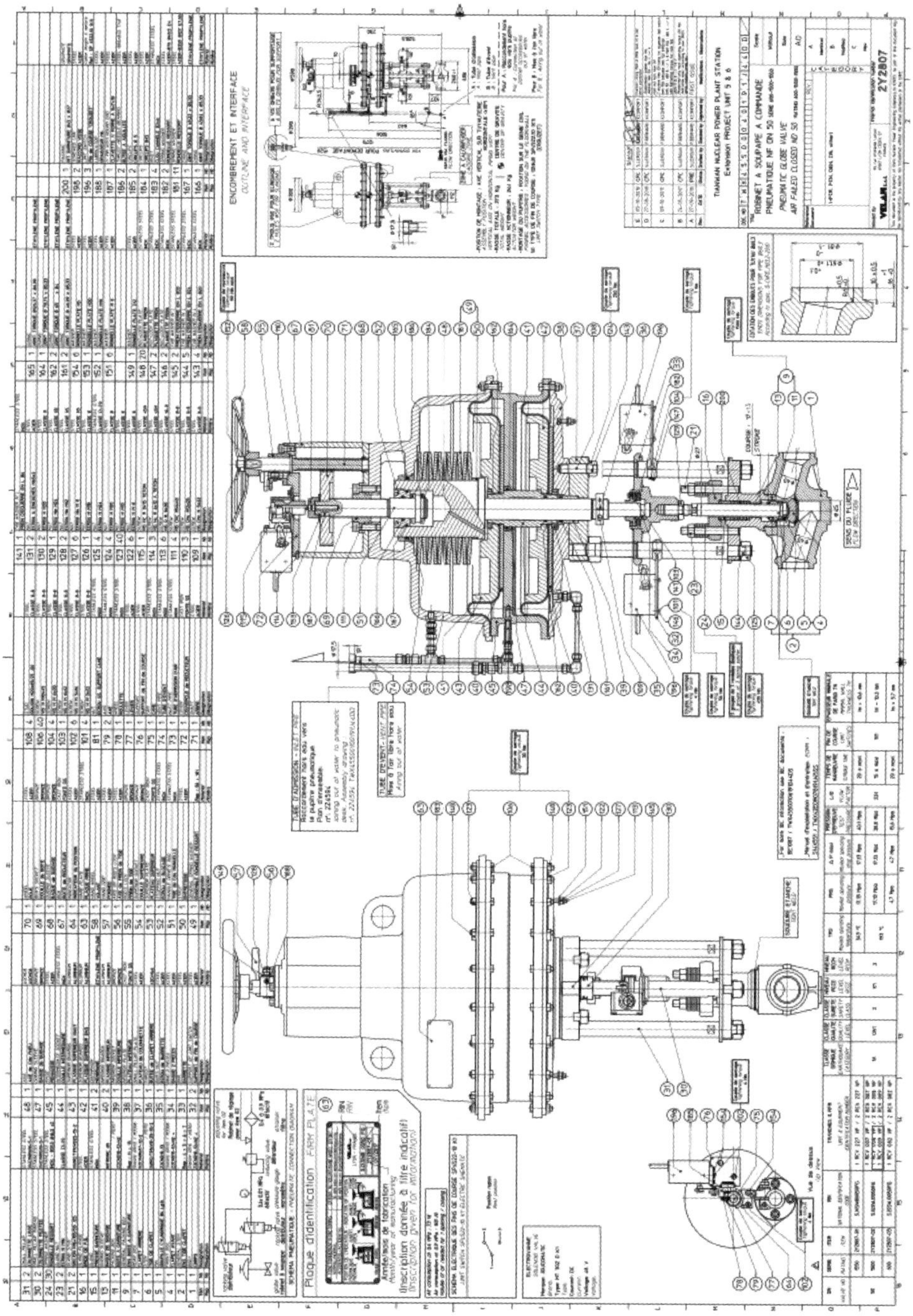

图 7-7 气动截止阀的装配总图示例

（1）装配总图的内容要点

对于设备的装配总图，主要内容要点如下：1）图纸的有效性；2）图纸的图号、版本、编制者、适用范围等基本信息；3）设备的技术参数；4）部件清单。

（2）注意事项

装配总图作为技术文件，一般要注意：1）核实文件的有效版本和适用范围，是否覆盖报检设备；2）参照设备目录，清查设备的核级部件，以确定报检设备的范围；3）设备的技术参数信息是否与采购技术文件相一致。

7.4.12 监造、装运前检验、监装及验收报告

这里的“监造”是指对境外供应商从原材料验收、生产控制到出厂的全过程进行跟踪和监督检查；“装运前检查”是指在民用核安全设备生产完成后、发货前，根据合同及技术条件的要求，对民用核安全设备的品质、性能、规格等进行检验；“监装”是指对民用核安全设备的包装、运输过程进行跟踪和监督检查。采购单位开展上述活动后，形成相关记录和报告。这些记录和报告均为原始记录文件。

（1）监造报告的要点及注意事项

监造报告主要描述采购单位对设备的监造实施情况，一般以质量计划作为载体。对于采购单位编制的监造报告来说，其主要内容应包括设备的基本情况、监造大纲要求、监造实施情况（关键质量点的见证情况）、监造结论、监造记录文件等。如果以质量计划作为监造报告，则以质量计划文件的要点为准。

监造报告的主要注意事项如下：1）关键质量控制点的现场见证情况是否符合有关管理要求；2）记录和报告是否完整有效。

（2）装运前检验、监装报告及注意事项

装运前检验、监装报告主要描述采购单位对设备的装运前检验、监装工作的实施情况。一般来说，报告的形式没有特别限定，可提供符合要求的记录文件进行证明。记录文件分为三类：1）质量计划中涉及装运前检验、监装工作的现场见证记录；2）经采购单位认可的包含装运前检验、监装工作实施情况的质量放行文件；3）装运前检验、监装报告。其中装运前检验报告应包含设备的基本情况、检验技术要求、实施记录、检验结论、记录和报告等。监装报告包含设备的基本情况、装箱信息、实施记录、发运记录等。

装运前检验、监装报告的形式多样，无特别注意事项。

（3）验收报告及注意事项

验收报告主要描述设备的出厂或到货验收实施情况。验收报告应包含设备的基本情况、验收依据、验收大纲、实施情况、结果、遗留问题、记录和报告等。

验收结果报告的注意事项如下：1）不能按照质量保证要求证明设备质量受控的不得验收通过；2）设备出现重大质量问题尚未处理关闭的，不得验收通过。

（4）问题分析

监造工作往往存在的主要问题是设备的关键质量控制点未得到有效控制。主要原因包括：1）关键控制点设置不合理，存在盲点；2）监造大纲执行不到位，出现管理漏洞；3）专业人员缺乏。

针对这些问题，建议可采取如下措施：1）充分对接相关管理要求，优化完善监造大纲，明确设备关键质量控制点的覆盖性；2）监造相关的人力财力资源应向关键质量控制点充分倾斜；3）优化监造工作管理程序，增强可操作性，编制实施监造工作的应急预案；4）可以研究第三方监造或者联合监造，降低监造工作成本。

7.4.13 出厂检验试验报告

出厂检验试验是设备的制造单位按照技术标准、试验大纲对设备进行检验和试验验证。上述检验和试验后形成记录和报告，是设备的原始记录文件。图 7–8 给出了法国 VELAN 公司的阀门出厂检验试验报告示例。

（1）出厂检验试验报告的要点

设备出厂检验试验报告的内容要点包括：1）文件的有效性；2）文件关于设备的合同信息、引用标准等；3）试验项目、试验条件和参数、试验结论。

（2）注意事项

对于出厂检验试验报告，常见的注意事项包括：1）确定报告是否有效；2）核实报告的适用范围、引用标准与采购技术文件的一致性；3）试验项目、试验条件和参数是否符合标准要求或技术文件要求；4）各项试验结论是否完全合格。

（3）问题分析

出厂检验试验报告主要问题有对报检设备的覆盖性不足，试验项目、试验条件和参数不符合标准要求或技术文件要求。对于这类问题，主要解决措施是返厂处理或者按照标准要求对设备进行质量验证。

7.4.14 不符合项情况以及较大和重大不符合项记录

“不符合项情况以及较大和重大不符合项记录”主要指国家核安全局发布的《民用核安全设备制造阶段不符合项监督管理要求（试行）》（国核安发〔2016〕

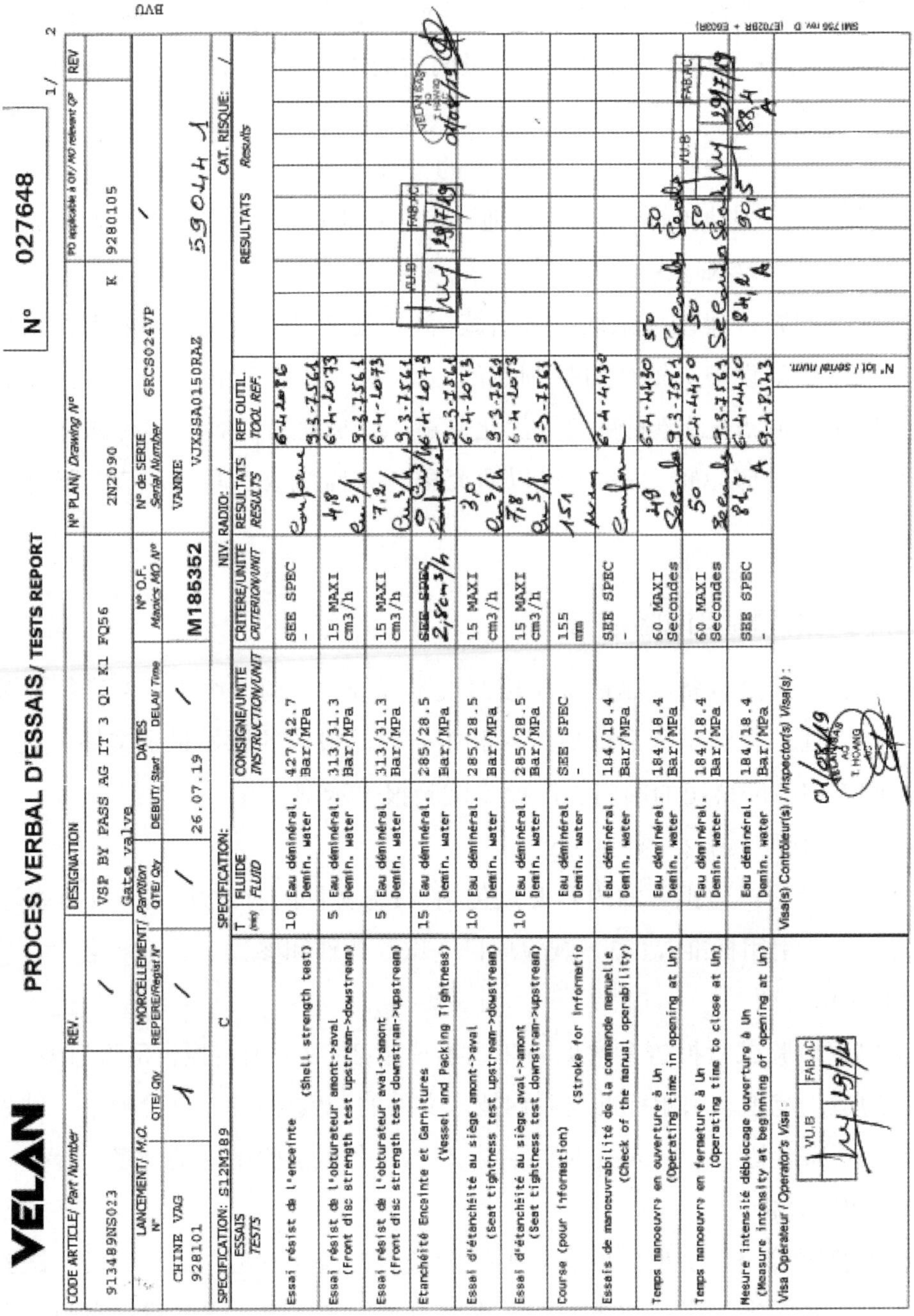

VELAN PROCES VERBAL D'ESSAIS/ TESTS REPORT N° 027648 1/ 2

CODE ARTICLE/ Part Number	REV.	DESIGNATION	N° PLAN/ Drawing N°	PO applicable à OF/ MO relevant QP	REV
913489NS023	/	VSP BY PASS AG IT 3 Q1 K1 FQ56 Gate valve	2N2090 K	9280105	

LANCEMENT/ M.O. N°	QTE/ Qty	MORCELLEMENT/ Partition REPERE/Regist N°	QTE/ Qty	DATES DEBUT/ Start	DELAI/ Time	N° O.F. Macnics MO N°	N° de SERIE Serial Number
CHINE VAG 928101	1	/	/	26.07.19	/	M185352	6RCS024VP / VANNE VJXSSA0150RAZ 59044 1

SPECIFICATION: S12M389 C SPECIFICATION: NIV. RADIO: / CAT. RISQUE: /

ESSAIS TESTS	T (min)	FLUIDE FLUID	CONSIGNE/UNITE INSTRUCTION/UNIT	CRITERE/UNITE CRITERION/UNIT	RESULTATS RESULTS	REF OUTIL. TOOL REF.	RESULTATS Results
Essai résist de l'enceinte (Shell strength test)	10	Eau déminéral. Demin. water	427/42.7 Bar/MPa	SEE SPEC -	Conforme	6-4-2086 9-3-7561	
Essai résist de l'obturateur amont->aval (Front disc strength test upstream->dowstream)	5	Eau déminéral. Demin. water	313/31.3 Bar/MPa	15 MAXI cm3/h	4,8 cm³/h	6-4-2073 9-3-7561	
Essai résist de l'obturateur aval->amont (Front disc strength test downstram->upstream)	5	Eau déminéral. Demin. water	313/31.3 Bar/MPa	15 MAXI cm3/h	7,2 cm³/h	6-4-2073 9-3-7561	
Etanchéité Enceinte et Garnitures (Vessel and Packing Tightness)	15	Eau déminéral. Demin. water	285/28.5 Bar/MPa	~~SEE SPEC~~ 2,8cm³/h	0 cm³/h Conforme	6-4-2073 9-3-7561	VU.B FAB.AC 29/7/19; VELAN SAS T. HOANG 01/08/19
Essai d'étanchéité au siège amont->aval (Seat tightness test upstream->dowstream)	10	Eau déminéral. Demin. water	285/28.5 Bar/MPa	15 MAXI cm3/h	3,0 cm³/h	6-4-2073 9-3-7561	
Essai d'étanchéité au siège aval->amont (Seat tightness test downstram->upstream)	10	Eau déminéral. Demin. water	285/28.5 Bar/MPa	15 MAXI cm3/h	7,8 cm³/h	6-4-2073 9-3-7561	
Course (pour information) (Stroke for informatio		Eau déminéral. Demin. water	SEE SPEC -	155 mm	151 mm		
Essais de manoeuvrabilité de la commande manuelle (Check of the manual operability)		Eau déminéral. Demin. water	184/18.4 Bar/MPa	SEE SPEC -	Conforme	6-4-4430	
Temps manoeuvre en ouverture à Un (Operating time in opening at Un)		Eau déminéral. Demin. water	184/18.4 Bar/MPa	60 MAXI Secondes	49 Secondes	6-4-4430 9-3-7561	50 Secondes 50 Secondes
Temps manoeuvre en fermeture à Un (Operating time to close at Un)		Eau déminéral. Demin. water	184/18.4 Bar/MPa	60 MAXI Secondes	50 Secondes	6-4-4430 9-3-7561	50 Secondes 50 Secondes; VU.B FAB.AC 29/7/19
Mesure intensité déblocage ouverture à Un (Measure intensity at beginning of opening at Un)		Eau déminéral. Demin. water	184/18.4 Bar/MPa	SEE SPEC -	84,7 A	6-4-4430 9-4-8323	84,2 A 90,5 A 88,4 A

Visa Opérateur / Operator's Visa: VU.B FAB.AC 29/7/19

Visa(s) Contrôleur(s) / Inspector(s) Visa(s): 01/08/19 VELAN SAS AQ T. HOANG

N° lot / serial num.

SMI 756 rev. D (E702BR + E603R)

BVU

图 7–8　法国 VELAN 公司的阀门出厂检验试验报告示例

84 号）所规范的较大和重大不符合项的记录和报告。

（1）报告的范围和要点

不符合项报告的范围主要是较大和重大不符合项，主要内容包括：1）不符合项报告的有效性；2）不符合项处理流程；3）处理措施及关闭情况；4）记录和报告。

（2）注意事项

对于不符合项报告，需要注意：1）不符合项是否按照管理流程进行处理，是否报备；2）不符合项是否按照处理意见进行处理、关闭；3）处理记录和报告是否完整有效。

7.4.15 技术文件

设备的技术文件是设备设计和制造的依据文件，包含设备的采购技术规格书、合同技术附件、图纸、技术变更等。

（1）技术文件的要点

技术文件的要点包括：1）文件的有效性；2）文件的适用范围；3）设备的技术要求。

（2）注意事项

对于设备的技术文件，需要注意：1）文件版本是否有效，是否存在设计变更；2）是否适用于申报设备；3）是否明确设备的设计、制造、功能及试验有关要求；4）技术文件是否有效传递到设备的制造单位。

（3）问题分析

技术文件不能有效传递是设备采购管理上的重要问题，这类问题偶有发生，而代理商采购往往是这类问题产生的直接原因。部分代理商在采购合同中仅仅承担商务角色，不能有效传递采购单位的特性技术要求。这种技术要求的传递失效使得境外制造单位未能提供符合特性要求的设备，严重影响采购效率和成本。解决这类问题需要采购单位尽量避开代理商采购的模式，与境外制造单位建立直接的接口关系，依托合同关系保障特性技术要求落地。

7.4.16 安全检验工作管理程序

安全检验工作管理程序是报检单位安全检验工作的指导文件，其可作为报检单位质量保证文件体系的一部分，主要内容包括与安全检验工作相关的组织、职责、工作内容、流程、要求和接口等。

（1）安全检验工作管理程序的要点

安全检验工作管理程序的要点包括：1）文件的有效性；2）组织机构和工作

职责；3）申报、问题处理、开箱和试验等工作流程和内容；4）接口人员和方式。

（2）注意事项

对于报检单位的安全检验工作管理程序，需要注意：1）对接监管要求，及时升版；2）按内部要求进行程序运转有效性的内部审查。

7.4.17 核安全监管部门监督检查发现问题的处理和关闭情况报告

核安全监管部门会抽取某些重点设备进行现场监督检查，比如主泵、蒸汽发生器等成套设备。期间，采购单位需对检查发现的问题进行处理、上报，直至问题关闭。

（1）报告的范围和要点

检查发现的问题主要由设备的重要不符合项和质保体系运转问题组成。上述问题的处理和关闭情况报告可参考不符合项报告的要点，主要包括问题的基本情况、处理过程文件、处理结论、监管机构审查意见、相关的记录和报告。

（2）注意事项

对于监督检查问题的处理报告，主要注意事项包括：1）问题是否按照管理流程进行处理，处理意见是否报备；2）是否按照处理意见进行处理关闭，是否得到监管机构的审查关闭意见；3）处理记录和报告是否完整有效。

7.4.18 其他资料

其他资料一般包括设备的鉴定文件、检验试验方案或其他特别说明文件。其中，鉴定文件包括设备的鉴定大纲、报告和设计单位审查结论等文件。检验试验方案主要是指由于设备存在管理问题或者其质量记录不完整，为保证设备质量，采购单位或委托试验机构编制的用于指导设备开展质量验证活动的文件。

7.5 关于文件申报的其他注意事项

7.5.1 设备供货商的注册登记确认书

按照我国对进口民用核安全设备境外供货商的监管思路，设备供货商的注册登记确认书限定了其设备供货范围。超出供货范围的设备不符合核安全法的规定，不得用于核设施现场，采购单位对此应保持法律红线意识。

注册登记确认书一般通过注册登记范围和条件、注册登记有效期和注册登记地点来限定供货商的合法供货能力。对此，采购单位需要注意以下几个方面：

（1）注册登记书的有效期能否完全覆盖设备的设计制造全过程；

（2）注册登记确认书的设备类别、品种、典型名称范围是否覆盖设备；

（3）注册登记确认书的技术参数、外购要求、分包等条件在设备的设计和制造阶段是否得到完全满足；

（4）设备的设计和制造活动是否在注册登记确认书所限定的地点；

（5）有些注册登记确认书的特定管理要求是否得到落实。

为了避免不满足注册登记要求的设备用于核设施现场，可以在供应商管理、合同签订、合同执行环节采取措施，加强管理。例如优化核安全设备的供应商台账信息，设置注册登记信息预警机制，合同签订前严格资格审查，合同执行环节时时跟踪供应商的注册登记变更情况，准备合同管理的应急预案。

7.5.2 申报文件的提交方式

本章节所述的申报文件须通过生态环境部政务大厅入口提交，申报计划文件通过进口民用核安全设备安全检验管理系统进行提交，详细要求可见第十二章进口核安全设备安全检验信息化实践。

7.5.3 申报文件的语言

根据《进口民用核安全设备监督管理规定》（HAF604）的要求，申报文件的语言为中文或者英文。对于仅有德文、法文、俄文或者其他语种的记录和报告，采购单位应将其翻译为中文或者英文，否则可能会影响申报文件的申报和审查工作。

7.5.4 设备存在机组间调配情况的相关要求

按照《民用核安全设备调配管理要求（试行）》的要求，设备在项目机组间调配需要进行备案。具体要求如下：责任单位负责组织编制调配活动实施方案。该方案须经调配活动所有相关方共同认可，作为开展调配活动时各方必须遵守的指导性文件。实施方案应至少包含以下内容：（1）设备调配活动的组织和管理；（2）设备调配活动相关方的职责分工；（3）设备调配时机和进度计划，包括可行性报告、技术论证报告编制、提交的安排等。调配备案完成后，采购单位在文件申报时将调配备案文件一并提交。

7.5.5 报检单位的范围

报检单位是指民用核设施营运单位或受营运单位委托采购进口民用核安全设备的民用核安全设备成套供应商、民用核设施核岛建造总承包商以及民用核安全设备持证单位。上述这些单位可作为报检主体，开展申报工作。

7.6 申报文件的格式和内容示例

示例 7–1 检验文件申报计划汇总表

安全检验文件申报计划汇总表（××× 年 × 月）

序号	申报文号	工程项目	机组号	设备类别	设备品种	类别（机械/电气）	供应商名称	报检设备信息表	装箱清单信息
1								附件	附件
2									
合计：×× 批									
编制		审核		批准		单位公章			

示例 7–2 报检设备信息表

报检设备信息表

报检单位	申报文号	设备类别	设备品种	项目/机组号	功能位置码/物资编码	设备主要参数信息	核安全级别/数量（台/套）				备注
							1	2	3	1E	
		合计：×× 箱 ×× 台									

注：功能位置码 / 物资编码不明确的可以填写批号、配置号或型号等。

示例 7–3 进口民用核安全设备安全检验申报材料上报函

进口民用核安全设备安全检验申报材料上报函

申报文号：

<table>
<tr><td colspan="2">项目名称</td><td colspan="2">（项目 – 机组 – 设备类别 – 品种 – 名称）</td></tr>
<tr><td colspan="4">报检材料清单</td></tr>
<tr><td>序号</td><td colspan="2">报检材料名称</td><td>备注</td></tr>
<tr><td></td><td colspan="2"></td><td></td></tr>
<tr><td></td><td colspan="2"></td><td></td></tr>
<tr><td></td><td colspan="2"></td><td></td></tr>
<tr><td></td><td colspan="2"></td><td></td></tr>
<tr><td></td><td colspan="2"></td><td></td></tr>
<tr><td></td><td colspan="2"></td><td></td></tr>
<tr><td></td><td colspan="2"></td><td></td></tr>
<tr><td></td><td colspan="2"></td><td></td></tr>
<tr><td></td><td colspan="2"></td><td></td></tr>
<tr><td></td><td colspan="2"></td><td></td></tr>
<tr><td colspan="4">报检单位对申报材料自查情况</td></tr>
<tr><td colspan="4">自查情况及结果：</td></tr>
<tr><td>报检人签字 / 日期</td><td></td><td>报检单位
（单位公章）</td><td></td></tr>
</table>

示例 7–4 进口民用核安全设备口岸报检申请表

进口民用核安全设备口岸报检申请表			
报检日期		报检单位	
到达口岸		到达口岸日期	
报检单位信息			
报检单位地址		邮政编码	
电话		传真	
联系人		联系人电话	
联系人传真		E-mail	
报检信息			
制造国及厂商		合同号	
产品类别		数量	
产品随箱文件：			

报检设备情况						
序号	设备类别 / 设备品种 / 设备名称	数量	制造国	制造厂商	注册登记确认书编号（附复印件）	备注
报检说明：1. 所报检设备和分包设备的不符合项和设备鉴定情况；2. 其他情况说明。						

示例 7–5 进口民用核安全设备安全检验报检说明表

进口民用核安全设备安全检验报检说明表（机械 / 电气设备）

装箱号	设备类别	设备品种	设备名称	物资编码 / 功能位置码	目标机组	数量 / 单位					产品质量合格证书编号	该批设备开箱地点	备注
						核 1 级	核 2 级	核 3 级	1E（安全壳内 / 外）	单位			
合计：× × 箱 × × 件													

示例 7–6 对外贸易合同信息表

对外贸易合同信息表

报检设备或部件	采购方	合同号	采购技术文件编号	供应商	设备（部件）制造 / 设计活动	供应商注册登记确认书编号	备注

示例 7–7 进口民用核安全设备开箱文件报检申请表

进口民用核安全设备开箱文件报检申请表

<table>
<tr><td>项目名称</td><td colspan="5"></td></tr>
<tr><td colspan="6">报检单位信息</td></tr>
<tr><td>单位名称</td><td colspan="5"></td></tr>
<tr><td>报检单位地址</td><td colspan="2"></td><td colspan="2">邮政编码</td><td></td></tr>
<tr><td>电话</td><td colspan="2"></td><td colspan="2">传真</td><td></td></tr>
<tr><td>联系人</td><td colspan="2"></td><td colspan="2">联系人电话</td><td></td></tr>
<tr><td>联系人传真</td><td colspan="2"></td><td colspan="2">E-mail</td><td></td></tr>
<tr><td colspan="6">开箱文件申报信息</td></tr>
<tr><td>合同编号</td><td colspan="5"></td></tr>
<tr><td>开箱地点</td><td colspan="2"></td><td colspan="2">开箱日期</td><td></td></tr>
<tr><td colspan="6">设备信息</td></tr>
<tr><td>序号</td><td>设备类别 / 设备品种 / 设备名称</td><td>数量</td><td>制造国</td><td>制造厂商</td><td>备注</td></tr>
<tr><td>1</td><td></td><td></td><td></td><td></td><td></td></tr>
<tr><td>2</td><td></td><td></td><td></td><td></td><td></td></tr>
<tr><td>3</td><td></td><td></td><td></td><td></td><td></td></tr>
<tr><td>4</td><td></td><td></td><td></td><td></td><td></td></tr>
<tr><td></td><td></td><td></td><td></td><td></td><td></td></tr>
<tr><td colspan="6">合计：× × 箱 × × 件</td></tr>
<tr><td colspan="6">产品随箱文件：</td></tr>
<tr><td colspan="6">申报说明：1. 列出本批报检设备的装箱号码。2. 说明技术文件升版和变更情况。</td></tr>
</table>

示例 7–8 进口民用核安全设备完工文件自查报告

进口民用核安全设备完工文件自查报告

检查项目	依据／准则	检查内容	检查结论	备注
境外单位注册登记确认书	证书有效期	报检设备制造完工日期	证书有效日期是否覆盖制造完工日期	（列出相关信息）
	证书活动范围： 设备类别、设备品种、安全级别、活动场所	报检设备信息： 1. 报检设备类别、品种、核级； 2. 活动场所	报检设备是否符合注册登记活动范围的要求	（列出证书活动范围和报检设备信息）
	分包项目	分包项目情况		
	特定注册登记条件		是否符合注册登记条件	
与技术规格书或有关设计文件的符合性	—	设备材料、工艺、设计要求、性能参数等	是否符合要求	
设备设计变更控制及设计验证情况	—	设计变更文件编号	1. 设备鉴定试验、设计验证工作是否已完成； 2. 结论是否适用于报检设备	（列出设计变更文件编号）
设备无损检验活动	—	主要无损检验报告清单	1. 报告是否符合要求； 2. 结论是否合格	（列出主要无损检验报告）
	—	无损检验人员资质证书	是否满足法规要求	
设备质量计划及制造过程质量控制情况	报检设备的质量计划选点	执行情况		（列出抽查设备的质量计划编号）
设备制造过程检验和出厂试验完成情况	技术规格书要求的检查和试验项目	1. 设备关键工序检查检验报告； 2. 设备出厂试验报告		（列出抽查设备的主要试验项目及报告）
设备装配总图	质量计划中的图号，版本	设备的图号，版本		（列出抽查设备的图号、版本）
较大和重大不符合项处理及关闭情况	—	较大和重大不符合项清单及关闭情况		（列出不符合项报告号）
设备采购合同及分包管理	与国家核安全局有关管理要求的符合性	是否存在中间商采购、分包活动至无注册登记确认书厂家的情况		

续表

检查项目	依据／准则	检查内容	检查结论	备注
核安全监管部门监督检查发现问题的处理及关闭情况	—			
其他	—			
自查结论				
编制：	审核：	批准：	（单位公章）	

7.7 思考题

（1）安全检验文件申报分为哪些阶段？每个阶段的申报文件清单有哪些？

（2）设备在国内进行二次包装发运，其分装箱清单是否可以替代原装箱清单进行安全检验申报？

（3）进口设备的采购活动有哪几种常见合同模式？哪些模式是符合当前法规要求的？

（4）采购单位进行完工文件的自查时，对于产品的质量合格证书，审查的要点有哪些？

（5）采购单位进行完工文件的自查时，对于产品的出厂检验试验报告，审查的要点有哪些？

（6）采购单位进行完工文件的自查时，对于设备的质量计划，审查的要点有哪些？

（7）某境外供货单位的注册登记确认书有效期为 2014 年 5 月 15 日—2019 年 5 月 14 日，其生产的一批核安全级阀门的质量合格证书时间为 2019 年 5 月 15 日。采购人员查阅这批阀门的水压试验报告时间为 2019 年 5 月 12 日，请问境外供货单位的相关活动是否存在违反法规的情况？如有，请指出。

（8）某境外注册登记管道制造单位的注册范围有“超声检验分包”的字样。后根据生产需要，制造单位通过增加超声检验设备和仪器、培养超声检验人员等措施具备超声检验的能力。此后，为节约成本，制造单位开始从事核级管道的超声检验活动。请问该境外单位的相关活动是否存在违反法规的情况？如有，请指出。

（9）哪些单位可以进行安全检验文件申报？

（10）对于监造工作探索联合监造或者引入第三方监造方面，有什么好的建议和意见？

第八章 进口民用核安全设备开箱检查

8.1 引言

开箱检查和开箱见证检查是进口核安全设备安全检验的一项重要内容。2012年，国家核安全局发布了《进口民用核安全设备安全检验大纲（试行）》（安检大纲），对进口民用核安全设备安全检验工作方式、内容、流程、要求和内部工作接口进行了规范，明确了开箱检查的有关要求，如工作职责、开箱见证比例等。

2013 年，核与辐射安全中心为落实 HAF604 和安检大纲中关于开箱检查的要求，制定并了《进口民用核安全设备开箱见证检查规程（A 版）》（环核安中心函〔2013〕48 号）（开箱导则），进一步规范了核与辐射安全中心开箱见证检查的方式、内容、要求和流程。2017 年，国家核安全局核一司在安检大纲的基础上，制定发布了《进口民用核安全设备安全检验工作程序（试行）》，对安全检验工作流程、内容、接口进行了调整，因此开箱检查的有关要求也适当调整。为了适应进口民用核安全设备监督管理的新要求，全面落实 HAF604 规定，明确开箱活动的内容和要点，促进开箱检查工作标准化、程序化和精细化，国家核安全局组织核与辐射安全中心对开箱导则进行了修订。本章主要依据开箱导则的要求，结合新修订细则的部分重点内容以及常用做法，介绍开箱检查的有关要求和内容。

8.2 开箱检查的职责分工

《进口民用核安全设备安全检验工作程序（试行）》对涉及安全检验工作相关单位和部门的职责分工进行了规定，包括了国家核安全局机关、核与辐射安全中心、各地区核与辐射安全监督站与进口核安全设备开箱检查相关的主要职责。此外，开箱导则中也对报检单位开箱检查工作职责进行了明确。

（1）国家核安全局机关

核与辐射安全监管一司（以下简称核一司）归口管理进口民用核安全设备安全检验工作，包括安全检验相关的文件审查、开箱见证检查以及安装和装料前调试阶段的安全性能试验见证检查三个阶段；负责组织进口民用核安全设备安全检验过程中发现的重大质量问题的调查和处理。核与辐射安全监管二司（以下简称核二司）、核与辐射安全监管三司（以下简称核三司）协助处理进口民用核安全设备安全检验过程中发现的重大质量问题。

（2）核与辐射安全中心

核与辐射安全中心负责核设施现场外进口民用核安全设备开箱检查的监督检查（开箱见证检查），出具《进口民用核安全设备开箱见证检查报告》；负责核设施现场外进口民用核安全设备安全检验工作过程中发现问题的处理、重大质量问题的上报和协助处理。

（3）各地区核与辐射安全监督站

各地区核与辐射安全监督站（简称地区监督站）负责辖区核设施现场内进口民用核安全设备开箱检查的监督检查，出具《进口民用核安全设备开箱见证检查报告》；负责辖区核设施现场内进口民用核安全设备安全检验工作过程中发现问题的处理、重大质量问题的上报和协助处理。

（4）报检单位

报检单位负责组织实施进口民用核安全设备的开箱检查活动，包括编制适用于进口民用核安全设备开箱检查工作的相关程序；按月报送设备开箱检查计划；负责出具并报送进口民用核安全设备开箱检查记录和进口民用核安全设备开箱检查报告；负责开箱检查过程中发现质量问题的处理和报告。

8.3 开箱检查的工作流程及要求

法规规定，报检单位应当履行进口民用核安全设备开箱检查职责，安全检验机构对设备开箱检查活动进行监督检查。开箱检查的工作流程主要包括申报开箱检查计划，提交开箱检查申请，开箱检查，发现问题的上报、处理及反馈，记录和报告等。工作流程图如图 8-1 所示。

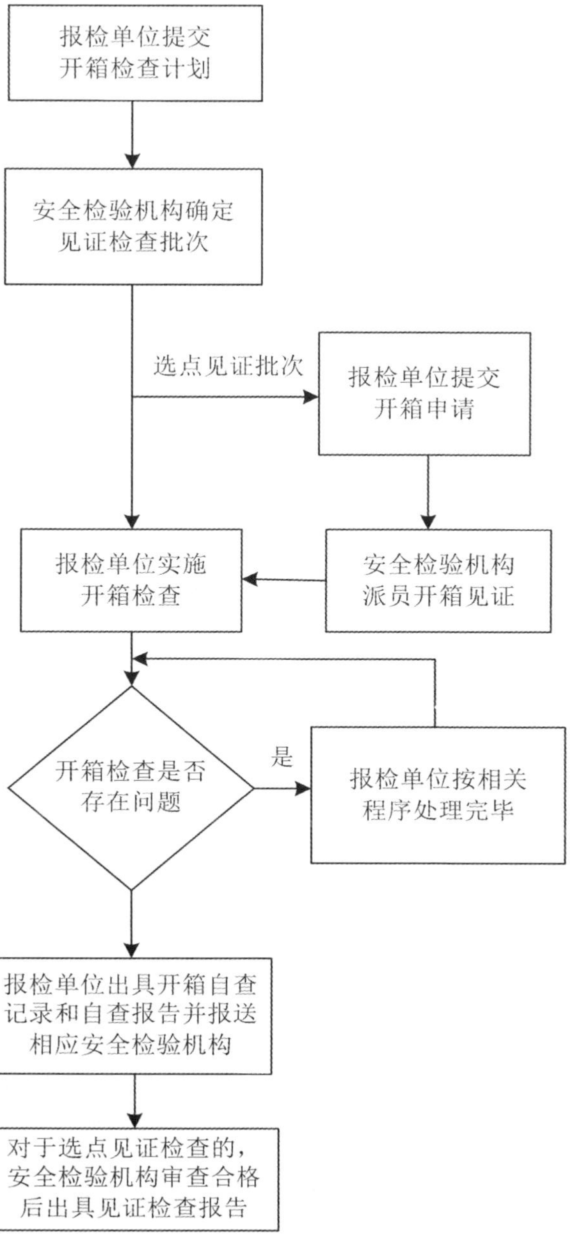

图 8-1 进口民用核安全设备开箱检查工作流程图

8.3.1 申报开箱检查计划

报检单位在收到《进口民用核安全设备开箱文件审查单》之后，结合设备到货情况，于每月 25 日前向相应安全检验机构提交次月开箱检查计划，并附上报检设备信息表及相应装箱清单。安全检验机构根据开箱检查计划，结合核安全级别和设备代表性确定见证检查批次并通知报检单位，每批设备开箱见证比例参照《进口民用核安全设备安全检验工作程序（试行）》。

8.3.2 提交开箱检查申请

报检单位应在开箱前 5 个工作日以报检批次为单位向相应安全检验机构提交进口民用核安全设备开箱检查申请，并附上该批设备的开箱检查工作方案，工作方案主要包括开箱场地、人员、工具、测量器具、试验台架和程序文件的准备情况以及开箱检查实施计划等内容。

8.3.3 开箱检查

8.3.3.1 开箱检查准备工作

设备开箱前，报检单位应组织参与开箱工作的质保、质检、采购等相关人员召开检查前会议，通报开箱检查准备情况及开箱检查安排，核查文件、人员、器具和工装等准备情况，以及此前开箱检查过程中发现问题的整改及关闭情况。明确开箱检查设备比例、检查内容和范围、所检设备参数和验收标准等信息，认真做好开箱准备工作。对于含放射性、危化品和危险品的特殊核安全设备，报检单位应在设备开箱前做好相应防护措施。

8.3.3.2 开箱检查

报检单位应当严格按照本单位的进口民用核安全设备开箱检查要求开展设备的开箱检查工作，开箱检查活动应至少包括以下内容：

（1）人员资质

实际参与开箱检查工作的相关人员是否具有相应资质或授权。

（2）设备存储场地

设备的存储条件是否符合该设备的存储要求，设备是否按要求进行隔离和标识。

（3）测量器具

使用的测量工具、器具和仪表等是否具有合适的量程、型号、准确度和精度，有关器具是否经过检定或校准。

（4）设备包装

1）设备外包装、固定和衬垫是否符合要求；

2）设备外包装标识是否清晰，箱号、设备信息等是否与报检材料一致；

3）设备密封包装是否完好、有效，保护措施是否有效；

4）箱内是否干燥，设备有无受潮、浸水等现象；

5）包装内是否含有与设备无关的物品。

（5）设备信息

设备核安全级别、数量、规格、型号、标识（铭牌、物资编码、炉批号等）是否与装箱单、报检材料一致。

（6）设备外观和尺寸

1）设备表面清洁度是否满足要求，设备外观是否完好无损，有无锈蚀、变形、压痕、磕碰等情况；

2）对于需防止氧化、腐蚀的设备是否有表面涂脂或氮气保护等措施；

3）裸装、软包装设备有无磕碰、锈蚀、油漆脱落；

4）充气设备的充气压力计数、冲击记录仪外观是否正常；

5）对于在物项运输过程中有特殊要求的重要物项，应仔细检查随车或设备上仪表的示数、记录是否在规范要求以内；

6）设备关键尺寸是否满足相关技术要求。

（7）设备随箱文件

设备随箱文件是否完整，一般情况下应包含装箱单、设备发运通知、完工报告等便于核对所开箱设备信息的文件。

（8）设备功能性能验证

对于需要进行功能性能验证的设备，应按照相应程序开展设备功能性能验证，验证结果是否满足相关技术要求。

对于安全检验机构选点见证的设备批次，相应安全检验机构应至少派遣 2 名安全检验人员见证开箱检查过程，报检单位应积极配合开箱见证检查。

8.3.4 发现问题的上报、处理及反馈

报检单位应如实记录开箱检查过程中发现的问题，按照相关管理程序和要求进行跟踪处理。对于应开启不符合项的，报检单位应按照《民用核安全设备制造阶段不符合项监督管理要求（试行）》（国核安发〔2016〕84号）进行不符合项的上报和处理，不符合项关闭后相关设备方可用于后续制造或安装活动中。对于开箱检查过程中发现的典型质量问题，报检单位应及时向安全检验机构和境外注册登记单位进行经验反馈。

8.3.5 记录和报告

开箱检查过程中，报检单位应当如实记录开箱检查内容、检查结果和发现的问题等，出具开箱检查记录。开箱检查完成后，报检单位还应出具开箱检查报告，并在完成开箱后10个工作日内将开箱检查记录和开箱检查报告报送至相应安全检验机构备案。

对于见证检查的设备批次，安全检验人员应当对见证检查的内容、发现的问题以及处理情况作出记录，并由安全检验人员和报检单位的有关负责人签字确认。安全检验机构应对报检单位提交的开箱检查记录和开箱检查报告进行审查，并于10个工作日内出具开箱见证检查报告。

8.4 开箱检查注意事项

8.4.1 开箱地点

不同的开箱地点，实施开箱见证检查的安检检验机构也不同。在核设施现场外进行的开箱检查活动，由核与辐射安全中心负责见证检查；在核设施现场内进行的开箱检查活动，由所在辖区核与辐射安全监督站负责见证检查。报检单位在开箱文件申报时就应当明确进口核安全设备的开箱地点，不得随意更换开箱地点。一般来说，开箱地点主要有核设施现场和国内核安全设备制造厂。报检单位在选择开箱地点时，除重点考虑设备后续加工、制造、安装、使用便利性外，还应考虑相应场地是否具备设备开箱检查、保护和储存条件。

8.4.2 开箱见证检查比例

《进口民用核安全设备安全检验工作程序（试行）》中规定，文件审查和开箱见证检查可采取抽查方式，并可根据需要对设备安全性能进行抽查复验或者独立验证。文件审查和开箱见证检查的抽查比例按照核安全设备的重要性和代表性确定，主要原则如下：

（1）对于核安全 1 级机械设备，抽查比例为 100%（管道、管配件和热交换器传热管可视情况而定）；

（2）对于核安全 2、3 级机械设备和核安全电气设备，同一境外注册登记单位制造的相同设备品种和核安全级别的进口民用核安全设备，同一报检批次至少抽查一件。

值得注意的是，上述规定主要针对开箱见证检查，而不是报检单位开箱检查的比例要求。开箱检查是报检单位对进口核安全设备实施的开箱检查活动，开箱见证检查是安全检验机构对报检单位开箱检查活动的监督检查。这里的抽查比例仅限于安全检验机构的开箱见证检查，而报检单位应当对全部的进口核安全设备进行开箱检查。

8.4.3 开箱计划申报

开箱计划申报是保证开箱工作高效有序开展的基础。因此，报检单位在收到《进口民用核安全设备开箱文件审查单》之后，结合设备到货情况及现场工期安排，于每月 25 日前向相应安全检验机构提交次月开箱检查计划。安全检验机构在收到报检单位提交的开箱计划后，将会选取下月实施见证检查的设备批次并通知报检单位，报检单位在设备开箱前还应当提交开箱申请。

对于在核设施现场外开箱的，报检单位应通过安检申报系统向核与辐射安全中心申报开箱计划，于每月 25 日前按照安检申报系统格式要求填写并提交开箱检查计划，开箱计划应确保尽量合理、准确，原则上 1 次开箱检查申请仅对应 1 批设备。

8.4.4 开箱检查工作程序

按照进口核安全设备安全检验管理要求，报检单位应当制定本单位的安全检验工作程序，规范安全检验各项工作的组织、接口、流程、内容、要求等。在开箱检查方面，报检单位还应当按要求制定相关程序用于规范本单位的进口民用核安全设备开箱检查工作。一般情况下，报检单位应当分别制定开箱检查程序和开箱检查细则。开箱检查程序为报检单位指导开箱检查工作的通用性程序，应作为报检单位安检工作程序的子程序。开箱检查细则为报检单位针对具体每类设备编制相应的专门性检查细则，应按核电堆型、设备品种分别进行编制，重点突出设备个性化检验要求，明确相关检查依据、方法、器具、人员资质和验收标准。如报检单位所开箱设备种类单一，上述 2 份程序可合并。

8.4.5 开箱检查申请

对于安全检验机构选点见证的设备批次，报检单位应在开箱前 5 个工作日向相应安全检验机构提交进口民用核安全设备开箱检查申请，并附上该批设备的开箱检查工作方案。对于在核设施现场外开箱的，报检单位应提前将开箱申请公文发送至核与辐射安全中心科技处，开箱申请应明确开箱文件审查单号、开箱时间等信息，开箱申请应与实际工作安排相适应。在收到核与辐射安全中心反馈意见（开箱申请确认）后，报检单位便可在安全检验系统中进行开箱检查申请，核与辐射安全中心通过系统发送开箱见证检查大纲，明确见证检查日程、范围及检查内容等。对于核设施现场内开箱的，可与相应地区监督站沟通。

开箱检查工作方案是设备开箱前的一项重要准备工作，是确保开箱检查和开箱见证检查工作有序开展的基础。开箱检查工作方案主要包括开箱场地、人员、工具、测量器具、试验台架和程序文件的准备情况以及开箱检查实施计划等内容。开箱方案中时间安排应尽量精确，合理安排开箱检查中各项工作，安全检验机构将对开箱检查工作方案和计划进行审核。

8.4.6 开箱检查前会议

开箱检查前会议是安全检验机构核查报检单位开箱检查准备情况的一项重要工作，报检单位应认真组织准备。报检单位参会人员应当包含实际参与开箱工作的质保、质检、采购、设计等相关人员。开箱检查前会议内容主要包括：

（1）见证检查人员介绍开箱检查目的和内容，确定本次开箱见证检查的比例、箱号及对应设备；

（2）检查报检单位的质保大纲、开箱检查程序和细则的有效性和适用性；

（3）报检单位介绍设备开箱的准备情况（包括设备、人员、工具、文件、流程、检验和试验项目等方面），见证检查人员核查其是否满足质保大纲、开箱检查程序和细则、检验和试验大纲的要求；

（4）见证检查人员核查参与开箱的检查和试验人员的资质情况；

（5）见证检查人员核实报检单位对安检管理要求的落实情况，包括《进口民用核安全设备开箱文件审查单》中有条件放行情况，已完成的开箱活动的开箱记录和开箱报告的备案情况及以往开箱检查过程中发现问题的处理情况，确定本次开箱见证检查需落实的相关问题；

（6）其他管理要求。

8.4.7 记录和报告

开箱检查过程中，报检单位应当如实记录开箱检查内容、检查结果和发现的问题等，出具开箱检查记录。安全检验机构参与见证检查的，在开箱检查完成后，报检单位应当组织相关人员召开检查后会议，双方针对开箱工作进行梳理，见证检查人员通报开箱过程中发现的问题，提出相关的管理要求，并现场出具开箱见证检查记录单。报检单位应在完成开箱后10个工作日内将开箱检查记录和开箱检查报告（报检单位应结合自身实际情况制定开箱记录和报告模板）报送至相应安全检验机构。对于开箱检查过程中未发现问题的设备，报检单位在收到安全检验机构出具的《进口民用核安全设备开箱见证检查报告》后，方可开展下一步工作。

8.4.8 设备管理

报检单位要严格进口民用核安全设备实物管理，根据设备的储存要求设置不同区域分开放置未开箱设备和已开箱设备，并进行有效标识。对于存在不符合项的设备，报检单位还应当按照法规要求进行存放、标识和管理。报检单位要加强设备入库和领用管理，设置进口民用核安全设备入库和领用前置条件，对于未取得《进口民用核安全设备开箱文件审查单》《进口民用核安全设备开箱见证检查报告》的设备不得领用，防止进口民用核安全设备不按法规要求履行安全检验手续的情况。对于含放射性、危化品和危险品的特殊核安全设备，报检单位应按照相关法规要求进行存放、处理，在设备开箱前通知安全检验机构，做好有关防护措施。

8.4.9 设备验收

进口民用核安全设备的验收工作可结合开箱检查一并进行，详见第六章。

8.5 思考题

（1）进口核安全设备开箱见证检查比例要求？

（2）设备开箱检查前会议时，开箱见证检查人员应当核查哪些程序文件？

（3）对于开箱过程中发现不符合项的，报检单位应当如何处理？

第九章 进口核安全设备的补充验证

9.1 引言

2008年以来，国家核安全局先后出台《民用核安全设备设计制造安装无损检验许可证取证申请审批程序》等13份许可证资格审批文件，完善《民用核安全设备目录》，发布《民用核安全设备监督检查大纲(试行)》等3份监督检查和安全检验管理文件，制定《民用核安全机械设备设计和制造活动不能分包的关键工艺和技术》等21份管理要求文件，形成了以行政许可为核心的中国特色核安全设备监管工作体系和制度。

开展监管工作以来，核安全设备监管许可、审评、监督和执法能力稳步提升。近5年，累计开展300余次综合检查和专项检查、4000余次关键工序见证检查，有效加强过程监督。累计对47家单位实施52次行政处罚，吊销许可证2家，行政罚款15家，通报批评26家，坚决落实两个“零容忍”，依法从严处理违法违规行为，强化监管震慑作用。

在不断规范核安全设备质量源头管理的同时，国家核安全局还不断提高事中事后监管力度，试点开展核安全设备安全性能检验和验证工作。按照HAF604中“安全检验可采取独立检验或验证的方式”的要求，结合进口核安全设备采购监造工作短板和国内外设备监管实践，逐步明确进口核安全设备性能验证的原则和条件。每年对约100批次的阀门、铸锻件、传感器等进口核安全设备开展第三方检验验证，发现并处理三菱电缆等重大设备质量问题。同时，探索以过程监督为主，性能验证为辅的国内核安全设备监管方式，试点对部分国产设备开展性能验证。

总体来说，针对设备的性能检验和验证是国内外的普遍做法，在核安全设备监管领域开展性能检验和验证工作是落实核安全法规要求的重要举措，是提高设备质量管理水平、有效防范设备质量风险的有力抓手。通过几年的探索，设备性能检验和验证工作的原则、方式和要求已经初步明确，并被相关单位接受和认可。

9.2 商品检验的设备性能验证

为了维护社会公众利益和进出口贸易有关各方的合法权益，促进对外经济贸易关系的顺利发展，国家市场监督管理总局（原国家质检总局）按照《中华人民共和国进出口商品检验法》及其配套条例和部门规章对列入法定检验目录的商品物项实施进口检验制度，对法定检验目录之外的商品物项实施抽查检验，核承压设备的安全检验不属于质检总局规定的检验范围。

9.2.1 进口商品的抽查检验

在进出口商品检验法及其实施条例的基础上，原国家质检总局制定了《进出口商品抽查检验管理办法》（总局令〔2002〕39号），用于规范和指导针对进口商品的抽查检验工作。根据该办法，国家质检总局对进口商品的抽查检验工作分为计划性抽查检验和专项抽查检验两类。

关于开展抽查检验的原则和对象方面，该办法明确“抽查检验重点是涉及安全、卫生、环境保护，国内外消费者投诉较多，退货数量较大，发生过较大质量事故以及国内外有新的特殊技术要求的进出口商品”，可以看到，抽查检验的重点是后果影响大、质量业绩差和技术成熟度低方面的产品。

对于计划性抽查检验工作，质检总局每年制订并下达进出口商品抽查检验计划，包括商品名称、检验依据、抽样要求、检测项目、判定依据、实施时间等，必要时可对抽查检验计划予以调整，同时可视情况制订专项进出口商品抽查检验计划。

关于抽查检验工作的项目，该办法规定“进出口商品抽查检验项目的合格评定依据是国家技术规范的强制性要求或者国家质检总局指定的其他相关技术要求”。可以看到进出口商品的抽查检验依据标准是我国的强制性国家标准、技术规范或质检总局指定的技术要求。

关于开展抽查检验工作的机构方面，该办法规定“承担抽查检验的检测单位应当具备相应的检测资质条件和能力。检测单位应当严格按照规定的标准进行检测，未经许可严禁将所检项目进行分包，并对检测数据负有保密义务”。从事抽查检验的机构应当是质检系统设置的检验机构或经授权或通过资质认定的检测机构、实验室等。

总体上看，《进出口商品抽查检验管理办法》对进口商品的抽查检验工作原则、对象、检验项目、检验方式和检验机构作出了明确的规定，抽查检验在进口商品检验工作中已经成为一种常见手段和方式，对提升监管工作效能，保障进口商品质量发挥了重要作用。

9.2.2 产品质量的监督抽查

除了出入境检验检疫部门对进口商品实施的抽查检验外，按照《中华人民共和国产品质量法》等法律法规要求，质量技术监督部门（质检系统）为监督产品质量，可以对在我国境内生产、销售的产品进行有计划的随机抽样、检验，并对抽查结果公布和处理。这种监督抽查工作分为由国家质检总局组织的国家监督抽查和县级以上地方质量技术监督部门组织的地方监督抽查。

监督抽查的产品对象主要是涉及人体健康和人身、财产安全的产品，影响国计民生的重要工业产品以及消费者、有关组织反映有质量问题的产品。

在监督抽查的依据规范方面，由国家质检总局依据法律法规、有关标准、国家相关规定等制定并发布产品质量监督抽查的实施规范，作为实施监督抽查的工作规范。组织监督抽查的部门，可以根据监管工作需要，依据实施规范确定具体抽样检验项目和判定要求。对尚未制定实施规范的产品，需要组织实施监督抽查时，组织监督抽查的部门应当制定实施细则。

在承担监督抽查的机构管理方面，国家质检总局或组织监督抽查的部门应当依据法律法规的规定，指定有关部门或者委托具有法定资质的产品质量检验机构承担监督抽查相关工作。委托检验机构承担监督抽查相关工作的，组织监督抽查的部门应当与被委托的检验机构签订行政委托协议书，明确双方的权利、义务、违约责任等内容。被委托的检验机构应当保证所承担监督抽查相关工作的科学、公正、准确，如实上报检验结果和检验结论，并对检验工作负责，不得分包检验任务，未经组织监督抽查的部门批准，不得租赁或者借用他人检测设备。组织监督抽查的部门应当加强对抽样人员和检验机构的监督管理，制定相应的考核办法，对监督抽查实施过程及相关机构和人员开展监督检查。

对于产品质量的监督抽查工作，国家质检总局制定了《产品质量监督抽查管理办法》（总局令〔2010〕133号），对监督抽查工作的原则、组织、抽样、检验、监督和处罚等各项要求进行了明确，从总体上看，与进口商品的抽查检验类似，监督抽查主要也采取了计划性的抽查方式，监督抽查所依据的规范也是我国的强制性标准、规范，承担监督抽查工作的机构也必须取得产品质量检验机构法定资质。

9.2.3 工业品的风险管理

除此之外，2017年4月国家质检总局发布实施《进出口工业品风险管理办法》（以下简称《办法》），加强进口工业品的质量安全风险管理工作，针对进口工业品在安全、卫生、环境保护、健康等方面形成或者可能形成的系统性、区域性危害或者影响进行信息收集、评估、预警和处置。

具体措施方面，质检总局统一管理全国进口工业品风险信息收集、风险信息评估、风险预警及快速反应工作。各地的出入境检验检疫部门负责辖区内进口工业品风险信息收集、风险信息评估、风险预警及快速反应工作。质检总局指定符合规定资质条件的技术机构承担进口工业品风险信息国家监测工作，对特定时段、特定区域内的特定工业品进行风险信息的收集、评估，并提出相应的风险处置建议。建立进口工业品质量安全风险预警平台，依托E－CIQ主干系统，应用信息化技术，收集和发布进出口工业品风险信息。

进口工业品风险信息的来源可以包括：进出口检验监管信息、进出口认证监管信息、检验检测机构提供的信息、境外政府部门通报信息、产品安全事故信息、媒体舆情信息、生产经营者报告信息以及其他风险信息。

报告制度方面，《办法》规定进出口工业品的生产经营者应当建立风险信息报告制度。发现产品存在风险时，应当及时向国家质检总局、检验检疫部门或者国家监测中心报告相关风险信息。检验检测机构开展进出口工业品检验检测业务的，应当建立风险报告机制。

风险评估和处置方面，质检总局、检验检疫部门可以委托技术机构或者组建专家小组对进口工业品风险信息进行评估，出具书面报告。质检总局或者检验检疫部门依照职责对风险评估报告进行研判，根据研判结论作出风险处置决定。需要采取风险预警措施和快速反应措施的，确定并实施相应的措施。风险预警措施包括：（1）向相关检验检疫部门发布风险警示通报；（2）向生产经营者、相关机构发布风险警示通告，提醒或者通知其及时采取措施，消减风险；（3）发布风险警示公告。快速反应措施包括调整检验监管模式，责令生产经营者对存在风险的进口工业品实施退运或者销毁等措施。需要对外发布的信息应当按照质检总局相关规定予以公布。

9.3 国外核设备的性能检验

与我国政府主导的监管制度不同，国际上各国实施的核设备监管制度主要是以落实采购单位主体责任为抓手,政府监管下的第三方机构监督检验制度,在源头、过程和后果管理方面各有侧重。

9.3.1 美国的全过程监管方式

1954 年批准并公布的原子能法是美国对原子能的和平利用和军事用途管理的根本依据。按照 10 CFR 50、10 CFR 21 等联邦法规的规定，美国的有关行业协会（ASME、IEEE、EPRI 等）负责制定规范标准，第三方机构（NBBI、NUPIC 等）进行供应商及其设备开展过程监督、性能检验、质保监查，美国核管会（NRC）负责认可规范标准，视情况对供应商开展监督检查，见证监督第三方机构的检查和检验活动等工作，形成了政府、行业协会和第三方机构共同参与的核设备管理机制。工作制度方面，美国的核设备管理机制主要包括体系认证制度、监督与检验制度、企业信息报送与政府信息披露制度。具体来说：

（1）体系认证制度：为核电厂提供安全级设备的厂商均应建立满足 10 CFR 50 APP.B 的质量保证体系，取得体系认证资质，如设备由未建立核质保了体系的厂商提供，则采购方应对设备开展商品级评定（Commercial Grade Item Dedication，CGD）工作；ASME 协会还承担 ASME 规范第Ⅲ卷核设施部件制造单位资格的评定认可，同时还需对部件设计图纸等文件资料等进行认可；

（2）监督与检验制度：美国 NRC 按照检查手册 IMC 2507 及相关检查程

序 IP43002–43005 对设备厂家开展监督检查工作，检查分为例行检查（Routine Inspection）和专项检查（Reactive Inspection）。美国锅炉与压力容器检验师学会（NBBI）承担承压设备制造过程监督工作，获取 NBBI 检验认可后制造厂才能为设备加盖 ASME 钢印。美国核设备采购委员会（NUPIC）、美国核工业评估委员会（NIAC）等不定期组织包括核电厂营运单位、设备制造厂、第三方机构在内的相关专家对设备供应商开展质保监查工作，评估其质保体系的有效性；另外，NRC 也对第三方机构公正性和合法性进行监督（Third-Party Audit Oversight）；

（3）信息报送和披露制度：按照 10 CFR 21 的要求，从事安全级设备厂商、核电厂营运单位、第三方机构应当将设备制造、运行、监督检验过程中发现的可能引起安全风险的不满足法规要求、存在缺陷的活动及物项问题上报 NRC，NRC 将相关信息和报告在其网站上进行披露，并根据问题的重要程度和影响范围以信息通告（Information Notice，IN）的形式通知有关单位， NRC 每年在其网站上平均披露 130 余条问题信息。

9.3.2 以独立第三方机构验证为主的监管方式

法国、德国和日本等国对核设备实施了政府监管下的、充分发挥独立第三方监督检验作用的管理制度。法国核安全局（ASN）主要通过第三方机构对核设备开展质量监督和检验工作。2005 年 12 月，法国核安全局根据欧盟法令修订发布了法国《核承压设备法令》（ESPN 法令）明确了管理和技术有关监管要求，负责对核承压设备制造质量开展监查。对于非核承压设备制造质量，由法国工业设备安全局（BSEI）负责有关检查工作。根据设备级别，ESPN 法令赋予 ASN 一定的权利，比如可以出席有关机构对厂家设计、生产、最后检验和试验质量管理体系的评估和监督过程；可以视情况委托一个机构对设备进行全面或部分检验（费用则由厂家承担）并出具合格评估报告，加盖国家钢印；委托其认可的第三方机构（包含法焊所、BV 等机构）对承压设备关键制造活动开展监督检查等。对于从境外进口的压力容器，ASN 要求必须遵从与法国 ESPN 有关管理和技术要求。作为营运单位，法国电力集团（EDF）被明确指定为核电厂安全的第一责任方，其下属的专门检查部门（CEIDRE）全面承担 EDF 核电厂用设备制造质量的过程监造活动。对于检查中发现的违规或者重大质量问题，ASN 均会发函（部分函件在官网上公开）督促 EDF 对制造厂的生产安全进行密切监督，直至亲自组织有关技术支持单位开展深入监督核查。

德国技术监督协会（TUV）作为独立第三方机构对核安全机械和仪控设备按照 KTA 标准进行监管，对设备实施独立检验，进行质量认证，对合格产品标注“TUV”标记。德国核安全局对 TUV 的监督检验工作实施监督，审核认可检验的结果。日本核安全监管当局授权“日本发电技术检验协会”作为独立第三方机构对重要核承压设备制造活动中的关键环节进行监督检验，对独立第三方机构的监督检验工作实施监督，审核认可检验结果。

9.4 进口核安全设备的性能验证

与上述国内外监管机构为了防范设备风险开展的主动性、预防性性能检验工作不同，我国进口核安全设备性能检验工作主要是以问题为导向，针对设备性能的补充性检验验证工作，是在采购单位过程管控工作不到位、设备质量出现不良经验反馈的情况下，针对设备性能进行的补充验证，以确认其质量满足有关法规标准和采购技术规范的要求。

进口核安全设备补充验证工作的制度设计充分借鉴参考了我国商品抽查检验和产品质量监督抽查的实践经验，结合目前监管工作的实际需要和能力基础，确定了由进口核安全设备采购单位作为开展验证工作的主体，由具备相应能力条件的第三方机构具体承担补充验证工作，安全检验机构对验证工作过程的实施监督见证的工作方式。补充验证工作的依据和项目主要根据国家核安全局认可的标准规范以及设备采购技术规范确定。

9.4.1 开展补充验证工作的原则

根据核安全法规要求，结合补充验证工作的目的，出现下列情况之一时，报检单位应当对进口民用核安全设备实施补充验证工作：

（1）设备在制造、安装、调试和运行过程中出现重大质量问题或重复出现质量问题；

（2）国家核安全局组织的监督检查过程中，发现与设备安全功能和性能相关的质量问题，且设备质量需进一步验证；

（3）设备运输和储存过程中，出现可能影响设备质量的异常事件；

（4）报检单位未按有关要求对设备实施有效的监造、装运前检验、监装和验收等过程控制工作；

（5）在安全检验过程中发现可能影响设备安全功能和性能的问题；

（6）需要对设备进行补充验证的其他情况。

报检单位通过设备代理商采购进口核安全设备时，采购合同应当由报检单位、设备代理商和境外注册登记单位三方联签。报检单位应当严格落实设备质量管理和过程控制责任，在该合同首批次设备安全检验时开展性能补充验证，安全检验机构可视情况对后续到货的报检设备提出补充验证要求，确保设备质量满足采购技术要求。

9.4.2 申请开展补充验证工作

报检单位在设备安全检验文件申报之前，按照上述原则对是否需要开展设备补充验证工作进行自评价。

经评价需要到核设施现场安装后开展补充验证的设备，报检单位应向国家核安全局提交有关设备的安全检验补充验证申请及工作方案。补充验证申请经批准后，核安全中心根据审查结论开展后续安全检验工作。

对需要在核设施现场安装前开展补充验证的设备，报检单位应在安全检验文件申报时提出有关申请和工作方案，由核安全中心结合安全检验文件审查进行处理。

9.4.3 补充验证方案

报检单位应根据设备技术规格书或有关设计文件，结合设备的安全要求、功能和性能制定补充验证工作方案。补充验证工作可根据实际情况和设备状态采取试验验证、技术评价等方式。

补充验证工作方案应包括验证工作总体安排、设备安全功能和性能描述、验证程序、验证机构资质文件、验收准则及有关异常的处理方式等内容。必要时，补充验证工作方案应经持有相应设备设计许可证或注册登记确认书的单位审查批准。

9.4.4 开展补充验证工作的机构

承担补充验证工作的机构和人员应当具有相应的能力，熟悉有关法规标准、设备技术要求和验证工作方案，熟悉有关仪器和装置的操作。验证工作所用试验装置或分析计算软件应当是成熟的或经过验证的。从事进口核安全设备补充验证工作的机构应当至少满足以下条件之一：

（1）实施补充验证工作的机构开展相应验证试验项目的能力已通过中国合格评定国家认可委员会（CNAS）认可；

（2）实施补充验证工作的机构是进口核安全设备的采购单位，建立了符合HAF003要求的质量保证体系，具备针对其所采购的进口核安全设备开展性能验证的能力且从事过相关验证工作；

（3）实施补充验证工作的机构是境外注册登记单位在我国合法设立的机构，已得到进口核安全设备原设计制造单位的书面授权，同意其开展相关设备的性能验证工作。

9.4.5 补充验证的实施和见证检查

报检单位应在每月25日前向相应检验机构提交次月补充验证工作计划，在补充验证工作开展前5个工作日通知有关检验机构并严格按照已批准的方案开展有关验证工作。

检验机构可对补充验证工作进行见证检查。在核设施场内进行的补充验证工作由辖区地区监督站负责见证检查，在核设施场外进行的补充验证工作由核安全中心负责见证检查。

检验机构进行见证检查时，应当有2名以上（含2名）人员参加。对于补充验证工作持续时间较长的情况，检验机构可视情况分阶段采取选点见证的方式。检查人员应当对见证检查的内容、发现的问题以及处理情况做出记录，并由被检查单位的有关负责人签字确认。在检查过程中，发现问题时，应当扩大检查范围和比例，按照已确定的异常情况处理方案进行处理。补充验证工作完成后，报检单位应形成《安全检验补充验证报告》说明补充验证工作的总体情况与相关试验报告一并报送至相应的检验机构。补充验证工作由境外注册登记单位在国内设立的机构完成时，相关试验报告及结论应由境外单位认可。

9.5 思考题

对比我国产品质量监督抽查和进口商品抽查检验工作，我国的进口核安全设备性能验证（补充验证工作）在工作实施主体单位、检验依据的标准规范和检验机构的资质方面还存在哪些不足?

第十章 机组安全检验总报告

10.1 引言

进口民用核安全设备安全检验总报告的编制工作在法规中有明确的要求，进口民用核安全设备监督管理规定（HAF604）第三十八条规定“国务院核安全监管部门及其所属的检验机构应当在完成文件记录检查、开箱检查、安装和装料前调试阶段涉及安全性能的试验检查后，出具安全检验报告。对安全检验不合格的，民用核设施营运单位不得运行使用。”2017 年发布实施的《进口民用核安全设备安全检验工作程序》中也对机组《进口民用核安全设备安全检验总报告》进行了详细介绍。

核与辐射安全中心安检办根据法规要求于 2012 年完成《宁德核电站 1 号机组进口民用核安全设备安全检验总报告》，为第一份机组《进口民用核安全设备安全检验总报告》，此后，相继完成了《宁德核电站 2 号机组进口民用核安全设备安全检验总报告》、《红沿河项目 2 号机组进口民用核安全设备安全检验总报告》等几十份总报告，对各核电机组进口核安全设备文件审查、开箱检查、安装和装料前调试涉及安全性能的试验检查等过程情况进行了汇总，并出具了相应结论。

为贯彻落实《进口民用核安全设备监督管理规定》，核与辐射安全中心安检办在总结前期机组《进口民用核安全设备安全检验总报告》资料收集、整理、编制经验的基础上，参照最新管理要求和工作实际，制定了《进口民用核安全设备安全检验总报告编制工作指南》，以规范《进口民用核安全设备安全检验总报告》相关资料的收集、整理、编制和应用工作。

10.2 职责分工

《进口民用核安全设备安全检验总报告》的编制工作由生态环境部核设施安全监管司（核一司）进行归口管理，各地区监督站负责出具《进口民用核安全设备现场监督总结报告》，核与辐射安全中心安检办负责主要实施相应的资料收集、整理和编制工作，民用核设施营运单位（其中还包括民用核设施核岛建造总承包单位）负责向核与辐射安全中心提交机组总报告编制过程中所需的资料，总报告编制过程中质量问题的调查和处理按照各单位相应职责进行处理或协助处理。

《进口民用核安全设备安全检验总报告编制工作指南》中详细规定了各单位在机组《进口民用核安全设备安全检验总报告》的编制工作中主要职责：

核一司负责组织管理安检总报告的编制工作；负责组织实施安检总报告编制过程中重大质量问题的调查和处理。

核与辐射安全中心负责接收地区监督站负责出具的《进口民用核安全设备现场监督总结报告》、接收核设施营运单位包括民用核设施核岛建造总承包单位提交的安检总报告文件资料、整理安检总报告文件资料；负责安检总报告的编制；负责安检总报告编制过程中发现问题的处理和重大质量问题的上报和协助处理。

10.3 资料报送

机组总报告编制过程需要进口核安全设备在安全检验各个阶段包括设计、制造、安全检验、开箱、检验试验、安装、调试等各个阶段的信息，然而核安全中心仅能够在安全检验阶段通过审查设备报检文件掌握设备设计、制造阶段质量信息，通过出席核设施场外开箱见证和检验试验见证掌握设备在核设施场外开箱及检验试验阶段的质量信息，其他阶段设备质量信息均需要通过接收营运单位和各地区监督站报送的文件来掌握，如核安全设备在核设施场内开箱、检验试验以及安装调试过程的质量信息。同时，又由于同一机组上述信息通常要涉及几百台甚至上千台设备，安全检验阶段营运单位所报检文件又可能同时包括一个项目的相邻两个机组的设备，因此信息整理和报送的总量是非常大的。因此，为了便于各营运单位和地区监督站收集、整理、归类上述信息，《进口民用核安全设备安全检验总报告管理细则》中详细规定了编制机组总报告所需资料的文件名称、格式等要求。

10.3.1 报送内容

（1）核与辐射安全中心接收核设施营运单位包括民用核设施核岛建造总承包单位的有关资料如下：

1）进口民用核安全设备安全检验记录表（格式见表 10–1）；

2）进口民用核安全设备开箱自查记录和报告；

3）进口民用核安全设备开箱检查阶段不符合项、问题及异常事件统计表（格式见表 10–2）；

4）进口民用核安全设备有条件放行情况统计表（格式见表 10–3）；

5）进口民用核安全设备未履行安全检验情况统计表（格式见表 10–4）；

6）进口民用核安全设备监造总结报告；

7）进口民用核安全设备鉴定情况汇总表（格式见表 10–5）；

8）进口民用核安全设备安装阶段不符合项、问题及异常事件统计表（格式见表 10–6）；

9）进口民用核安全设备调换（报废或替换）情况统计表（格式见表 10–7）；

10）进口民用核安全设备安全性能试验相关的调试试验项目清单（格式见表 10–8）；

11）进口民用核安全设备调试过程中的不符合项、问题及异常事件统计表（格式见表 10–9）；

12）机组装料前调试总结报告；

13）要求提交的其他资料。

报送资料的具体要求如下：

《进口民用核安全设备安全检验记录表》包括营运单位所报检的目标机组所有进口核安全设备安全检验信息，包括设备报检文号、批次号、合同号、设备编码、所属系统、设备类别、安全等级、数量、制造国、制造商、开箱地点、开箱检查日期、开箱见证检查记录单号、开箱见证检查报告号、监督站选点见证情况、开箱自查报告备案号等信息，需要对所有进口核安全设备信息进行全面梳理后得出。

《进口民用核安全设备开箱自查记录和报告》包括营运单位所报检的进口核安全设备在核设施场内和场外进行的开箱活动后，所完成的开箱自查记录和报告，在核设施场外开箱的设备自查记录和报告应在实际开箱后10个工作日内提交核与辐射安全中心，核与辐射安全中心审核出具《开箱见证检查报告》。

《进口民用核安全设备开箱检查阶段不符合项、问题及异常事件统计表》主要用于收集进口核安全设备在核设施场内进行开箱见证检查阶段所发现的不符合项、问题及异常事件情况，主要包括报检信息（报检文号、口岸放行单号等）、设备信息（设备名称、设备编码、安全等级、制造厂商等）、不符合项、问题及异常事件情况与处理情况（问题描述、处理措施、关闭情况等）。

《进口民用核安全设备有条件放行情况统计表》统计内容为在《进口民用核安全设备口岸检查放行单》《进口民用核安全设备开箱文件审查单》和《进口民用核安全设备开箱见证报告》中所设的有条件放行的设备。设备信息主要包括报检信息（报检文号、口岸放行单号等）、设备信息（设备名称、设备编码、安全等级、制造厂商等）、放行条件处理情况（有条件放行原因、放行条件、所处安全检验阶段、放行条件关闭情况、后续措施等）。此表在机组总报告编写过程中将进行重点关注。

《进口民用核安全设备未履行安全检验情况统计表》用于统计目标机组所安装的进口核安全设备未履行安全检验设备情况，主要填报信息包括报检信息、设备信息、未履行安全检验原因及情况说明、后续处理措施等，未履行安全检验属于严重违反法规的情况，要给予重点关注，并须将情况报送至国家核安全局进行处理。

营运单位负责提交的机组《进口民用核安全设备监造总结报告》应当包括设备监造过程的总体情况、质量监督措施（包括合同签订阶段、合同执行阶段、制造准备阶段、设备制造阶段、设备完工阶段），质量问题处理流程、重要设备（包括主泵、蒸汽发生器、稳压器、压力容器、主管道、稳压器波动管、控制棒驱动机构、全厂数字化仪控系统、应急柴油发电机组、电气贯穿件等）的监造情况、监造过程中发现的主要问题及处理情况等内容。

《机组进口民用核安全设备鉴定情况汇总表》主要描述目标机组需要进行设备鉴定的进口核安全设备鉴定情况，表格内容包括设备信息、报检信息、鉴定完成日期或进展情况、监管部门认可情况等。

《进口民用核安全设备安装阶段不符合项、问题及异常事件统计表》主要用于收集进口核安全设备在安装阶段所发现的不符合项、问题及异常事件情况，表格的格式及内容在附件中进行了描述，主要包括报检信息（报检文号、口岸放行单号等）、设备信息（设备名称、设备编码、安全等级、制造厂商等）、不符合项、问题及异常事件情况与处理情况（问题描述、处理措施、关闭情况等）。

《进口民用核安全设备机组间调换（报废或替换）情况统计表》用于统计进行了目标机组间调换、报废或替换的进口核安全设备，表格内容主要包括调换、报废或替换设备信息、报检信息以及进行调换、报废或替换的原因和备案情况，此表在编制机组安全检验总报告过程中重点关注报废和替换设备的原因及情况描述，对于机组间调配设备关注其备案情况。

《进口民用核安全设备安全性能试验相关的调试试验项目清单》主要描述机组进口核安全设备进行安全性能试验调试试验项目，清单内容包括设备名称、设备编码、安全等级、所属系统、调试规程、试验名称等。

《进口民用核安全设备调试过程中的不符合项、问题及异常事件统计表》主要用于收集进口核安全设备在调试阶段所发现的不符合项、问题及异常事件情况，表格的格式及内容在附件中进行了描述，主要包括报检信息（报检文号、口岸放行单号等）、设备信息（设备名称、设备编码、安全等级、制造厂商等）、不符合项、问题及异常事件情况与处理情况（问题描述、处理措施、关闭情况等）。

《机组装料前调试总结报告》是对现场调试的基本状况及其与装料相关系统的调试进展进行的综合评价。

（2）核与辐射安全中心接收地区监督站提交的有关资料：

进口民用核安全设备现场监督总结报告。

按照《进口民用核安全设备安全检验工作程序（试行）》的职责划分，目标机组所在地区监督站主要负责机组进口核安全设备现场开箱见证和性能试验进行监督检查，并编制《进口民用核安全设备现场监督总结报告》对机组建造期间和装料前调试阶段进口核安全设备的安全检验情况进行总结。

10.3.2 报送要求

（1）相关资料内容应该完整、真实、准确；

（2）进口核安全设备不符合项、问题或异常事件记录的内容应包括经返工、返修、替换、报废、照用或进行其他处理的有关问题及事件；所涉及的物项不仅包括整台设备，也包括设备的组成部件；

（3）营运单位负责提交的机组进口民用核安全设备监造总结报告应当包括设备监造过程的总体情况、重要设备的监造情况、监造过程中发现的主要问题及处理情况等内容；

其中重要设备主要包括：主泵、蒸汽发生器、稳压器、压力容器、主管道、稳压器波动管、控制棒驱动机构、全厂数字化仪控系统、应急柴油发电机组、电气贯穿件等。

（4）以机组为单位提交相关报告资料。其中，营运单位负责提交的《进口民用核安全设备安全性能试验相关的调试试验项目清单》和《机组装料前调试总结报告》应于机组装料前调试工作完成后 5 个工作日内提交，其他资料应于机组冷试开始前提交；

（5）地区监督站应于机组热试结束后 10 个工作日将《进口民用核安全设备现场监督总结报告》报送至核一司，抄送核安全中心。

机组安全检验总报告的归口管理部门为核一司，各地区监督站在目标机组热试结束后的 10 个工作日内将其负责完成的《进口民用核安全设备现场监督总结报告》提交至核一司，同时抄送核安全中心，作为机组安全检验总报告编制工作的重要参考文件。

10.3.3 报送格式

资料报送格式见表 10–1~ 表 10–9。

表 10-1 进口民用核安全设备安全检验记录表

序号	报检文号	批次号	合同号	设备编码	所属系统	设备类别	设备名称	安全等级	数量	机组	制造国	制造商	文件审查报告号	开箱地点	开箱检验日期	安检办开箱见证检查记录单号	安检办开箱见证检查报告号	监督站选点见证情况	监督站开箱见证检查报告号	开箱自查记录和报告备案日期	开箱自查记录备案号	开箱自查报告备案号

表 10-2 进口民用核安全设备开箱检查阶段不符合项、问题及异常事件统计表

序号	NCR/问题/异常事件编号	报检文号	口岸放行单号	批次号	发现日期	设备名称	设备编码	所属系统	安全等级	制造国	制造商	机组	产生原因	NCR/问题/异常事件描述	相关处理措施	关闭依据	是否替换或报废	状态

表 10-3 进口民用核安全设备有条件放行情况统计表

序号	报检文号	口岸放行单号	设备名称	设备编码	安全等级	设备数量	制造国	制造商	安全检验阶段	有条件放行原因	处理状态	后续运行中的措施

表 10-4 进口民用核安全设备未履行安全检验情况统计表

序号	报检文号	设备名称	设备编码	安全等级	设备数量	制造国	制造商	安全检验阶段	未履行安全检验原因及情况说明	后续处理措施

表 10-5　机组进口民用核安全设备鉴定情况汇总表

序号	设备类别	设备名称	设备编码	安全等级	物项编码	制造国	制造商	口岸放行单号	到货日期	设备鉴定完成日期	进展情况及存在问题	监管部门审查认可情况	设备鉴定状态

表 10-6　进口民用核安全设备安装阶段不符合项、问题及异常事件统计表

序号	NCR/问题/异常事件编号	报检文号	口岸放行单号	批次号	发现日期	设备名称	设备编码	所属系统	安全等级	制造国	制造商	机组	产生原因	NCR/问题/异常事件描述	相关处理措施	关闭依据	是否替换或报废	状态

表 10-7　进口民用核安全设备机组间调换（报废或替换）情况统计表

序号	报检文号	口岸放行单号	设备名称	设备编码	设备数量	安全等级	制造国	制造商	原因及情况描述	备案情况

表 10-8　进口民用核安全设备安全性能试验相关的调试试验项目清单

序号	设备名称	设备编码	安全等级	所属系统	调试规程	试验名称

表 10–9 进口民用核安全设备调试过程中的不符合项、问题及异常事件统计表

序号	NCR/问题/异常事件编号	报检文号	口岸放行单号	批次号	发现日期	设备名称	设备编码	所属系统	安全等级	制造国	制造商	机组	调试规程	产生原因	NCR/问题/异常事件描述	相关处理措施	关闭依据	是否替换或报废	状态

10.4 报告内容

机组安全检验总报告的章节包括引言和机组概述、机组安全检验范围、安全检验内容、主要问题和异常情况、安全检验结论。

机组安全检验总报告的格式和内容包括：

（1）机组的概况描述

该部分主要对机组的位置、堆型、主要技术特点、承建单位、业主单位、进口核安全设备的情况进行概述。

（2）机组的安全检验过程和安全检验范围

按照《核安全法》《民用核安全设备监督管理条例》及 HAF604 中的要求，境外注册登记单位为我国民用核设施提供的进口核安全设备必须接受国家核安全局及其检验机构的安全检验，同时国家核安全局《关于发布 <民用核安全设备目录（2016 年修订）及有关解释说明> 的通知》（国核安发〔2016〕79 号），明确了监管范围。

该部分主要对目标机组进口核安全设备安全检验文件审查、开箱检查、安装和调试阶段安全性能见证检查的过程、设备类别、数量、核安全级别和境外供货商的情况进行概述。

（3）安全检验内容

该部分主要对进口核安全设备安全检验各个阶段的检查项目、检查关注点、检查放行情况进行概述。报告中进口核安全设备安全检验各个阶段情况如下：

进口民用核安全设备到达口岸前，营运单位应当向安全检验机构提交口岸报检文件。口岸报检文件经审查合格后，安全检验机构签发《进口民用核安全设备口岸检查放行单》。

进口民用核安全设备开箱检查前，营运单位应当向安全检验机构提交开箱申报文件。开箱申报文件经审查合格后，安全检验机构签发《进口民用核安全设备开箱文件审查报告》(2016年3月起变为《进口民用核安全设备开箱文件审查单》)。

开箱申报文件经审查合格后，相关营运单位向安全检验机构提交设备开箱检查申请，安全检验机构进行选点见证检查。

在目标机组设备安装和装料前调试阶段，地区监督站依据监督检查大纲和相关调试试验规程对机组部分进口核安全设备的安全性能试验进行选点见证，并出具现场监督报告。

（4）主要问题及异常情况

该部分主要针对设备制造、安全检验、安装和调试等各个阶段发现的主要问题、不符合项、偏离、异常情况、相应的解决措施及不合格设备情况进行概述，并提出后续需要跟踪的问题和监管建议。

为保证进口民用核安全设备质量满足合同、法规、规范、标准等相关要求，营运单位应针对国外采购的进口民用核安全设备，通过向海外派遣长期或短期驻外设备监造人员实施过程监督，及早发现、预防设备制造阶段的质量问题。在目标机组主要设备制造结束后、机组冷试开始前，营运单位应向核安全中心提交《进口民用核安全设备监造总结报告》对机组中主要进口核安全设备在制造阶段发生的主要问题进行总结。

检验机构对营运单位报送的目标机组进口核安全设备申报文件进行审查，审查人员主要针对设备供应商（包括应当注册登记的分包商）持有注册登记确认书的情况、质量合格证书所述设备信息与报检设备的对应性以及质量合格证书中所述的偏差项及不符合项的关闭情况、设备采购单位（营运单位）对设备的监造和验收有效性、设备出厂试验报告与技术规范的符合性、设备报检文件的完整性及有效性等方面进行核查。对于审查合格设备出具放行单，针对部分需要后续试验验证的设备进行有条件放行。核安全中心和地区监督站分别针对核设施场外和场内开箱设备进行见证检查。

安全性能试验见证检查阶段，核安全中心和地区监督站依据监督检查大纲和相关的调试试验规程对机组中部分进口民用核安全设备的安全性能试验进行选点见证。安全性能试验见证检查过程中，相关进口核安全设备基本能够按照试验要求正确执行其安全功能，部分设备出现的缺陷已按照相关程序的要求进行了处理，设备安全性能经过试验验证是合格的。

在机组首次装料前调试工作完成后，对进口民用核安全设备安装和调试过程中所出现的不符合项以及异常事件进行统计，对这些不符合项和异常事件的处理措施、处理结果和结论进行说明。

根据上述各阶段情况，提出后续需要跟踪的问题和监管建议。

（5）安全检验结论

该部分主要描述营运单位遵守核安全法律法规的情况、安全检验文件审查结论、设备开箱见证检查结论；结合监督检查结果出具安全性能试验见证检查结论；依据进口核安全设备不符合项的处理过程及结论出具不符合项的处理结论；结合地区监督站的现场监督检查结论等出具机组进口核安全设备安全检验总体结论。主要内容如下：

遵守我国法律、法规和核安全管理规定的情况包括是否按照《民用核安全设备监督管理条例》第三十三条以及《进口民用核安全设备监督管理规定》第三十三条、第三十五条和第三十七条进行了进口核安全设备的安全检验申报工作；是否接受了国家核安全局及其检验机构的安全检验。

安全检验文件审查结论包括相关营运单位是否按照 HAF604 第三十三条、三十五条有关规定向检验机构报送了自查合格的口岸报检文件和开箱申报文件；确认申报文件的完整性、有效性和正确性；确认相关文件是否符合 HAF604 中的要求。

开箱见证检查结论内容包括在进口核安全设备开箱见证检查过程中所发现的不符合项是否均已关闭。

安全性能试验见证检查结论包括根据核安全中心和地区监督站对部分设备安全性能试验和调试试验的检查结果，确定机组进口民用核安全设备安全性能试验是否满足要求，出现的缺陷设备是否已按照相关程序的要求进行处理。

不符合项的处理结论包括目标机组进口核安全设备开启的不符合项是否已经关闭，处理过程及结论是否可接受。

总体结论中表明目标机组中属于《民用核安全设备目录》范围内的进口民用

核安全设备是否经国家核安全局及其检验机构已按照《民用核安全设备监督管理条例》的要求实施了安全检验，安全检验过程是否满足《进口民用核安全设备监督管理规定》（HAF604）中的相关要求。经安全检验和机组调试验证合格的进口民用核安全设备是否可以在目标机组中运行使用。

10.5 思考题

营运单位（包括民用核设施核岛建造总承包单位）在机组《进口民用核安全设备安全检验总报告》编制工作中需要提供哪些资料？所需提交的资料时限有什么要求？

第十一章 境外注册登记单位评价

11.1 引言

近年来，民用核安全设备境外注册登记单位（以下简称境外单位）超许可范围供货、违规分包和设备质量不合格等问题屡见不鲜，事中事后监管压力传导不足是主要原因之一。从事中监管看，过程监督检查受人力资源和经费限制，难以进一步加大力度。从事后监管看，此前安检工作与注册登记工作尚未建立联动机制，导致出现安检过程中发现的问题未能及时有效反馈、注册登记审查的重点不够突出等问题。因此，需要创新机制和手段，加强问题反馈和工作联动，实现监管闭环。

2014年8月修订的《进口民用核安全设备境外单位注册登记审批管理程序》中，对境外注册登记单位评价工作进行了明确规定，“安检办应在各单位注册登记有效期届满前6个月向国家核安全局提交对境外单位的评估报告，作为注册登记有效期届满重新申请受理的依据之一”。

为进一步提高进口民用核安全设备监管工作的完整性、针对性和有效性，加强对境外单位的审查管理，核安全中心制定了《境外注册登记单位评价工作管理细则》（征求意见中），以规范境外注册登记单位评价工作。

11.2 许可与注册登记制度

（1）许可与注册登记申请

HAF601 第四条规定：从事民用核安全设备设计、制造、安装和无损检验活动的单位，应当取得民用核安全设备设计、制造、安装和无损检验许可证，并按照许可证规定的种类、范围和条件从事民用核安全设备设计、制造、安装和无损检验活动。相对应的，HAF604 规定：国务院核安全监管部门负责对境外单位进行注册登记管理，并对其从事的民用核安全设备设计、制造、安装和无损检验活动实施监督检查。境外单位应当事先到国务院核安全监管部门申请注册登记。

（2）证书有效期及延续申请

HAF601 规定：民用核安全设备设计、制造、安装和无损检验许可证有效期限为 5 年。《民用核安全设备设计制造安装无损检验许可证延续申请审批程序》（2016 年 7 月修订）中规定，许可证有效期届满 6 个月前，向国家核安全局提交民用核安全设备许可证延续申请材料；未按规定时间提交延续申请的，许可证到期自动废止，若需要继续从事民用核安全设备相关活动的，应按新取证程序重新申请领取许可证。

HAF604 规定：注册登记确认书有效期限为 5 年。《进口民用核安全设备境外单位注册登记审批程序》（2014 年 8 月修订）中规定：注册登记确认书有效期限为 5 年。注册登记确认书有效期届满需要继续从事相关活动的境外单位，应当于注册登记确认书有效期届满 6 个月前，按首次申请时的材料格式要求重新向国家核安全局提出注册登记申请。

（3）相关单位及职责

根据《民用核安全设备设计制造安装无损检验许可证延续申请审批程序》，许可证延续相关单位包括国家核安全局（负责民用核安全设备设计、制造、安装和无损检验许可证延续申请的受理，组织技术审评，履行行政审批），技术审评单位（受国家核安全局委托，承担民用核安全设备设计、制造、安装和无损检验许可证延续申请的技术审评工作），核与辐射安全监督站（受国家核安全局委托，生态环境部华北核与辐射安全监督站对民用核安全设备设计、制造和无损检验许可证延续申请提出监督总结报告，各地区核与辐射安全监督站对民用核安全设备安装许可证延续申请提出监督总结报告）。

《进口民用核安全设备境外单位注册登记审批程序》（2014 年 8 月修订）中规定：境外单位注册登记各单位职责包括，国家核安全局对进口民用核安全设备境外单位注册登记工作实施统一监督管理；负责进口民用核安全设备活动境外单位注册登记申请受理，组织技术审评单位开展对注册登记申请的技术审评，负责注册登记的审批与注册登记确认书的颁发。核安全中心负责境外单位注册登记申请的技术审评工作，向国家核安全局提供技术审评意见和建议；负责行政受理大厅申请材料的初审接收，组织召开核安全专家审评会议以及完成注册登记确认书印制等工作。技术后援单位为境外单位的注册登记审评工作提供必要的技术支持。

因此，关于国内许可证延续工作，有核与辐射安全监督站的参与，但是注册登记工作中，没有核与辐射安全监督站的参与。

表 11-1 许可与注册登记相关要求

	国内单位	境外单位
证书名称	民用核安全设备设计、制造许可证	民用核安全设备境外设计、制造单位注册登记确认书
有效期	5 年	5 年
延续申请类型	民用核安全设备设计制造许可证延续申请	重新提出注册登记申请
延续申请要求	许可证有效期届满 6 个月前，向国家核安全局提交民用核安全设备许可证延续申请材料；未按规定时间提交延续申请的，许可证到期自动废止，若需要继续从事民用核安全设备相关活动的，应按新取证程序重新申请领取许可证	注册登记确认书有效期届满需要继续从事相关活动的境外单位，应当于注册登记确认书有效期届满 6 个月前，按首次申请时的材料格式要求重新向国家核安全局提出注册登记申请
相关单位	国家核安全局 技术审评单位 核与辐射安全监督站	国家核安全局 核安全中心 技术后援单位
续证条件	申请许可证延续的单位，持证期间须有原许可范围内相应的民用核安全设备活动业绩，并且质量史良好。持证期间无完工业绩但签署了正式供货合同或许可证到期时正在开展民用核安全设备活动的单位，经国家核安全局同意后，可在有效期届满后继续完成相关活动；待活动完成并验收合格之后，满足许可证延续要求的可延续相应许可证	重新申请的单位，除应满足首次申请所应具备的业绩等要求并提交相关证明材料外，在注册登记有效期内从事过中国核设施相关核安全设备活动的，应同时提交使用情况评价报告；未从事过相关活动的，应参照首次申请另行提交至少 2 家单位采购需求证明材料
主要关注项	技术审评重点为申请单位持证期间的能力维持情况、核安全法规及许可证条件遵守情况、质量保证大纲运行情况、核安全文化建设情况、活动业绩情况、技术标准及规范执行情况、重大质量问题处理情况、内外部监查及整改落实情况、重要变更情况（许可范围、组织机构、厂房、设备、人员）、相关政府部门及行业对申请单位的处罚奖惩情况等	首次申请时的关注项以及重新申请的境外单位同时应在申请材料中对本单位近五年的变化情况（组织机构、质保大纲及程序、技术人员总数、主要设计及制造负责人变化、设计验证能力、厂房及主要装备、主要检测设备及仪器、资质情况等）等进行说明

续表

	国内单位	境外单位
其他文件	核与辐射安全监督站应结合申请单位持证期间日常监督检查情况编制监督总结报告，主要包括申请单位持证期间的能力维持情况、核安全法规和许可证条件遵守情况、质量保证大纲运行情况、核安全文化建设情况、活动业绩、技术标准及规范执行情况、重大质量问题处理情况、历次监督检查整改落实情况、重要变更情况（许可范围、组织机构、厂房、设备、人员）等方面。核与辐射安全监督站应在国家核安全局受理申请单位许可证延续申请后 4 个月之内提交监督总结报告，提出是否同意申请单位许可证延续的意见和建议	安检办应在各单位注册登记有效期届满前 6 个月向国家核安全局提交对境外单位的评估报告，作为注册登记有效期届满重新申请受理的依据之一

综上所述，国内许可证延续和境外单位注册登记在有效期、递交延续申请时间以及延续条件等方面具有一定的相似性，但是在证书名称和延续的说法和做法上面还是有所区别。许可证延续更倾向于原证书的延续，而境外单位的注册登记的延续更倾向于注册登记的重新申请，二者有所区别；另外是涉及单位的区别，国内许可证延续工作有监督站的参与，要求其结合申请单位日常监督检查情况编制监督总结报告，并提出是否同意申请单位许可证延续的意见和建议。然而对于重新注册登记，程序文件规定了：安检办应在各单位注册登记有效期届满前 6 个月向国家核安全局提交对境外单位的评估报告，作为注册登记有效期届满重新申请受理的依据之一。

从表格中的描述可以看出，对于国内许可证延续申请的单位主要依靠监督站的现场监督检查来确定其持证期间的各方面情况是否满足要求。而受客观条件所限，对全部境外注册登记单位开展全过程的监督显然是不现实的。通过对境外单位提供的核安全级设备进行安全检验来评估境外单位持证期间遵守我国核安全法规情况、业绩情况、质保体系等各方面的情况十分必要。

11.3 境外单位评价工作职责分工

境外单位评价工作目前由生态环境部核与辐射安全中心主要负责开展，核安全中心根据需求对需要重新注册登记的境外单位在持证期间为我国民用核设施提供的设备在安全检验阶段的相关情况进行整理，各报检单位负责向核安全中心提交相关资料，并协助核安全中心处理境外注册登记单位评价工作的中的相关问题。核安全中心的具体工作职责如下：

（1）负责梳理境外单位及其设计、制造的核安全级设备在安全检验过程的相关情况；

（2）负责接收报检单位报送的进口核安全设备核设施场内开箱检查报告和记录及不符合项情况及质量问题；

（3）负责对境外单位开展评价工作，并编制评价报告；

（4）负责评价工作过程中发现问题的处理、重大问题的上报和协助处理。

此处报检单位提交的核设施场内开箱检查报告和记录指的是在核设施场内进行开箱活动的进口核安全设备，这些设备经过了安全检验的文件审查，设备到达核设施场内后，检验机构由核安全中心变为地区监督站，开箱过程由地区监督站进行见证检查。另外，对于开箱、安装、调试过程中发现的不符合项，也需要由报检单位提交给安检办，安检办才能更全面掌握相关境外单位的设备质量信息。

11.4 评价内容

根据 2014 年 8 月修订的《进口民用核安全设备境外单位注册登记审批管理程序》的要求，境外注册登记单位评价主要作为注册登记有效期届满重新申请受理的依据之一，在注册登记受理后的审查工作中将会对境外单位的组织机构、质保大纲及程序、技术人员总数、主要设计及制造负责人变化、设计验证能力、厂房及主要装备、主要检测设备及仪器、资质等近 5 年的变化情况进行审查。安检办所开展的境外注册登记单位评价工作主要依据是境外单位设计、制造的进口核安全设备在安全检验阶段的情况。

境外注册登记单位评价的内容主要包括境外单位在持证周期内遵守我国核安全法律法规的情况、产品业绩情况、质量保证体系的运行情况、产品质量情况及监管部门检查发现或要求整改的其他情况等。

（1）遵守核安全法律法规的情况

在进口核安全设备安全检验阶段，审查单位能够掌握到的境外单位遵守和安全法律法规情况主要包括两方面。一方面是履行我国核安全法规要求的责任和义务，这些责任和义务在境外单位申请注册登记的过程中就进行过承诺，并且境外单位要在设计、制造活动中遵守注册登记确认书中设定的条件，严格按照注册登记确认书中有效期、设备范围、备注信息及单位地址开展活动。另一方面，要评价境外单位是否接受和配合我国核安全监管部门的监督检查，并认真履行监督检查中提出的相关管理要求。根据 HAF604 的要求，境外注册登记单位应当接受国务院核安全监管部门及其派出机构的监督检查，如实反映情况，并提供必要资料。因此境外注册登记单位遵守核安全法律法规的情况主要评估内容如下：

评价境外单位是否认真履行我国核安全法律法规规定的责任和义务，遵守注册登记确认书中设定的注册登记条件等要求；境外单位是否接受和配合我国核安全监管部门的监督检查，并认真履行监督检查中提出的相关管理要求。

（2）产品业绩情况

此部分依据境外单位在持证期间所设计、制造设备履行安全检验的情况，包括申报文号、放行单号、设备所用项目、机组、设备核级、种类、数量等信息。因此，境外注册登记单位评价中产品业绩情况主要评估内容总结如下：

评价境外单位为我国核设施提供的进口核安全设备的业绩情况。

（3）质量保证体系的运行情况

质保体系运行情况无论对于国内单位的许可证的审查与延续还是境外单位的注册登记都是重要的关注点。在进口核安全设备安全检验过程中，境外单位的质量保证体系运行情况主要由完工报告等文件所体现，包括文件的控制、质量计划的制定与实施、试验大纲的编制实施和记录、分包物项的质量控制、不符合项的控制和技术规格书的落实情况等。因此境外注册登记单位评价中质量保证体系的运行情况主要评估内容包括：

境外单位是否在设备设计、制造之前已完成相关设计文件的编、审、批工作，并对文件的变更实施了有效的控制；是否制定了质量计划并有效实施，质量计划与相应的产品是否能够有效对应；是否制定了产品出厂试验大纲和程序并有效实施，形成了可追溯的试验记录和报告；是否对其所采购的分包物项和供应商进行了有效控制；是否对设备制造和测试过程中的不符合项进行了有效控制；是否对技术规格书的要求进行了有效落实。

（4）产品质量情况

此部分评价境外单位所提供的设备质量情况，在此部分要梳理监管机构要求的检验试验情况清单和质量问题清单，真实反映境外单位设备质量情况。因此境外注册登记单位产品质量情况的评价内容总结如下：

评价境外单位所提供的设备质量是否符合相关标准和规范要求，并经过验证；设备在设计、制造及安全检验过程中是否出现了质量问题。

（5）监管部门检查发现或要求整改的其他情况

此部分主要评价境外单位在境外监督过程中违反法规情况及受到监管部门处罚情况，监管部门开展境外监督时对境外单位进行全面检查，也可因设备质量问题、设计缺陷、不遵守标准要求等情况对境外单位进行处罚，这些情况在重新注册登记过程中必将着重考虑。因此监管部门检查发现或要求整改的其他情况部分评价的主要内容为：

境外单位是否存在监管部门境外监督过程中违反法规、标准规范要求的情况；是否被我国核安全监管部门处罚或要求整改。

11.5 评价流程

核安全中心根据境外单位注册登记确认书有效期届满情况和重新向国家核安全局提出注册登记申请意愿情况，制订年度境外注册登记单位评价工作计划；

核安全中心于境外单位注册登记确认书有效期届满 6 个月前启动评价工作；

核安全中心梳理境外单位及其设计、制造的核安全设备在安全检验过程的相关情况；

核安全中心接收报检单位报送的核设施场内开箱检查报告和记录及不符合项情况及质量问题的关闭情况；

根据整理和接收的境外单位资料情况填写《境外注册登记单位评价对照表》，并开展综合评价工作。

表 11–2　境外注册登记单位评价对照表

<table>
<tr><th rowspan="2">评价类别</th><th rowspan="2" colspan="2">评价内容</th><th colspan="2">是否符合</th><th rowspan="2">问题概述</th></tr>
<tr><th>是</th><th>否</th></tr>
<tr><td rowspan="6">遵守核安全法律法规的情况</td><td rowspan="6">履行我国核安全法规规定的责任和义务，遵守注册登记确认书中设定的注册登记条件等要求</td><td>是否遵守注册登记时间</td><td></td><td></td><td></td></tr>
<tr><td>是否遵守注册登记范围</td><td></td><td></td><td></td></tr>
<tr><td>是否遵守注册登记制造地</td><td></td><td></td><td></td></tr>
<tr><td>是否遵守注册登记分包要求</td><td></td><td></td><td></td></tr>
<tr><td>注册登记信息变更是否符合要求</td><td></td><td></td><td></td></tr>
<tr><td>是否遵守注册登记关于采购要求</td><td></td><td></td><td></td></tr>
<tr><td></td><td colspan="2">接受和配合我国核安全监管部门的监督检查，并认真履行监督检查中提出的相关管理要求</td><td></td><td></td><td></td></tr>
</table>

续表

评价类别	评价内容	是否符合		问题概述
		是	否	
质量保证体系的运行情况	在设备生产制造之前已完成相关设计文件的编、审、批工作，并对文件的变更实施了有效的控制			
	制订了质量计划并有效实施，质量计划与相应的产品能够有效对应			
	制定了产品出厂试验大纲和程序并有效实施，形成了可追溯的试验记录和报告			
	对其所采购的分包物项和供应商进行了有效控制			
	对设备制造和测试过程中的不符合项进行了有效控制。			
	是否对技术规格书的要求进行有效落实			
	是否存在弄虚作假、违章操作等行为			
注册登记范围的遵守情况	在其注册登记确认书有效期内，严格按照注册登记范围，为我国境内核设施提供了其生产制造的合格产品			
	注册登记确认书有效期内，供货是无超出注册登记范围的情况			
产品质量	所提供的设备质量是否符合相关标准和规范要求，并经过验证			
	提供的设备在安全检验过程中未出现过重大质量问题			
	未出现过因分包物项的质量问题导致的设备质量不符合技术要求的情况			
监管部门检查发现或要求整改的其他情况	不存在因其他民用核安全设备制造或管理等方面问题而违反法规、标准规范要求，受到我国核安全监管部门的要求整改或处罚的情况			

评价过程中如遇到相关问题，会要求相关报检单位或境外单位进行澄清处理；核安全中心出具评价报告并报送国家核安全局。

11.6 评价报告

境外注册登记单位评价报告内容包括：被评价单位概况、评价依据、评价过程、评价内容、评价结论等。

被评价单位概况为境外注册登记单位的基本情况，包括但不限于：所属国家、成立时间、企业规模、人员规模、涉及领域，首次获取中国国家核安全局颁发的注册登记确认证书的时间、注册登记范围、主要分包项目等。

评价依据包括《中华人民共和国核安全法》《民用核安全设备监督管理条例》《进口民用核安全设备监督管理规定》（HAF604）等国家核安全局颁布的相关法

律法规。

评价过程中需对评价工作的任务来源进行说明，并明确评价工作的开展形式、责任分工、评价成果、完成期限等。

评价内容为按照有关核安全法规的规定，对境外注册登记单位在注册登记有效期内为我国境内民用核设施提供核安全设备的设计、制造、安装、调试、运行及进口核安全设备安全检验阶段要求提交的文件等进行审查，主要包括：遵守核安全法律法规的情况、产品业绩情况、质量保证体系的运行情况、产品质量情况、监管部门检查发现或要求整改的其他情况等。

评价结论中应对境外注册登记单位从遵守核安全法律法规的情况、产品业绩情况、质量保证体系的运行情况、产品质量情况、监管部门检查发现或要求整改的其他情况等几方面的评价进行给出相关结论，明确评价符合要求的情况及不满足情况，给出评价结论和意见建议。

已安检设备批次清单、监管机构要求的检验试验情况清单、质量问题清单、监管机构发现的其他问题清单作为评价报告的附件，其格式见表 11–3~ 表 11–6。

表 11–3 已安检设备批次清单

序号	申报单位	机组	申报文号	放行单号	放行时间	设备类别	设备名称	核级	数量	备注

表 11–4　监管机构要求的检验试验情况清单

序号	申报文号	放行单号	检验试验原因	试验时间	试验内容	试验结果	备注

表 11–5　质量问题清单

序号	问题编号	产生阶段	发生时间	问题描述	处理情况	处理结果	备注

表 11–6　监管机构发现的其他问题清单

序号	问题编号	监管机构	发现时间	问题描述	整改要求	整改情况	备注

11.7 思考题

（1）民用核安全设备许可证延续申请与境外注册登记单位重新注册登记申请的不同点有哪些？

（2）对境外单位的评估报告主要对境外单位在持证周期内哪几方面内容进行评价？

第十二章 进口核安全设备安全检验信息化实践

12.1 管理信息系统简述

1985 年，管理信息系统的创始人美国教授 Gordon B. Davis 对管理信息系统给出了较完整的定义，即“管理信息系统是一个利用计算机软硬件资源，手工作业，分析、计划、控制和决策模型以及数据库 – 人 – 机系统。它能提供信息支持企业或组织的运行管理和决策功能”。

管理信息系统是一个不断发展的新型学科，其定义随着计算机技术和通信技术的进步在不断更新。在现阶段普遍认为，管理信息系统是“一个以人为主导的，利用计算机硬件、软件、网络通信设备以及其他办公室设备，进行信息的收集、传输、加工、储存、更新和维护，以企业战略竞优提高效益和效率为目的，支持企业高层决策、中层控制、基层运作的集成化的人 – 机系统”。

因此，管理信息系统是用于管理的处理信息的系统，通过信息化方式达到服务于管理的目的。管理信息系统的三要素分别是管理、信息和系统。

简单来说，这里的“管理”是指收集信息、分析事物；“信息”是经过加工后能够对决策者的行为产生影响的数据，处于想法和行动之间的媒介，通过信息进行控制的程度体现了管理的现代化水平的高低；“系统”是为了某种目的而相互联系的部件的总体。

因此，管理信息系统是由计算机硬件、软件和数据组成的系统，又是由人、组织和机器组成的系统，它是个社会 – 技术系统，而不是一个单纯的技术系统。

12.2 安检系统的开发

12.2.1 开发背景

12.2.1.1 早期安检申报状况

在安检系统上线之前，安全检验工作的信息化程度较低，在安检工作的申报方式、审评工作量、审评文件流转等方面存在如下困难和问题：

（1）申报方式没有统一，报检遗漏现象时有发生

报检单位进行安检文件申报时，通过电子邮件、邮寄存储媒介（U 盘、光盘）、传真等方式报送电子文件，通过邮寄、现场提交等方式递交纸质文件，造成报检和受理多渠道同时存在，造成报检文件丢失、报检漏报、报检延误等情况，影响了安检工作的开展。

（2）审评工作量显著增加，受理和审评工作繁重

随着我国核电建设的高速发展，在建核电厂和运行核电厂进口的核安全级设备呈现短期集中到货的情况，按照《民用核安全设备监督管理条例》和 HAF604 的规定均必须接受国家核安全局的安全检验，合格后方可安装和使用。因此，作为技术审评和支持单位，生态环境部核与辐射安全中心（以下简称中心）的形式审查和技术审评工作量显著增加，审评和见证工作繁重，人手不足的情况时常发生，严重影响工作开展和审评质量。

（3）审评文件流转较慢，审评效率较低

当时，安检审评、审核和审批实行纸质文件审批，由于审评人员每天需要处理的文件数量较多，导致文件流转较慢、文件遗漏和丢失等情况，影响了整体的审评工作效率。

因此，在当时的情况下，安全检验工作缺少一个互联互通的网络平台，安检信息无法实现及时、充分的上传和下达，制约了核安全设备监管效率和监管力度，不利于我国进口民用核安全设备安检工作的深入开展。

2012 年以来，在国家核安全局的领导和支持下，核与辐射安全中心安检办积极开展安全检验体系的建设，发布了一系列管理程序和文件。这些程序文件对安全检验工作的顺利实施起到了积极的推动作用，同时也为安全检验信息化建设指明了发展方向。

12.2.1.2 行政审批事项网上办理要求

2015 年 2 月，国务院下发《国务院关于规范国务院部门行政审批行为改进行政审批有关工作的通知》（国发〔2015〕6 号）的通知。该通知要求规范行政审批行为，改进行政审批工作，“积极推行网上集中预受理和预审查，创造条件推进网上审批办理”，并规范行政审批行为，提高审批效率，进一步提高政府工作效率和为人民群众服务水平。

“进口民用核安全设备安全检验合格审批事项”作为生态环境部（国家核安全局）的行政审批事项之一，国家核安全局高度重视并积极推进其网上受理和审查工作。

12.2.1.3 安全检验工作流程的规范和优化

2016 年，国家核安全局依据“行政审批事项既不下放、又不委托”的原则，发布了《关于启用“国家核安全局进口民用核安全设备安全检验专用章”并进一步规范和优化安全检验工作流程的通知》（国核安函〔2016〕14 号），规定正式启用安全检验专用章，并对安全检验的工作职责、工作流程、工作接口等方面进行了调整和优化，进一步划清了事权和规范了程序。其中，安检流程优化的重点在口岸放行及开箱文件审批方面进行了调整：

（1）将口岸和开箱文件申报工作合并进行；

（2）安检工作口岸及文件审查由核安全中心出具技术审查意见，局机关审批后加盖“安检专用章”，印送给申请单位。

12.2.2 设计和开发情况

2013 年，环境保护部积极响应国家号召，加快推进环保系统的大数据建设；受国家核安全局委托，中心为了推动民用核设备活动的监管能力建设，启动开发了“核安全监管技术支持系统项目—配套数据库开发”项目，《进口民用核安全设备安全检验管理系统》即为其中的一个组成部分。中心安检办作为该系统的主要用户，对安检系统的开发工作高度重视，为此成立了专项开发组负责此项工作，积极开展安检系统的顶层设计，提出安检工作相关功能和需求，会同中心信息所和软件开发单位推动和完成了系统的开发。

根据安检工作职责分工，安检系统主要服务于报检单位、行政审批单位（国家核安全局）、进口民用核安全设备技术审评和监督检查单位（生态环境部核与辐射安全中心和国家核安全局各地区监督站），安检系统主要功能包括安检申报功能、技术审评功能、监督检查功能、行政审批功能、信息处理功能等。

系统总的开发原则是服务于各相关单位、实现电子化办公、实时数据传输和处理、提高安检工作效率和质量；总的开发目标是呈现给相关工作人员一个界面清晰、环境友好、速度一流的网络系统，为安全检验工作和核行业大数据信息化管理服务。

在安检系统开发过程中，安检办专项开发组积极组织和协调相关单位进行了沟通讨论，保证开发进度和质量满足需求。安检系统开发过程主要时间节点如下：

（1）2015 年上半年，完成安检系统的功能需求分析；

（2）2015 年 12 月，完成安检系统（文件申报模块）的开发、系统测试和培训；

（3）2016 年 3 月，安检系统（文件申报模块）正式上线试运行；

（4）2017 年 3—9 月，完成安检系统的全部开发，完成系统测试和培训；

（5）2017 年 10 月，安检系统全面上线试运行；

（6）2018 年 9 月，安检系统部分功能调整，主要是“文件申报”接入“生态环境部政务服务大厅”（以下简称政务大厅），相关的文件申报工作（包括填报申请表、接收和回复问题单、接收放行文件等）均在政务大厅办理。

安检系统的开发和应用，实现了我国进口民用核安全设备安检工作的网上申报、审评、审批、监督、管理等业务功能，提供了数字化办公环境，提高了行政审批效率和服务质量。以 2018 年为例，该年申报并最终放行的 442 批文件，从形式审查合格到完成技术审评（形成技术审查汇总报告），平均用时 31 天（含审评技术问题单流程），审评时间明显缩短，工作效率得到提高。

安全检验系统在我国首次实现进口民用核安全设备安全检验申报和审批工作的电子化流程，实现高效的信息交流和共享机制，增强了进口核安全设备监管的效率，全面提升了进口核安全设备的监管水平，有利于落实依法从严监管和质量安全的目标，也为我国民用核安全设备的信息化、大数据监管模式奠定了基础。

12.2.3 主要功能

安检系统围绕安全检验工作的主要业务流程展开，主要有：

（1）报检计划：报检单位填写、提交、暂存、修改报检计划，上传安检计划附件；查询计划批准情况；

（2）文件申报：报检单位填写、提交、暂存、修改文件申报信息，上传申报附件；接收技术审评问题、提交技术审评澄清材料；查询和下载《进口民用核安全设备口岸检查放行单》《进口民用核安全设备开箱文件审查单》等放行文件；

（3）开箱见证：报检单位填写、提交、暂存、修改开箱见证申报信息，上传申报附件；接收《进口核安全设备开箱见证大纲》《进口核安全设备开箱见证记录单》；上传开箱自检自查记录和开箱自检自查报告；查看下载《进口民用核安全设备开箱见证检查报告》等结论文件，见证申报查询等功能；

（4）安检总报告资料提交：报检单位填写、提交、暂存、修改安检总报告资料；查询资料提交情况；

（5）数据管理：报检单位查询和导出安检文件申报记录；

（6）通知公告：报检单位查看安检相关的通知和公告，下载导入模板文件。

12.2.4 运行环境

12.2.4.1 硬件环境

（1）计算机最低配置：1 GHz 处理器；1 G RAM 内存；40 G 硬盘；100 Mbps 网卡。

（2）网络环境：安检系统为网页版，登录指定网址后即可连接使用。因此要求计算机连接互联网，建议配置 100 Mbps 及以上网络速度。

12.2.4.2 软件环境

（1）操作系统配置：Windows 操作系统（Windows7 及以上）；

（2）浏览器配置：推荐 360 浏览器（版本 8.0 及以上）。

12.3 安检系统的使用

12.3.1 系统登录

（1）登录和查询

报检单位可以使用 360 浏览器输入安检系统网址（http://123. 124.220.227:8080/NSCAJB/），填写“用户名”“密码”及“验证码”后，即可成功登录系统。

首次登录系统前，报检单位可以联系安检系统管理员，完成用户注册获得本单位的登录账号和初始密码。

报检单位首次登录系统后应点击“修改密码”对初始密码进行修改。报检单位应妥善保管本单位安检系统的用户名和密码，防止泄漏。

点击系统显示的用户名，可以查看当前用户的基本信息，包括用户名、登录名、角色信息等。

（2）常见问题及处理

1）系统无法登录、界面显示异常或无法正常填报怎么办？

用户应选用“极速模式”登录安检系统（见图 12–1）。使用“兼容模式”或IE 浏览器，可能会导致系统界面无法正常显示，无法填报或选择填报信息。

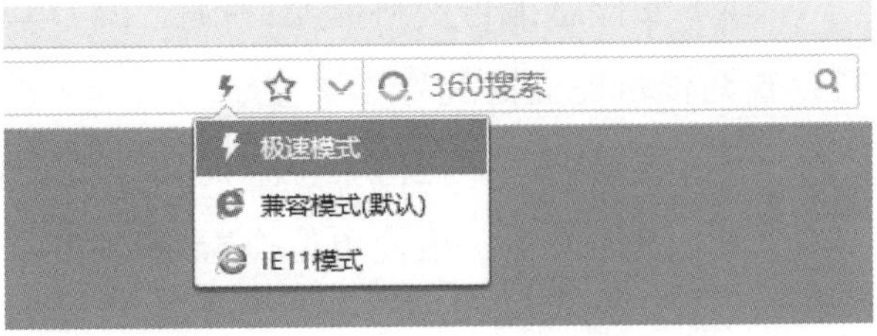

图 12–1　选用“极速模式”

登录后，点击右上方的“更新缓存”按钮，可以清理系统缓存，解决因系统更新后导致的显示异常或其他故障问题。点击【更新缓存】按钮后，请等待弹出提示窗口后再进行其他操作。

由于系统升级或网络服务器维护等原因也会导致无法正常登录，请留意安检办的有关通知。

2）用户忘记安检系统的登录密码怎么办？

请联系安检系统管理员。登录密码将重置为初始密码 abc123。

3）如何创建新的登录账号？

目前安检系统中为每个报检单位预设 2 个登录账号。如需更多帐号，请联系安检系统管理员进行创建。

12.3.2 报检计划申报

按照申报管理的相关要求，报检单位通过安检系统提交次月安全检验文件申报计划（包括文件、开箱和检验试验计划），并上传《安全检验文件申报计划汇总表》《报检设备信息表》和相应装箱清单等附件。对于填报不符合要求的，报检单位应根据安检办联络员的修改意见进行修改。安检计划符合要求的，报检单位可以在系统中查询计划的批准情况。

（1）填报和修改报检计划

报检单位点击“报检计划”，打开“报检计划申请单”，点击“启动报检计划”进行报检计划的申请。

报检单位选择“申报月份”、填写文件申报、开箱和检验试验计划，并点击“增加”上传文件申报计划的附件，点击“提出报检计划”即可。如暂未填好相关表单，可以点击“暂存”保存已填写的报检计划内容（见图 12–2）。

图 12–2 填报申报计划

填写文件申报、开箱和检验试验计划时，也可以点击“导入”，点击“增加”选择已填写好的申报计划文件，点击“导入”，并出现“导入成功”的提示，即可完成批量导入内容。

由于导入操作简单，可以提前进行文本编辑且不受填报过程网络因素影响，因此对于申报较多的批次的计划，推荐采用导入方式进行填报。导入模板可以在“通知公告”的“模板文件列表”进行下载。

报检单位应在每月 25 号之前在安检系统中填报次月安全检验文件申报、开箱和检验试验计划，填报内容应与提交的申报计划附件的内容保持完全一致。

报检单位应根据“待办任务”中关于申报计划的审查意见对申报计划进行修改，并再次提交。

（2）查询报检计划

在报检计划列表中可以查看文件报检计划列表、开箱见证计划列表及检验试验计划列表。可以根据“申报时间”查询安检计划申报情况，根据“计划状态”查看安检计划的批准情况。

（3）常见问题及处理

系统下拉框中没有可供选择的核电项目怎么办？

用户可以在搜索框中输入核电项目名称，即可弹出对应的核电项目（见图 12–3）。请注意，“核电项目”为必填信息，必须在下拉框选项中点击并选中对应的核电项目，所选填信息才能录入系统中。

经搜索后仍未出现相应的核电项目，请联系安检系统管理员进行添加。

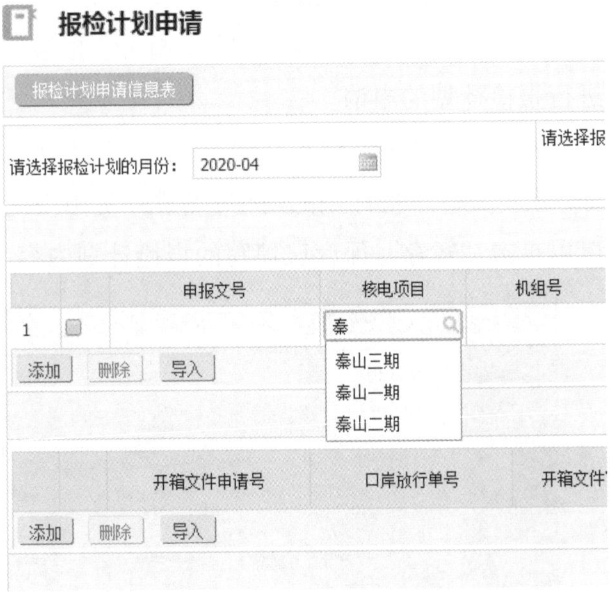

图 12–3　查询核电项目

12.3.3 文件申报

按照申报管理相关要求，报检单位应通过安检系统提交安全检验文件申报材料。对于填报不符合要求的，报检单位应根据安检办联络员的形式审查意见进行修改并重新提交。形式审查符合要求的，申报文件即进入技术审查环节。在审评过程中收到审评问题单后，报检单位通过安检系统接收审评问题单，并提交问题单澄清文件。行政审批完成后，报检单位可以通过安检系统接收放行文件。

（1）登录政务大厅

报检单位使用 360 浏览器（选择“极速模式”）登录生态环境部政务服务大厅网址（http://zwfw.mee.gov.cn/）进行用户注册，并完成安检系统对应帐号的绑定。填写政务大厅注册用户名、密码及验证码，即可成功登录文件申报界面。

登录政务大厅后，点击“核与辐射类”，选择“13011 进口民用核安全设备安全检验合格审批”事项，点击“事项申报”进行办理。

（2）填写和上传

报检单位应在安检系统中填报口岸报检申请表、报检说明表、对外贸易合同摘要、开箱报检申请表、开箱自查报告附表等页面相关内容，点击“上传附件”上传文件申报的附件，点击“提交申请”即可。如暂未填好相关表单，可以点击“暂存申请”保存已填写内容（见图 12–4）。

同样，为了提高填报工作效率，在文件申报中也推荐使用导入功能。在填写

图 12-4　文件申报填报

口岸报检说明表、合同摘要、合同信息时以及开箱自查报告附表的相关内容时，使用导入功能，在出现“导入成功”的提示后即表示完成了批量导入操作。导入模板可以在“通知公告”的“模板文件列表”进行下载。

报检单位应按照申报指南的要求对十七份申报材料进行文件命名，在口岸报检申请表的页面提交上报函等六份口岸申报材料，在开箱报检申请表的页面提交开箱报检申请表等十一份开箱申报材料，上传的附件的信息量应小于 500 MB。

报检单位提交申请后，申报文件经形式审查合格的，对应的“当前状态”为“已受理”，即表明申报文件进入技术审查阶段。点击“申报编号”，可以查阅相应的形式审查意见单。

申报文件经形式审查不合格的，对应的“当前状态”为“重新提交”。报检单位应根据政务大厅中的“在办件事项列表”中关于申报文件的形式审查意见对申报文件进行修改，并重新提交。

（3）澄清技术审查意见

报检单位可以通过安检系统查收申报文件技术审查意见附件，点击“增加”

上传澄清附件，点击“提交”即可。如暂未完成，可以点击“暂存”保存已填写内容。

（4）接收放行文件

行政审批完成后，报检单位可以通过安检系统查询申报文件“当前状态”为“已放行”。点击对应的“申报编号”，并点击“结论文件”，进入结论文件接收界面，即可下载口岸检查放行单和开箱文件审查单。

（5）常见问题及处理

1）文件申报时没有可供选择的申报文号怎么办（见图 12–5）。

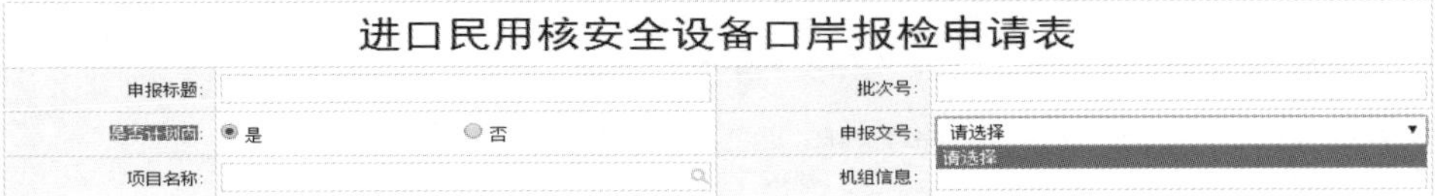

图 12–5　文件申报时选择申报文号

用户可以在计划申报中查询安检计划的批准情况，确认是否已列入次月安检计划。

2）系统下拉框中没有可供选择的“制造国及厂商”和“设计单位”怎么办？

用户可以在搜索框中输入境外制造商的注册登记确认书编号或制造商名称，即在下拉框中显示（见图 12–6）。在下拉框选项中点击并选中对应的制造商名称，所选填信息才能录入系统中。

经搜索后仍未出现制造商名称，请联系安检系统管理员进行添加。

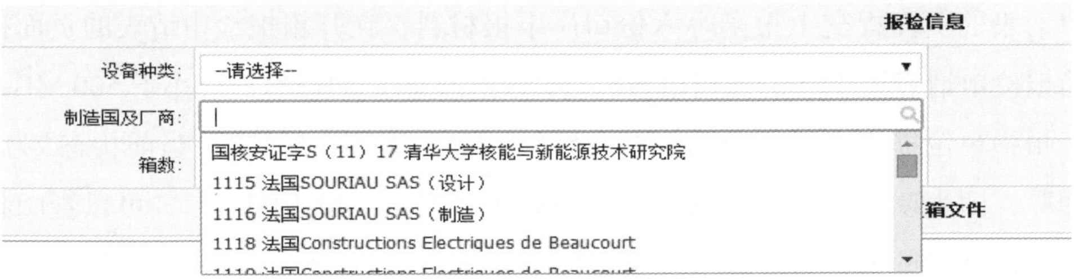

图 12–6　查询注册登记确认书

12.3.4 开箱见证

按照相关申报要求，报检单位应通过安检系统提交安全检验开箱申请材料。对于开箱见证申请不符合要求的，报检单位应根据安检办联络员的审查意见进行修改并重新提交；符合要求的即进入开箱见证环节。在开箱过程中，报检单位通过安检系统接收开箱见证检查大纲、安全检验记录单，并提交开箱自检自查记录和报告，接收开箱见证检查报告。

（1）开箱见证申请的填报和修改

报检单位登录安检系统后，依次选择“开箱见证” – “开箱活动申请单”，点击“启动开箱见证”，填写见证报检申请单。

报检单位选择“申报类型”、填写申请见证地点、见证时间，选择“开箱文件审查单编号”，填写设备信息，并点击“上传开箱活动申请附件”上传开箱见证的附件，点击“提交申请”即可。如暂未填好相关表单，可以点击“暂存申请”保存已填写的内容（见图 12–7）。

图 12–7　填写见证申请表

对于开箱见证申请不满足要求的，报检单位应根据“待办任务”中关于开箱申报的审查意见对开箱申请进行修改，并再次提交。

（2）接收开箱见证大纲

开箱见证提交后，安检办见证人员出具开箱见证大纲，报检单位登录系统后，可以在“待办任务”接收开箱见证大纲，并点击【确认接收】完成开箱见证大纲接收。

（3）提交开箱自检自查记录和报告

见证工作完成后，安检办见证人员将出具安全检验记录单。报检单位可以在“待办任务”中选择需要出具报告的任务，并上传开箱自检自查记录和自检自查报告，点击【提交】按钮，提交相应的记录和报告（见图 12–8）。

图 12-8　提交开箱自检自查报告

（4）接收开箱见证检查报告

报检单位可以在安检系统的“待办任务”中查询安检办出具的开箱见证检查报告情况。

点击相应的待办任务后，点击“开箱见证检查报告”进行下载，点击“确认接收”完成见证工作。

（5）常见问题及处理

申报开箱时没有可供选择的放行单文号怎么办（见图 12-9）？

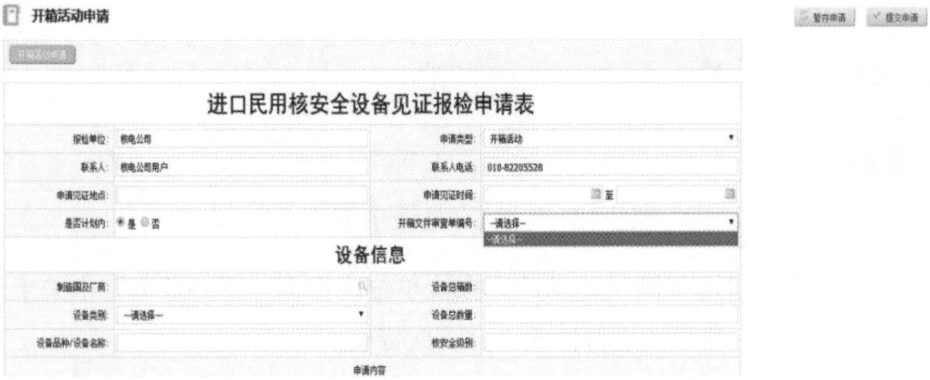

图 12-9　申报开箱时选择放行单文号

用户可以在计划申报中查询开箱见证计划的批准情况，确认是否已列入次月安检计划。

12.3.5 安检总报告资料报送

报检单位应按照安检总报告资料报送的管理要求，通过安检系统提交机组的安全检验总报告资料。对于填报不符合要求的，报检单位应根据安检办的审查意见进行修改并重新提交。形式审查符合要求的，申报文件即进入技术审查环节。在审评过程中收到审评问题单后，报检单位通过安检系统接收审评问题单，并提交问题单澄清文件。行政审批完成后，报检单位可以通过安检系统接收放行文件。

报检单位点击“安检总报告”，打开“安检总报告列表”，点击“启动安检总报告”进行安检总报告资料报送工作。

报检单位填写安检总报告资料相关信息，点击“增加”上传附件，点击“提交”按钮进行提交即可（见图 12–10）。如暂未完成，可以点击“暂存”保存已填写的内容。

图 12–10　提交安检总报告资料

12.3.6 数据管理

报检单位点击“数据管理”，打开“安全检验数据统计”，可以查询提交的文件申报情况，并通过“导出 Excel”进行数据导出。

12.3.7 通知公告

用户点击“通知公告”查看公告信息，下载公告附件。

用户可以在“模板文件列表”下载文件申报模块填报时需要导入数据的模板文件。

12.3.8 系统技术支持

如果使用安检系统时出现异常问题，请联系系统管理员和软件工程师，及时反馈相关问题，系统管理员电话 010-82203502，lichan@chinansc.cn；软件工程师邮箱 yan_jifu@founder.com.cn。

12.4 思考题

（1）什么是管理信息系统？三要素是什么？

（2）安检系统的主要服务对象是什么？

（3）安检系统的主要功能是什么？

（4）通过安检系统可以提交的安检计划是哪几种？

（5）通过安检系统提交文件申请时，申报文件应编为多少份文件？申报附件的大小应不超过多少？

（6）通过安检系统可以提交的开箱和见证申请类型是哪几种？

（7）对安检系统的功能和使用方面有哪些改进意见和建议？

第十三章 进口民用核安全设备安全检验经验反馈

13.1 概述

2018年颁布实施的《核安全法》第三十五条明确规定“国务院有关部门应当建立核安全经验反馈制度，并及时处理核安全报告信息，实现信息共享”“核设施营运单位应当建立核安全经验反馈体系”。据此，国家核安全局先后出台一系列运行核电厂的经验反馈工作管理文件，明确运行核电厂的经验反馈工作制度和要求，并通过“国家核安全局经验反馈平台”实施管理，同时结合经验反馈信息通报机制，初步形成我国核电厂经验反馈工作体系。国家核安全局依托经验反馈工作平台对国内外核电厂发生的各类典型事件开展经验反馈工作，对我国核电厂提出管理和技术方面的安全改进措施，使我国运行核电厂的安全水平不断提高。

依托于核安全设备的许可、监督和安全检验监管工作，国家核安全局对核安全设备质量问题的经验反馈制度逐步完善，相关经验反馈工作日见成效。经验反馈工作成为核安全设备监管工作的重要环节，是提升监管效能、防范问题重发的重要手段。

近些年来，生态环境部核与辐射安全中心依托进口核安全设备的安全检验管理工作，逐步开展进口核安全设备的经验反馈工作。一方面，按照国家核安全局的经验反馈工作管理要求，核安全中心在安全检验工作中持续加强对核安全设备经验反馈成果的应用。另一方面，核安全中心深度挖掘进口核安全设备质量情况信息，定期编撰《进口核安全设备安全检验工作检验反馈汇编》，对大量进口核安全设备的各类典型问题进行分析和总结，并提出反馈建议，其中包括核安全级DCS系统柜间电缆绝缘电阻常数低、主泵泵壳PT检测超标、蒸汽发生器水室封头室温拉伸试验不合格等重要质量问题。经过不断的制度建设和完善，核安全中心目前已形成“收集、分析、上报、应用、总结”五位一体的进口核安全设备经验反馈信息管理体系，有关经验反馈报告成果及时报送国家核安全局、营运单位、采购单位和境外供货单位，为各单位制定管理措施、有效防范风险、提升设备质量提供了重要参考。

本章收录了自2012年以来具有代表性的进口民用核安全设备质量问题案例，其中大部分是安全检验工作中发现的核安全设备技术要求未充分落实的问题，有些问题的影响范围较大，处理过程也相对复杂。通过对这些案例进行深入剖析，旨在进一步发挥经验反馈的借鉴、指导作用，提高从业人员的风险防范意识，促进核安全设备质量管理水平的全面提升。

13.2 设计验证不充分

《民用核安全设备监督管理条例》第二十七条要求：民用核安全设备设计单位应当对其设计进行设计验证。《进口民用核安全设备监督管理规定》第二十六条要求：民用核设施营运单位应当对进口民用核安全设备设计活动的质量进行验证。尽管上述文件发布实施已经十余年，但进口核安全设备在安全检验工作中暴露出的因验证不充分导致的设备质量问题仍较为突出，其中不乏多机组设备供货期间所发生的共性事件。

13.2.1 案例

13.2.1.1 阀门阀瓣开裂及呼吸孔漏气共模事件

2015年，根据地区监督站反映阀门供应商法国V公司为我国多个核电项目供货的气动截止阀出现了漏气、阀瓣开裂及锈蚀缺陷等问题，很可能为该类型阀门的共模质量故障问题。为全面了解事件发生的根本原因、影响范围、处理进展，及时为决策层提供监管建议和应对措施，核安全中心按照国家核安全局工作任务要求对事件进行了调查分析，截至8月调查工作基本结束。调查发现，发生阀瓣开裂问题的阀门集中在口径范围为 DN15、DN20 和 DN25 的小口径气动截止阀，其他类型阀门未发现此类质量问题；发生气动装置呼吸孔漏气的气动截止阀数量较多，但是气动装置呼吸孔泄漏率均小于 16.7 N.mL/min，分析认为不会导致阀门功能丧失或影响阀门开关动作，且缺陷不会扩大。

经调查分析，发生质量问题的原因可归结为：

（1）设备供货商针对该类型阀门的设计存在缺陷。阀瓣和气动装置的设计类型、制造及检验工艺均未严格进行评定和验证，导致问题发生；

（2）设备制造过程的质量控制环节存在不足。设备制造过程中及完成后，未严格进行质量检验，导致问题发生；

（3）采购方未对设备进行有效监造及验收。由于该环节存在缺失，导致带缺陷的设备顺利出厂。

针对这一性质严重的共性质量事件，国家核安全局对法国 V 公司在全行业予以通报批评；同时督促核设施营运单位及设备采购单位按照阀门的重要程度与问题阀门的相似度等原则制订计划进行排查；进一步加强对进口核安全设备的安全检验，适当加大独立验证的力度和频度。

13.2.1.2 PV69 阀门鉴定试验不符合要求

2016 年 4 月 25 日，报检单位向核安全中心提交了 2 批某项目核 3 级给水调节阀的安全检验文件申报材料。经审查发现，设备制造阶段产生的两个不符合项未关闭。根据不符合项显示，该批 PV69 阀门抗震鉴定试验中固有频率不满足技术文件规定的大于或等于 33 Hz 的要求。阀门供应商美国 F 公司拟在阀门弹簧壳体位置增加外部支撑的方式来解决此问题，并出具了抗震分析计算报告（D 版），分析结果显示该方案可使阀组的固有频率满足技术要求。但美国 F 公司未出具针对产品阀门的设计变更文件，也未对外购的支撑设计文件进行审查确认。考虑到增加外部支撑的设计变更尚未固化，且该方案未得到工程总包方美国 W 公司和业主方的确认，国家核安全局对这 2 批报检文件予以退回。

2016 年 11 月 9 日，报检单位重新上报 PV69 阀门的申报材料。其中，不符合项升版并处理关闭；美国 F 公司升版了抗震分析计算报告（F 版），升版后的计算分析排除了焊接过渡区影响，结果满足了大于或等于 33 Hz 的要求。对此，工程总包美国 W 公司根据升版后的计算分析合格的结论，对不符合项给出了原样接收的处理意见。

针对上述设计重复变更的问题，审评人员要求报检单位将详细情况上报国家核安全局。国家核安全局组织技术支持单位中机生产力促进中心和苏州热工院有限公司进行审查，为保证阀门的安全裕度，结论为采取增加外部支撑方案。

按照审查意见，报检单位与美国 F 公司沟通，确定了外部支撑件的型号，并决定向美国 L 公司进行采购。阀门供应商美国 F 公司完成增加外部支撑后的整体评估分析，结论满足技术要求。此外，阀门的其余鉴定试验如抗震鉴定，功能性鉴定等已完成，均满足设计要求。

13.2.1.3 DCS 系统机柜部件鉴定相关问题

2014 年 1 月 8 日，核安全中心收到报检单位提交的某项目 3 号机组安全级仪控系统机柜（DCS）的开箱申报材料。该供应商供货的 DCS 系统在我国核电厂中广泛应用。在之前多个机组的设备开箱申报审查过程中，审查人员已经对该系统的机柜单体测试、通道和系统集成测试、安全功能和性能测试等报告进行过审查。因此，针对本批报检材料，审查人员重点关注了：

（1）报检设备与之前鉴定设备的一致性问题；

（2）报检设备中非 Meltac 平台范围的元器件的鉴定问题。

经过文件审查，审查人员发现：

（1）在 DCS 系统 RPC 和 ESFAC 机柜设备清单中出现了部分未包括在 Meltac 平台鉴定设备清单中的设备及元器件，主要包括 Power Distribution Panel、Serial Communication Branch 等设备和元器件；

（2）机柜中部分设备与 Meltac 平台已鉴定的设备型号不一致，例如 Optical Switch Unit，报检设备清单中的型号为 STT-S4740，而已鉴定的型号为 RJMA-02。

2014 年 1 月 23 日，报检单位提交了关于上述问题的回答。经过其核查确认，在本批设备中包含了部分未在 DCS 已鉴定设备清单中的元器件及结构件（见表 13–1），主要包括：

表 13-1 部分未在 DCS 已鉴定设备清单中的元器件及结构件

名称	型号	厂商
Power Distribution Panel	749JND-L04	Mistubishi
Relay	SL-213N95	Mistubishi
Serial Communication Branch	518AHOND-L01	Mistubishi
Relay	TMY4Z DC24V	OMRON
Surge Absorber	57513A18	Panasonic
CPU Card Frame	829JND-L01	Mistubishi
Power Supply	HWS100-48	TDK Lambda

报检单位对供应商鉴定样机的图纸及材料清单进行了核查，确认除型号为 HWS100-48 的电源模块和型号为 SL-213N95 的继电器外，其他元器件在 DCS 机柜鉴定时已安装在机柜中，随机柜一起完成了鉴定试验。HWS100-48 的电源模块尽管没有安装在鉴定样机中，但与其同系列的 HWS100-24 电源模块已完成了鉴定，根据供应商的分析，HWS100-24 可以代表 HWS100-48。型号为 SL-213N95 的继电器可以被型号为 SR-N8 的继电器代表，SR-N8 型继电器已安装在鉴定样机中。

针对部分设备与 Meltac 平台已鉴定的设备型号不一致的问题，报检单位也进行了梳理，确认在本批设备的元器件型号中出现了供应商内部的订单编号，“STT-S4740”实际为 Optical Switch Unit 的内部订单编号，该器件型号应当为 RJMA-02。

审查人员对上述问题回答及相关文件进行了审查，认为对于电源模块，三菱电机在实际产品中采用了与鉴定样机不同的元器件，尽管其为同系列产品，但其代表性需要进行分析。对于 SL 和 SR 型的继电器，则其结构、重量、工作方式和接线方式均不同，SL 为机械式继电器，SR 则为电磁继电器。因此审查人员认为 SL 型继电器不能被 SR 型继电器所代表。报检单位认可了审查人员的观点。

2014 年 4 月 4 日，报检单位向核安全中心提交了《关于提交 ×× 项目 3 号机组安全级 DCS 1E 级电气部件鉴定情况说明的函》，其中报检单位和供应商完成了以下工作：

（1）对相关鉴定文件进行升版，对于已有文件能够证明包括在鉴定样机中参与鉴定试验的元器件，在鉴定器件清单中进行了补充；

（2）对鉴定过程中由其他型号设备代表的 DCS 设备和元器件，供应商在鉴定文件中补充了代表性分析报告；

（3）对于经审查和分析认为不能被其他设备代表的元器件，补充进行了鉴定试验。

至此，相关问题关闭，国家核安全局对相关设备的报检申请予以了放行。

13.2.2 经验教训

从本节案例来看，设备设计验证不充分容易导致共模故障事件，构成事件发生的主要因素有：

（1）设备供应商针对该类型设备的设计存在缺陷；

（2）设备的设计类型、制造及检验工艺未严格进行评定或验证；

（3）部分设备的设计变更缺少评估和验证；

（4）供货设备与其鉴定样机不一致。

这些典型的共性质量问题折射出一些深层次的问题，值得各相关单位和核安全监管方深思，具体可以归结为以下几点：

（1）全面强化落实营运单位管理责任

核设施营运单位及设备采购单位应该切实履行电厂核安全的全面主体责任，在设备供货商选择、评价、质量过程控制、出厂验收等各个环节加强控制，监查供货商核质保体系运行情况，彻查各个环节的隐患，不留死角，确保所供的设备质量能够满足采购要求，确保最终的核安全。

（2）明确进口核安全设备活动监管要求

补充关于设备设计验证独立性、检查活动独立性、文件控制、检验和检查可追溯性、不符合项控制等方面的质量保证要求，结合国际实践，形成针对进口核安全设备活动的质量保证要求。分类制定进口核安全设备不可分包的关键工艺清单，督促营运单位加强针对进口核安全设备分包活动的管理工作。制定进口核安全设备设计变更和重大不符合项报告管理细则，明确营运单位对进口核安全设备设计变更和重大不符合项的管理责任和要求。

13.3 技术要求落实不到位

“工欲善其事，必先利其器”，核电厂的安全运行、经济高效必须依靠可靠的系统和设备。从设备的角度看，核电厂安全、经济目标的实现需要各环节共同努力、分工协作，即设计者为设备设置恰当的技术指标和目标，生产者通过制造手段实现这些指标和目标，检验者通过跟踪、检验手段佐证、核实这些指标和目标获得实现。核安全设备作为核电厂系统的底层单元，需要经历从核电厂设计、设备初始和详细设计、到主体制造、部件制造、整体组装以及出厂试验再到安装、调试和运行的冗长过程，技术要求在各环节之间的传递落实一旦出现脱节或纰漏，会带来设备的质量风险，从而给核电厂带来潜在的安全风险。本节主要介绍设备在设计和制造环节技术要求落实不到位的案例分析和经验反馈。

13.3.1 案例

13.3.1.1 余热排出泵设计变更控制措施不当

2014 年 5 月 19 日，核安全中心在审查某项目 1、2 号机组 3 台 1E 级 K1 类余热排出泵的报检材料时发现，由于泵组配套电动机原供应商未能取得境外供应商注册登记确认书，因此实际报检的电动机为报检单位向取得电动机制造资质的法国 J 公司采购的替代设备，相关泵组未配套该批电动机在出厂前完成泵组的性能试验。报检单位依据余热排出泵技术规格书（2009 年，英文版）对相关问题进行澄清，解释技术规格书中未要求每台泵均与其配套的电动机完成一配一出厂试验，采用配套电机完成出厂试验在技术规格书中仅是优先方案，不是强制性要求，同时承诺对该项目 1、2 号机组中的最后一台余热排出泵组采用其配套的电机进行完整的出厂性能试验。

2014 年 7 月 4 日，报检单位提交了该项目 2 号机组余热排出泵的报检材料。经审查发现，所申报的余热排出泵并未与其配套的电机进行完整的出厂性能试验，不符合余热排出泵技术规格书设计修改通知单中“每台泵都应在发运前用其本身配用的电动机在试验回路上进行试验”的要求。经进一步核查，报检单位早在 2010 年 4 月 19 日已对余热排出泵技术规格书（2009 年，中文版）进行了设计变更（已发出设计变更通知），其中一条修改意见已将“泵与电机配套进行出厂试验”的要求修改为“每台泵都应在发运前用其本身配用的电动机在试验回路上进行试验”。经梳理发现，在前期报检以及问题澄清过程中，报检单位相关人员始终未提交设计变更单，未提及余热排出泵技术规格书设计变更通知单中关于工厂性能试验的变更内容，亦未提及核电业主于 2013 年向国家核安全局报送的《关

于 ×× 核电项目装料前恳请使用英国 ××× 电机的请示》中“承诺 2 号机组的余热排出泵与其配套电机配合完成所有工厂试验，合格后发货”的请示事项。

鉴于报检单位申报的某项目 1、2 号机组余热排出泵及其配套电动机未进行完整的工厂试验，不符合设计变更后的技术规格书要求，违反了《民用核安全设备监督管理条例》第二十八、二十九条中的有关规定；安全检验申报过程中报检单位未提供真实资料、如实反映情况，违反了《进口民用核安全设备监督管理规定（HAF604）》第二十三、三十三和三十五条的有关规定，国家核安全局撤销了已经放行的许可并暂停了相应余热排出泵的相关工作。

该事件发生后，经过多次专家审评会和专题会的专家咨询和评估，考虑到 2 号机组的一台泵与电动机已经完成了工厂性能试验，且试验结果合格，国家核安全局认可 1 号机组相关设备在核设施厂内完成补充试验的方式，可以继续开展安装和调试工作，并同意 2 号机组第一台设备在安全检验文件审查合格后在核设施厂内完成补充试验，且合格后安装使用。

13.3.1.2 蒸发器水室封头力学性能不符合

2014 年 2 月 19 日，在对日本 J 公司供货的重大专项 2 号机组 1 台蒸汽发生器水室封头 B 的理化及力学性能检验试验见证检查时发现，该封头的室温拉伸试验抗拉强度（结果为 610 MPa，取样位置为 $T \times T/4$；T 为锻件调质热处理时的最大厚度）不符合采购规格书的要求（要求值 620~795 MPa），也不同于设备供货商出厂试验报告中给出的结果（结果为：622 MPa，623 MPa，取样位置为 $T \times T/4$）。

针对上述问题，报检单位对试验设备、条件、过程进行了复查，均未发现异常情况。基于境外供应商提供的产品数据，设备采购规格书中关于“拉伸试验取样位置为 $T \times T/4$ ”的要求相对于当前日本 J 公司的制造水平来说过高。同时，由于该水室封头的锻件热处理厚度为 319 mm，已经接近目前热处理工艺的极限，锻件的性能存在不均匀性和不确定性，因此锻件复验结果出现了不满足规定值的情况。报检单位对该问题开启了不符合项，并于 2014 年 5 月 18 日组织设计方上海核工程研究设计院、日本 J 公司及其他单位的专家召开专项研讨会。与会专家经过质询与讨论，认为重大专项蒸汽发生器的力学分析方法与某依托项目一致，应力水平相当，均满足设计要求。该水室封头锻件的取样位置可与某依托项目一致，在 $T \times 2T$ 取样位置重新取样进行试验，设计方依据会议纪要的意见对采购技术规格书的相应内容进行了变更。

2014 年 7 月 30 日，报检单位组织对该水室封头锻件室温拉伸试验进行了第二次复验。试验结果发现，所取的 2 个试样试验结果分别为 617.5 MPa、643.5 MPa，其中前者仍不满足采购规格书的要求。经查阅，标准 ASME Ⅱ A370 中“A8- 试验数据的圆整”中规定：当抗拉强度试验数据处于范围 500~1000 MPa 时，试验数值圆整值为 5 MPa。因此，按该规定试验数值 617.5 MPa 可圆整为 620 MPa，满足采购技术规格书的最低限值要求。

报检单位、业主、设计单位和日本 J 公司均认可试验结果，同意关闭该锻件 NCR。核安全中心审查认可了该锻件 NCR 的关闭过程和结果。

13.3.1.3 1E 级差压变送器精度要求与 FSAR 不符

2015 年 8 月 7 日，报检单位向核安全中心提交了 2 批 4 台 JE52 差压变送器的申报材料。经审查发现设计方美国 N 公司出具的合格证中存在偏离项。虽然相关偏离项已经关闭，但为进一步了解设备质量情况，审评人员要求报检单位提交偏离项报告。经对偏离项报告审查发现：报检设备在偏离项报告中综合精度要求为 14.9%，而技术规格书中对设计基准事故（DBA）下的精度要求为“±10% 量程”，存在偏差；同时与最终安全分析报告（FSAR）第 7 章“仪表和控制”，表 7.3–4“专设安全设施驱动变量、变量范围和精度”，安全壳压力变量精度要求为“±3% 量程”也不相符。

2015 年 9 月，报检单位对相关问题进行了回复，关于精度性能偏差问题描述：设计文件和 FSAR 中对于变送器（PT005/006/007/008）的要求与 JE52 实际设备的性能指标对比如表 13–2 所示。

表 13–2　JE52 设计文件、FSAR 以及仪表实际精度对比

	正常情况下的精度	**DBA 事故时的精度（需触发 ESF）**	**DBA 事故后的精度（长期事故后监测）**
设计文件要求	± 1.4%	± 10%	± 10%
FSAR 要求	± 3%	± 3%	无要求
仪表实际性能	± 0.25%	± 6.2%	± 14.9%

表 13–2 中，设计基准事故后的仪表精度偏差已通过设计变更得到设计方、业主和报检单位的确认和批准；就设计基准事故时的精度要求与最终安全分析报告文件要求不一致的问题，目前总包方正在编制设计变更建议对最终安全分析报

告相关要求和触发 PMS 专设安全动作相关整定值进行后续修改。针对本次违规事件，报检单位制定了相关的纠正措施，主要包括：

（1）针对 JE52 精度与最终安全分析报告报告中存在偏差问题，业主将与报检单位一道，督促总包方尽快发布正式版设计变更建议，相关承诺形成正式文件报送国家核安全局。

（2）承诺设计变更建议完成后报国家核安全局审查，审查通过后关闭该问题。如果设计变更建议没有通过审查，业主承诺将更换设备并落实后续的试验工作。

按照国家核安全局的安排，修改后的精度要求是否满足系统和电站的安全要求等相关问题在最终安全分析报告审查过程中予以跟踪落实，因此对相关报检申请予以了有条件放行处理。

13.3.2 经验教训

（1）高度重视采购技术条件

设备采购技术条件是设备质量控制的源头，在设备制造过程中严格落实有效的、经确认的设备采购技术文件是设备质量的重要保障。一方面采购单位应高度重视采购技术条件的制定，保证其专业性、规范性。采购单位还应加强合同技术信息交底与传递，对于关键技术要求，应与境外制造单位开展充分的交流与分析，确保对相关要求理解的全面一致，避免因信息传递不到位造成质量问题。另一方面高度关注境外单位质量保证体系的运转情况，尤其要关注从“采购技术文件—技术确认—文件转化—制造要求—试验要求—质量符合性声明”的控制链条是否完整、有关要求是否前后一致和自洽，加强对境外单位的质保监查工作，如不具备出国监查条件，至少要求对方提交内部质保监查有关文件，对有关内部监查报告开展审查工作。

（2）加强设计变更的跟踪管理

设备设计单位要高度重视设备设计变更的评价分析工作，尤其是技术要求与 FSAR 中承诺的一致性，要审慎分析设计变更的影响范围，影响相关执照申请文件的设计变更必须及时上报国家核安全局；同时采购单位和营运单位对于设计方所提出的设计变更或不符合项的“让步接受”方案要深入审查，切实承担设备采购和验收的主体责任，确保核级设备满足所适用的技术要求。

监管机构应当重点关注核安全设备设计变更是否采取与原设计相当的控制措施以及变更后的补充验证工作是否充分，按照相关管理要求严格审查该类核安全设备的出厂试验报告，如有必要可提出复验要求，加强该类设备复验活动的见证检查工作。

（3）进一步落实验收管理

加强验收管理，关键在于明确准则，落实要求。针对设备采购技术要求组织有关验收活动，制定明确的设备验收程序文件，明确验收准则，杜绝单纯采用境外单位有关程序文件开展验收活动的情况，保证验收人员在执行验收工作的过程中有明确清晰的指导，确保出厂验收起到相应的质量把关作用。

（4）关注对子母（兄弟）公司采购模式中的设备质量管理

对于国内报检单位为境外制造单位的子公司或兄弟公司并进行采购活动的，报检单位在履行 HAF604 相关职责上，对母（兄弟）公司的质保监查和设备监造等环节上存在较大的失职风险，甚至境外单位在供货中会存在出厂试验进行设备抽检或项目不完整的情况，由国内相应的子（兄弟）公司进行后续的相关试验活动。也增加了供货设备的质量风险。对此核安全监管部门和最终用户核电业主应当提高警惕，对于所供货设备加强文件及程序检查、设备的源地验证等工作，确保采购单位切实履行了相关质量责任。

13.4 质量问题处理不彻底

相较于国内核安全设备的质量管理强度，进口核安全设备的质量问题处理不彻底、“带病出厂”的情况屡有发生。究其原因主要是部分报检单位存在过于迷信进口设备、片面信任境外供应商的认识误区，主观上降低对境外供应商的技术方案、质量管理程序、制造过程的质量管理要求。一方面，这种认识导致报检单位对进口核安全设备质量管理的人力、物力和技术资源投入不足；另一方面，进口核安全设备具有重要程度高、供货周期长、问题沟通难度大等特点，在核电项目的工程进度要求面前，这种认识导致报检单位对设备制造阶段质量问题的处理方式产生妥协，容易发生验证不充分的“让步接受”或“不完整交付”等问题。

13.4.1 案例

13.4.1.1 主泵 SN13 修补方案依据不充分

某依托项目共计 16 台主泵设备在设计和制造过程中发生了失水试验失败，推力盘热裂纹等一系列问题。为此，工程总包美国 W 公司和主泵供应商美国 E 公司对主泵 SN13 进行了设计修改，为安装有关试验仪表，在定子下端盖进行临时钻孔（36 个）。验证试验实施后，美国 E 公司采用螺纹堵头焊接的方式封堵下端盖临时钻孔。在对主泵 SN13 安全检验申报文件进行审查时，核安全中心审评人员针对该修补方案提出规范依据不充分等核心问题。审评认为，尽管美国 W 公司在力学分析计算方面开展了大量的工作，但核心问题在于 SN13 主泵下端盖临时钻孔采用螺纹堵头焊接的修补方案，缺少 ASME 规范中关于堵头和定子端盖焊接结构设计的明确依据的支持，且国际上没有类似的核电工程实践。此种返修方式不能确保主泵 SN13 在核电厂的长期安全运行。因此，核安全中心提请国家核安全局关注该问题并组织有关技术支持单位开展专项审评。

2017 年 4 月，国家核安全局组织核与辐射安全专家委员会对有关技术支持单位的审评意见进行了审议，最终认定某依托项目 SN13 主泵下端盖设计修改问题的处理方式是不可接受的，要求报检单位严格按照核安全法规及标准规范的要求，重新制订并提交 SN13 主泵下端盖设计修改问题的处理方案。

接到国家核安全局关于下端盖设计方案不可接受的通知后，报检单位多次组织美国 W 公司、美国 E 公司和业主单位召开专题会议，最终各方同意调换由美国 E 公司承制原计划用于美国某项目已完工的主泵 SN508 用于原目标机组。主泵 SN508（B 泵）已完成实体制造和包装工作，美国 W 公司和美国 E 公司已根据美国项目要求完成了放行前审查并开启质量放行单。随后，报检单位组织美国 W 公司、美国 E 公司和业主单位等单位从技术要求符合性、质保要求符合性及法规要求符合性等方面进行论证美国主泵 SN508 用于目标机组的可行性，向国家核安全局提交了有关报告。2017 年 9 月，国家核安全局同意了主泵 SN508 用于目标机组的申请。

13.4.1.2 控制棒驱动机构出厂试验不完整

2016 年 4 月，报检单位提交了某项目 1 号机组 61 箱 91 套核 1 级控制棒驱动机构耐压壳及核 3 级驱动机构组件的安全检验申报材料。经审查发现，3 套控制棒驱动机构棘爪和线圈组件（见表 13−3）未完成技术规格书要求的工厂一配一验证试验，不符合项未处理关闭，不满足《民用核安全设备监督管理条例》《进口民用核安全设备监督管理规定》和技术规格书的相关规定。

表 13–3　控制棒驱动机构棘爪和线圈组件

序号	棘爪组件	最终 FAT 试验使用的线圈组件	FAT 试验规定使用的线圈组件
1	ML9200-202-TSN—2012	ML9010-273-TSN—2013	ML9010-204-TSN—2012
2	ML9200-212-TSN—2012	ML9010-233-TSN—2012	ML9010-291-TSN—2013
3	ML9200-295-TSN—2015	ML9010-233-TSN—2012	ML9010-292-TSN—2013

鉴于此 3 套设备的质量存在不确定性，国家核安全局出具“相关问题处理完毕之前不同意口岸放行”的结论。

2017 年 5 月，3 套设备返回法国，在制造商法国 J 公司完成工厂一配一验证试验，相关不符合项处理关闭。随后报检单位重新提交本批设备的安全检验申报材料，经审查，国家核安全局认为该批次控制棒驱动机构按照技术要求完成了各项工厂检验试验，结果显示合格，同意开展后续工作。

13.4.1.3 电气贯穿件出厂试验不完整

2014 年 3 月至 5 月，报检单位向核安全中心陆续提交了 4 批申报名为“堆芯仪表电缆套管组件”的口岸申报文件。经审查认为报检设备信息不明确，为进一步了解设备情况，审查人员要求报检单位对报检设备进行核查并澄清说明该电缆及套管组件的具体功能和安装位置，并请报检单位补充提交电缆的相关材料。经报检单位澄清：报检设备为矿物绝缘电缆与安全壳电气贯穿件馈通管模块的工厂预制电缆组件，其功能为给保护与监测系统（PMS）以及多样化驱动系统（DAS）提供 1E 级堆内传感器信号。每批（即每台机组）有 7 个组件，其中 6 组（031）安装在电气贯穿件（P30Z 与 P27Z）上接 PMS，1 组（101）安装在电气贯穿件（P03Z）接 DAS。报检单位同时提出该组件需要现场安装到电气贯穿件上。

审查人员对上述答复及相关文件进行了审查，认为报检设备实际为电气贯穿件馈通线及连接电缆，该馈通线属于电气贯穿件的一部分，应在工厂预制完成并安装在电气贯穿件内部，与电气贯穿件筒体一起进行出厂试验（包括密封性试验和电气性能试验）。经过与报检单位沟通，审查人员了解到该批电气贯穿件（P30Z 与 P27Z）筒体早已提前发运到现场并完成了预埋安装工作。审查人员对未完成配套试验就将电气贯穿件筒体与馈通线分开发运并且将进行现场安装的方式提出疑问，请设备供应商分析该安装活动在现场进行的合理性及相关风险，并补充说明安装完成后对该电气贯穿件电气性能的验证措施。

针对本次不完整交付事件，报检单位制定了相关的纠正措施，主要包括：

针对馈通线及连接电缆需要在现场安装至电气贯穿件内的情况，制定相关的工作程序，确保现场安装条件和工艺与工厂一致，明确安装完成后在现场进行的电气贯穿件的性能和功能试验项目与出厂试验一致，且验收准则不低于出厂试验的要求；升版验收文件，对于后续采购的核安全级设备，以完成完整工厂试验为验收和发运前提，确保设备的完整交付。

13.4.2 经验教训

本节的案例反映出核电建造单位在面对核电工程建造的进度需求与遵守核安全法规、保障核电安全之间存在一定矛盾时，可能会存在重视进度，忽视质量和安全的心态。核电建造单位应该认识到进度和质量、安全之间的内在联系，正确认识到在核电领域，质量和安全是工程进度最有力的保障，将法规要求、安全要求和质量控制落到实处，希望采购单位和境外制造单位在以下几方面有所加强：

（1）务必重视样机在新产品研制过程中的极端重要性

为追求进度或节省成本省去样机制造的后果，难免造成技术问题不断、整体成本增加的情况。

（2）加强不符合项的管理

境外制造单位对不符合项的处理往往倾向于大事化小、小事化了，以无成本或低成本的方式解决问题,但到底是否符合现场要求,则不是他们考虑的首要因素。因此，采购单位对所开出不符合项中的全部问题必须一追到底，建议措施一定要涵盖全部问题并得到有效落实。另一点就是不符合项处理流程中，要做好相关人员的信息沟通，避免信息传递的丢失。严慎细实的作风，严谨的核安全文化不仅仅体现在现场，也体现在文字处理上，只有时时处处设防，才能尽可能地防止给设备质量留下隐患。

（3）加强对核安全设备工厂测试活动的监督检查

在境外完成制造组装的设备特别是成套设备，应尽量在采购合同中明确提出完成所有整机试验后整机发货的要求。为了避免不完整交付问题，采购单位应加强对核安全设备工厂测试活动的监督检查。检查其测试大纲、测试程序以及实际测试活动与技术规格书和合同技术附件等技术文件的符合性，包括测试范围及测试项目的完整性、正确性及测试结果的有效性。

监管单位应加强对工程总包单位对设备的见证和验收活动的监督检查，包括检查其监造和验收大纲及程序的完整性和其监造和验收活动执行的有效性。

（4）核安全文化培育及管理能力提高

境外制造单位及采购单位应加强核安全意识培养，加强《民用核安全设备监督管理条例》《核电厂质量保证安全规定》和《进口民用核安全设备监督管理规定》等核安全法律法规的学习，严格遵守上述条例、法规和规定，并将其要求贯彻到核安全设备的制造、采购环节。监管机构应当严格执行核安全设备相关的法规条例，加强监督和管理。

13.5 复验结果与出厂测试不符

对核安全设备开展补充验证是国家核安全局提高事中事后监管力度、有效防范设备质量风险的重要手段。核安全中心立足安全检验工作，通过几年的进口核安全设备补充验证工作探索，逐步完善补充验证工作管理制度，发现并处理了多起重要核安全设备的质量问题，得到行业内各相关单位的高度关注和认可。

13.5.1 案例

13.5.1.1 DCS 机柜 1E 级柜间电缆绝缘电阻常数不符合项

多台某机组的核级 DCS 柜间电缆均由境外供应商提供，但由于电缆的热寿命评定和热老化试验未完成等因素，该供应商尚未获得国家核安全局颁发的民用核安全设备境外单位注册登记确认书。为满足工程建设的实际需要，国家核安全局对报检单位提出的电缆开箱申请予以批复，明确要求报检单位选取有代表性的样件进行复验，复验合格后相关电缆方可进行现场敷设。

2013 年 3 月 11—13 日，报检单位在上海国家电线电缆质量监督检验中心对选取的相关 5 类电缆样件进行了复验，试验结果表明，NH-CE 低压电力电缆、NH-STMP-OUT 仪表电缆和 NH-SPCE (SB) 信号电缆中红色芯线的 90 ℃水中绝缘电阻常数检测项目的数值分别为 0.823 MΩ·km、0.594 MΩ·km 和 0.682 MΩ·km，不满足报检单位根据电缆技术规格书制定复验方案中的要求（不低于 3.67 MΩ·km）。

核安全中心向国家核安全局报送了有关问题报告，对相关情况进行了报告和说明。由于多台核电机组已实施了上述电缆的现场敷设，相关业主单位分别向国家核安全局提交了针对该不符合项的处理报告，同时在报告中列出了各机组 DCS 柜间电缆的敷设情况。

国家核安全局安排核安全中心自 2013 年 5 月 13 日起成立审查组，对业主单位提交的各项技术文件和资料进行了认真细致的审查,并先后召开了审评对话会、专家研讨会和安全与环境专家委员会部分委员会议，就该不符合项的审评情况进行了专家咨询。经过与申请者的一系列审评沟通交流，对 DCS 柜间电缆的安全功能、运行条件、可能发生的异常事件进行了细致分析，结合国内复验的各项试验结果，对 DCS 柜间电缆绝缘电阻常数低可能产生的安全影响进行了综合判断，最终对该不符合项的处理形成了审查意见。

根据国家核安全局的审查意见，报检单位对相关机组中不符合技术规格书要求的 DCS 柜间电缆（含“红色芯线”）采取如下处理措施：

（1）对已处于运行状态的项目机组，在首次换料大修期间，更换触发 ATWT 功能的主给水流量信号电缆；

（2）对已完成 DCS 系统调试的项目机组，在首次装料前更换触发 ATWT 功能的主给水流量信号电缆；

（3）对上述机组中未进行更换的含红色芯线的电缆加强定期监测和老化管理。一个换料周期进行一次监测评价，重点关注绝缘电阻和绝缘断裂伸长率等性能的变化，以绝缘电阻 100 MΩ，电力电缆断裂伸长率 100%，仪表和信号电缆断裂伸长率 120% 作为验收准则；

（4）其他相关机组中的 DCS 柜间电缆采用符合技术规格书要求的电缆；

（5）机组更换电缆后，对受到影响的安全功能和性能重新进行验证；

（6）纠正 DCS 采购合同中“对于半成品（比如电缆）和工业标准成品（比如显示器），不要求提供质量计划以及监造和试验程序”的规定，是否需提交质量计划统一按外发程序《设备制造质量监督》执行，当供应商对外发程序提出偏差并要求给予特殊规定时，必须以不降低质量管理严酷程度为前提；

（7）对于 A 类采购包（设计院进行初步设计并出版设备采购技术规格书，供应商进行系统设计、设备设计和施工设计，并为整个系统供货的采购包），强化技术澄清深度，合同中对设计审查、型式试验、出厂试验 / 检验等要求的规定必须细化到部件层面（包括影响面较广的半成品及标准件），即 A 类采购包合同中对于部件的要求，应不低于工程公司单独采购该部件时的合同要求；

（8）强化主供应商的采购管理职能，当发现主供应商对采购产品的例行验证手段不足以提供可信度时，应采取合同手段予以强化，或采购方进行独立抽检以验证实际质量。

13.5.1.2 主泵泵壳多处 PT 超标缺陷

2014—2015 年，在对 16 件英国 S 公司供货的某项目主泵泵壳进行表面 PT 检测时发现大量超标显示。2014 年 5 月和 2017 年 10 月，报检单位向核安全中心申报了从同一供应商进口的 2 件某项目增补主泵泵壳。结合前期主泵泵壳表面 PT 超标显示经验反馈，对上述 2 件泵壳进行有条件放行，放行条件要求报检单位按照相关试验规程，分别在哈电集团（秦皇岛）重型装备有限公司（以下简称哈重）和上海电气核设备有限公司（以下简称上核）补做相关试验。

报检单位按照相关要求，分别在两家设备制造厂对报检设备进行了检验试验，2 件主泵泵壳内外可达面 PT 检测结果如表 13—4、表 13—5 所示。

表 13—4　某 2 号机组：共 8 处超标显示

缺陷位置	缺陷尺寸 mm	缺陷类型
泵壳内壁	$\Phi 5$	圆形
	$\Phi 9$	圆形
	$\Phi 5$	圆形
	$\Phi 5$	圆形
吊耳（外壁）	$\Phi 5$	圆形
泵壳外壁	规定区域内尺寸大于 1.6 mm 的显示超过 10 个，形最大 Φ=3	密集
	Φ=6.5	圆形
	Φ=5	圆形

表 13—5　某 2 号机组：共 27 处超标显示

缺陷位置	缺陷尺寸 mm	缺陷类型
泵壳外壁	Φ = 5	圆形
	Φ = 5	圆形
	Φ = 5.5	圆形
	Φ = 16.5	圆形
	Φ = 4.9	圆形
	Φ = 6.2	圆形

续表

缺陷位置	缺陷尺寸 mm	缺陷类型
	$\Phi=7.5$	圆形
	$\Phi=4.9$	圆形
吊耳（外壁）	$L=22$	线性
	$\Phi=10$	圆形
	$\Phi=5.4$	圆形
	$\Phi=12$	圆形
	$\Phi=6.5$	圆形
	$\Phi=5$	圆形
	$\Phi=6.3$	圆形
	$\Phi=5.7$	圆形
	$\Phi=5.5$	圆形
	$\Phi=5.3$	圆形
泵壳内壁	30×25，圆形最大 $\Phi=5.5$，密集大于 10 个	密集
	50×25，圆形最大 $\Phi=3$，线性最大 $L=2$ 密集大于 10 个	密集
	40*35，圆形最大 $\Phi=10$，密集大于 10 个	密集
	$\Phi=8.5$	圆形
	$\Phi=5$	圆形
进口端内壁	$\Phi=5.5$	圆形
	$\Phi=5.2$　$\Phi=2.6$	圆形
	$\Phi=5$	圆形
进口端端面	$\Phi=6$	圆形

某项目增补 2 件主泵泵壳 PT 显示问题发现后，核安全中心向国家核安全局上报了 2 份重要情况通报。针对上述 2 件增补泵壳 PT 检测中发现的问题，为彻底消除缺陷影响，保证设备质量和运行安全，建议处理措施如下：

（1）报检单位针对 2 件泵壳质量问题分别开启不符合项，并报国家核安全局，同时，制定切实可行的处理方案进行缺陷处理；

（2）报检单位组织复查该 2 件泵壳的工厂射线检测（RT）底片，确保泵壳内部无超标的体积缺陷；

（3）报检单位向核安全中心提交经过审查认可的不符合项处理方案、规程、质量计划及进度计划，核安全中心将对返修过程进行监督。

目前返修工作已全部完成，相关不符合项关闭。

13.5.1.3 非能动余排管板落锤试验不合格

在审查报检单位提交的从意大利供应商采购的某项目 1 号机组非能动余热排出热交换器上、下管板锻件安全检验申报材料时发现，报检单位和工程总承包方未对锻件化学成分分析、理化性能试验和无损检验等关键工序开展监造活动。因此，国家核安全局对该批设备有条件放行，其中放行条件为报检单位应按照《×× 供货某项目余排上、下管板（含档案材料）、焊接件证件（含档案材料）复验方案》开展性能试验活动且相关试验结果符合相关要求。

2016 年 12 月 9 日，核安全中心派员对相关项目的复验活动进行见证。复验结果表明，在验证基准无延性转变温度（RTNDT）的落锤试验中，上、下管板各有 1 个试样在－16℃发生断裂，不满足 RTNDT ≤ －21℃的要求。为此，报检单位开出不符合项，分析认为：根据 ASME 设备中间和最终焊后热处理技术条件（CP02T2011 Rev.A）的表 8.6—1 要求最短模拟焊后热处理事件为 24 h，而 SA-508/508Gr.3 C1.2 锻件技术条件（CP02T3018 Rev.A）第 3.7.5 节要求试料模拟热处理时间为 48 h，初步原因为模拟热处理时间过长导致材料的强度及韧性有所下降，导致落锤试验不合格。

鉴于上管板还有两块余料，报检单位建议按照 ASME 设备中间和最终焊后热处理技术条件（CP02T2011 Rev.A）的要求补充模拟焊后热处理保温 24 h 的全套力学性能试验，如合格，建议原样接收。工程总包方对报检单位关于该不符合项的处理意见予以批准。随后，报检单位发布新一版《某项目余排上、下管板入厂复验方案》。2017 年 3 月 16 日，核安全中心派员再赴报检单位对某项目 1 号机组非能动余排上、下管板机械性能复验活动进行见证，对曾经失败的落锤试验活动予以重点关注。

报检单位分别从上、下管板规定位置取试样 4 件。其中，为－21℃和－16℃（如必要）落锤试验分别准备上、下管板各 2 件试样，按照 ASME 设备中间和最终焊后热处理技术条件（CP02T2011 Rev.A）的要求对试样开展模拟焊后热处理保温 24h。

在首先开展的－21℃落锤试验中，除上管板 1 个试验未断裂外，其余上管板 1 件、下管板 2 件试验全部判定为断裂。在随后开展－16℃落锤试验时，报检单位试验人员明确判定上、下管板各有1件试样未断裂。考虑到另外2件试样断裂情况（如图13−1、图13−2所示）难以判定，试验人员借助显微镜工具辅助开展观察。

侧面 (6.513)　　正面 (6.513)

图13−1　上管板试样13004−1−Pe4断裂情况

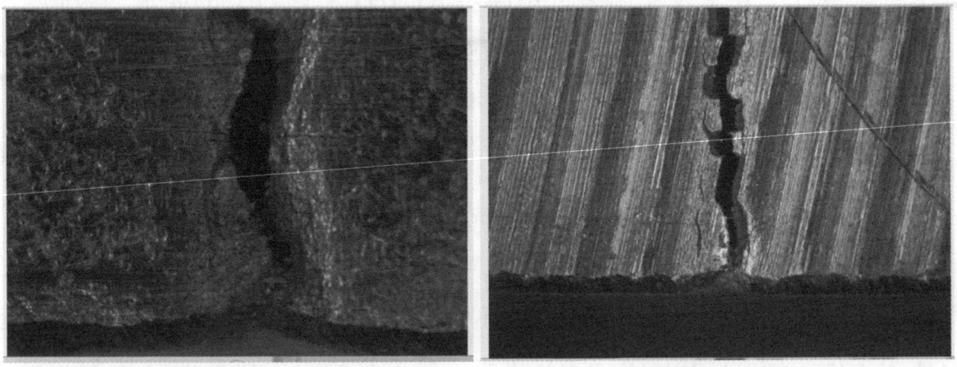

正面 (5013)　　侧面 (2013)

图13−2　下管板试样13004−2−Pe4断裂情况

工程总包方结合业主审查意见，最终给出上、下管板锻件均不得用于某项目的意见，报检设备均做报废处理。

13.5.1.4　1E级压力开关和温度开关检验试验不合格

2019年8月27日，根据《关于营运单位进口核安全设备专项评估的审评意见》的要求，报检单位委托广东省计量科学研究院对4台1E级传感器进行检验试验工作，试验项目包括绝缘电阻测试、介电强度测试、功能检测（含耐压试验）等。试验设备包括1台压力开关（12.13.50603.0002）、1台差压开关（02.17.66405.0006）、2台温度开关（12.13.50573.0001、12.13.50570.0001）。试验结果显示，差压开关试验过程中无动作，序列号为（12.13.50570.0001）的温度开关出厂测试设定点为上升 83.5 ℃，试验上切换值偏差 + 5.5%FS，序列号为（12.13.50573.0001）的温度开关出厂测试设定点为上升 111.8 ℃，试验上切换值偏差 + 8.3%FS，均不满足 ± 3%FS 的验收要求（具体信息参见表 13–6）。

表 13–6　验收要求信息

产品名称	序列号	型号规格	检测结果	结论
压力开关	12.13.50603.0002	P96P1340BCS1	设定点偏差 0.20%FS	符合
差压开关	02.17.66405.0006	DPB96P131140A1	加压无反应	不符合
温度开关	12.13.50573.0001	C96R1340BCS1	上切换值偏差 +8.3%FS	不符合
温度开关	12.13.50570.0001	C96P1340BCS1	上切换值偏差 +8.3%FS	不符合

报检单位将上述问题反馈给中间商和境外供应商法国 G 公司，拟对相关问题采取以下措施：

（1）将试验不符合要求的设备转入异常库，后续拟按照比例对剩余该批次设备进行复验。

（2）报检单位已将上述问题反馈给中间商和境外供应商，结合剩余设备试验结果，进行原因分析。

（3）报检单位已将该法国 G 公司的设备纳入重点关注对象，已在后续采购计划中，采用升级型号进行替代。

（4）加强运输和存储过程管理，在后续的采购过程中，将该类备件验收类别从 C 类更改为 S 类，设备到货后对该类备件进行设定点的检查。

（5）修订完善《库存物资保养》《采购物项验收管理》和《备件制造过程中的 QC 活动》等程序文件，明确进口核安全设备检验试验相关工作要求。

13.5.1.5 冷冻水循环泵备用电机性能复验不符合

根据《关于营运单位进口核安全设备专项评估的审评意见》的要求，2019 年 5 月 20—22 日，报检单位在佳木斯电机机械工业防爆电气设备质量监督检测中心对两台电动机进行补充验证，电机型号分别为：KA7225M-AB01L-Z (37 kW) 、KA7250M-AB01L-Z（45 kW）。检查人员在执行 37 kW 电机防水试验见证时发现电机接线盒内有少量进水（见图 13–3），本次试验结果不合格。

图 13-3　37 kW 电机主电源接线盒进水

2019 年 7 月 17—19 日，报检单位再次对以上两台电机进行防护试验（防尘、防水）。两台电机执行防水试验后，主腔和接线盒均进水，进入电机内部的水流经定子绕组积存在电机底部，部分电机定子绕组被水浸湿（见图 13-4）。

图 13-4　45kW 电机接线盒进水

某质量监督检测中心出具了检验报告显示电机防水试验不合格。

经查，发现 37 kW 电机动力电缆接线盒装配超差，45 kW 电机接线盒格兰头密封不严，格兰头缺少密封圈导致渗水。电机轴承箱密封不严，导致主腔内部进

图 13-5 电机主腔进水

水，初步分析渗漏点可能在轴承处及螺栓连接处。核安全中心已要求报检单位对相关电机予以封存。报检单位已开启不符合项处理程序，联系电动机供应商就上述试验结果不合格问题进行原因分析。报检单位拟将分析报告上报国家核安全局，向国家核安全局申请在佳木斯电机对两台电机开展维修活动。

13.5.2 经验教训

从进口核安全设备检验试验工作结果看，设备质量总体受控，但所暴露出的设备质量问题也值得高度警惕和重视。通过分析所出现的设备质量问题，可能造成进口核安全设备质量风险的因素主要包括：

（1）报检单位往往对设备质量比较关注，但容易忽视设备零部件、分包工作的质量管控工作，设备零部件和分包工作容易出现质量问题；

（2）报检单位针对其所进口的核安全设备质量鉴定停留在审查鉴定报告、对比鉴定报告结果是否满足鉴定大纲的要求，而对鉴定样机与产品的一致性方面关注不足。产品设计和制造控制水平与鉴定样机可能存在差异，导致设备性能达不到设计要求的问题；

（3）部分境外单位对设备的关键工艺环节控制存在缺陷，工艺进行改进后，对已生产完毕的设备缺少反馈和排查处理，未按照不符合项程序要求及时通知相关营运单位（采购单位）；

（4）报检单位对境外单位设备活动的过程监督和验收工作力度不足，对境外单位是否严格落实设备技术规格书要求、出厂测试是否严格按试验程序执行缺少相应的管控措施。

为进一步加强进口核安全设备质量管理、规范检验试验工作，建议在后续工作中注意以下几个方面：

（1）提升监造、监装和验收工作的有关管理要求

采购单位应明确关于进口核安全设备特别是关键外购零部件、分包活动的管理要求；严格落实监装工作要求；明确进口核安全设备不符合项报告和经验反馈要求，进一步落实营运单位（采购单位）针对进口核安全设备质量的管理责任。

（2）适当加强检验试验的力度和频度

对设备进行抽查复验是发现设备质量问题、检验制造单位质保体系运转、提高管理威慑力的有效途径，采购单位应该在一定范围内严控验收标准，对所采购的原材料及重要零部件进行抽查检验复验，以验证其设备质量，验证制造单位质保体系运行情况。同时，监管机构也有必要在对进口设备进行安全检验，适度提高抽查检验试验频率，更大限度的排查设备质量情况，保证进口设备安全。

（3）重视试验机构、台架具有相应资质

检验试验工作不仅仅是为了完成法规相关要求，其试验结果更是判断设备质量的重要依据。试验设备有效性和试验机构的资质，直接影响试验的有效性和结果的权威性。因此建议报检单位在检验试验准备阶段选择具有资质的试验机构，在试验前确认好试验设备和台架的有效性，杜绝外方对试验结论不认可的情况。

第十四章 进口核安全设备质量管理典型问题及案例

核安全中心依托进口核安全设备安全检验工作，在有效开展进口核安全设备监管同时，稳步有序开展了经验反馈工作，积极探索实施经验反馈，通过总结良好实践经验，提早防范潜在风险，促进了设备质量和管理提升，成为进口核安全设备管理有益补充。从 2012 年至今，累计编制完成 8 套《进口核安全设备安全检验工作检验经验反馈汇编》，汇总经验反馈报告 115 篇，对上百批近千台套进口核安全设备各类问题进行了整理、分析，并提出反馈建议和管理措施。

在进口核安全设备安全检验经验反馈案例中，管理问题占了很大部分。存在如供应商资质管理不足、采购单位过程控制不到位、验收过程违反安全检验要求、申报文件的完整性、准确性、有效性不足等问题，为进口核安全设备质量埋下了安全隐患，应该予以重点关注。

14.1 供应商资质管理典型案例

境外单位是否持有相应资质应该是采购单位签订核安全设备合同、过程质量管理直至验收检查的首项检查项目。可实践发现，采购单位与非持证单位签订核安全设备供应合同，以及持证单位超出许可范围开展核安全设备活动的情况屡见不鲜。此类设备如在安全检验阶段未能予以甄别，将会增加核电厂安全运行安全失效的风险。

14.1.1 未与境外注册登记单位直接签订采购合同

通过中间商采购设备复验不合格案例：

2019 年 6 月，报检单位提交的 M310 项目 1E 级电缆设备的安全检验申报材料经审查发现，报检的设备 2 盘同型号共 1007 m 1E 级中压电力电缆由报检单位通过某线缆有限公司（非持证中间商）从法国 N 公司采购，不符合（国核安函〔2011〕52 号）关于核安全级设备采购单位与持证单位必须直接建立接口关系的相关要求。报检单位就本批设备提出按照《× × 机组 K1 类电缆安装前补充验证试验程序（20190717）》进行补充检验试验以保证设备质量满足核安全和技术的要求。

2019 年 8 月 8 日，核安全中心、报检单位双方人员在检测中心共同见证设备的检验试验。试验结果显示本次复验抽取的 1 根电缆 (UPC 码：61100) 外护套原始机械性能试验结果为 164%，不满足试验程序不低于 200% 的验收要求。

报检单位开具设备不符合项进行处理；报检单位澄清该批设备外护套材料在经过一定时间存储后，强度降低。为进一步保证设备质量，核安全中心主动与报检单位对本批设备进行深层次的技术研究，对本批设备进行了加速热老化处理并进一步验证设备质量，最终结论合格。

由于本次设备技术规格书要求为不小于 200%，且为第一次报检该类型产品便出现试验不合格情况，故将法国 N 生产的中压电缆设备纳入重点关注对象，在后续设备的报检过程中，为保证设备质量，对其生产的中压电缆设备如果出现技术要求与标准不一致的情况都要进行重点关注。

14.1.2 不按注册登记范围开展设备活动

14.1.2.1 液位传感器及液位开关违规分包案例

2015 年 7 月 18 日—20 日，报检单位向核安全中心陆续提交了 5 批从法国 E 公司 (已取得注册登记确认书) 采购的液位计的安全检验开箱申报材料。

经审查发现，本批设备的质量计划、设备出厂测试报告等文件均由法国 K 公司完成，但法国 K 公司未按照 HAF604 的要求进行注册登记。2015 年 9 月 9 日，核安全中心对报检单位提交的《浮子式液位计设备制造专题报告》审查后认为：该项目的核级液位计由法国 E 公司供应，但从完工报告及报检单位的澄清材料中都表明实际的制造、产品最终组装和 FAT 都是由 K 公司完成。鉴于 E 公司的

HAF604 制造活动注册登记范围明确注明主要分包项目仅为机械部件制造、焊接、电子插件制造、无损检验等，而 K 公司未取得民用核安全设备境外单位注册登记确认书，因此由法国 E 公司供应的核级液位计实际上是由无证厂家 K 公司制造完成，存在违规分包的情况。

基于上述情况，审查人员认为分包行为违反了 HAF604 注册登记的承诺和条件，对相关设备的开箱报检申请予以了退回处理。

2015 年 10 月 23 日，报检单位向国家核安全局提交了《关于 ×× 核电厂 1、2 号机组液位传感器和液位开关补充验证试验的请示》，申请由法国 E 公司在现场实施部分试验以验证相关产品质量符合要求，同时提交了《×× 核电厂浮子式液位传感器和液位开关国内补充验证试验总体安排》。审查人员对报检单位提交的有关材料进行了审查。审查重点关注了以下四个方面：（1）相关单位是否存在故意违反法规的情况；（2）E 公司和 K 公司在生产相关设备鉴定样机及 FA3 项目同种设备的过程中是否采取了与此项目相同的合同和生产模式；（3）相关设备的鉴定样机的制造、检查测试工序（包括相应的程序文件）以及元器件是否与用于此项目的实际设备一致；（4）在现场对相关设备补充验证方案的适当性。经技术审查确认相关设备设计已经过验证且设备质量基本受控后，国家核安全局批准了报检单位的相关申请。

经审查确认，本批设备的制造和测试过程中 E 公司和报检单位没有恶意违反法规的情形，设备合同模式、设计、工艺及零部件与鉴定样机的基本一致，设备制造和测试过程受控，基于此，报检单位采取措施，对相关设备在现场进行逐台测试以进一步验证设备质量符合要求，并对相关事件进行经验反馈，加强对境外设备供应商的管理工作。补充验证方案得到国家核安全局批准。

14.1.2.2 核级电缆注册登记范围不符合案例

2018 年 4 月，报检单位向核安全中心提交了 2 批法国 R 公司从法国 T 公司进口的核级电缆。经审查发现，法国 T 公司注册登记确认书设备品种为仪表电缆（矿物绝缘电缆），而该公司此次提交的报检设备为同轴电缆，与 HAF604 注册登记范围不一致。法国 T 公司违反了 HAF604 注册登记的承诺和条件，审查人员对相关设备的报检申请予以退回处理。

14.1.2.3 泵类设备配套法兰制造单位未注册登记案例

（1）2018 年 9 月，报检单位提交了某项目主泵的安全检验文件，经审查发现，主泵制造商 A 公司从 F 公司采购棒料锻件，并进行了核级辅助系统管路法兰加工制造活动。而 A 公司仅持有核 1 级机械密封式反应堆冷却剂泵的设计和制造注册登记确认书，无法兰制造资质。

（2）2018 年 10 月，报检单位提交了某项目 2 号机组 6 箱 3 套核 1 级稳压器安全阀组的安全检验文件，经审查发现，稳压器安全阀组制造商德国 S 公司从德国 E 公司采购棒材锻件，并进行了 PSRV 主阀 VS99、电磁先导阀 DMS6、隔离阀 NICO 4500 DSL 自带阀体出口法兰（现场安装时与管道焊接）共 12 个加工制造活动。而德国 S 公司仅持有核 1、2、3 级阀门的设计和制造注册登记确认书，无法兰制造资质。

（3）2018 年 10 月，报检单位提交了某项目汽动辅助给水泵的安全检验文件，审评人员发现，机组汽动辅助给水泵由英国 C 制造，C 持有国家核安全局颁发的注册登记确认书；每台泵含 44 片配套法兰，分别由未持有注册登记确认书的美国 E 公司和英国 H 公司供货。

根据《关于发布 < 民用核安全设备目录（2016 年修订）> 及有关解释说明的通知》（国核安发〔2016〕79 号），法兰属于《民用核安全设备目录（2016 年修订）》内受监管设备，其制造单位须持有法兰的设备制造的注册登记确认书。

在发现上述问题后，审评人员对报检文件退回处理，并要求报检单位梳理后续批次的报检文件中是否含有同类问题，对于此类问题按国家核安全局相关要求进行处理。

14.1.2.4 阀门类设备法兰制造单位未注册登记案例

2018 年 12 月 25 日，报检单位提交了某项目 4 箱 5 台核 2 级先导式安全阀门，经审查发现，配对法兰制造商 O 公司未持有国家核安全局颁发的法兰设计和制造注册登记确认书。针对此问题，报检单位于 2018 年 12 月 12 日向国家核安全局提交了《关于 ×× 核电厂 × 号机组先导式安全阀配对法兰情况说明的报告》，对此批先导式安全阀门配对法兰制造情况进行了说明，主要采购链条为：先导式安全阀由法国 W 公司设计制造，W 公司从法国 U 采购法兰锻件后，W 公司委托其分包商 O 公司对法兰实施机械加工。而分包商 O 公司不持有国家核安全局颁发的设计和制造注册登记确认书。

根据国家核安全局的要求，核安全中心组织对《关于 ×× 核电厂 ×× 号机组先导式安全阀配对法兰情况说明的报告》及其他文件进行审评。审评结论为建议对本批设备有条件放行。放行条件：报检单位应按照提交的《Supplementary test pilot program of Unit ×》和《×× 核电 ×× 号机组安全阀进出口配对法兰化学成分检验大纲》开展质量验证活动，复验结论合格后方可开展后续工作。

结合技术审查意见，国家核安全局要求报检单位按照《Supplementary test pilot program of Unit ×》和《×× 核电 × 号机组安全阀进出口配对法兰化学成分检验大纲》，对该批次法兰进行化学成分检验、液体渗透检验、尺寸检查等检验试验，合格后方可使用。

报检单位委托苏州热工研究院有限公司在伟尔格罗普能源设备（苏州）有限公司厂内对先导式安全阀（配对法兰）进行了法兰的化学成分分析、渗透检测、尺寸检测。最终试验报告显示，渗透检测和尺寸检测的试验结果满足要求。但是，抽取编号为 1RRA018VP 阀门的法兰来进行的化学成分分析，最终试验报告显示，C 含量不满足要求。剩余 5 片法兰试验结果满足要求。

报检单位对编号 1RRA018VP 法兰进行报废处理。在后续机组同型号阀门供货时，一级供应商法国 W 公司不再从法国 U 采购法兰锻件。

14.1.3 不按注册登记有效期开展设备活动

14.1.3.1 阀体阀盖制造活动不在注册登记有效期案例

2018 年 6 月，核安全中心对报检单位采购的某项目核 1 级电动截止阀、核 1 级单向阀安检申报文件等 6 批文件进行审查时发现如下问题：阀体供应商英国 W 公司注册登记确认书的有效期为 2012 年 12 月 24 日—2017 年 12 月 23 日，而根据阀体的质量计划，阀体的制造活动在 2012 年 9 月 25 日之前已完成。注册登记确认书的有效期不能覆盖制造活动。

阀盖供应商法国 S 公司注册登记范围包括核 1 级阀盖锻件的制造活动，原注册登记确认书有效期为 2011 年 3 月 17 日—2016 年 3 月 16 日，新颁发的证书发证日期为 2017 年 2 月 6 日，存在 2016 年 3 月 17 日—2017 年 2 月 5 日之间的间隔期。根据阀盖的质量计划，部分制造活动（PT 检查、UT 检查、目视和尺寸检查、标记等）在 2016 年 4 日—11 月之间完成。注册登记确认书的有效期不能覆盖阀盖的部分制造活动。

另一阀体供应商意大利 S 公司注册登记范围包括核 1 级阀体、阀盖锻件的制造活动，注册登记确认书发证日期为 2017 年 5 月 31 日，而根据阀体的质量计划，阀体的制造活动在 2015 年 12 月 21 日之前就已完成，因此，该注册登记确认书的有效期不能覆盖制造活动。针对上述问题，核安全中心对上述 6 批申报材料予以退回处理。

14.1.3.2 证书空档期制造 KG50 探测器案例

2018 年 6 月，报检单位提交了从法国 M 公司采购的华龙机组 IRM 系统含豁免源核级部件安全检验申报材料。经审查，本批报检的 GIM206 事故后辐射监测通道由法国 M 公司制造，法国 M 公司的注册登记范围注明传感器包括 NaI 闪烁体探测器、硅半导体探测器和电离室探测器，但本批报检监测通道中包含 KG50 SEC 探测器。报检单位就法国 M 注册登记范围的有效性进行了说明。审查发现，KG50 SEC 探测器的生产、测试及质量控制均由德国 M 公司执行，德国 M 公司注册登记确认书已经过期且未续证。

针对以上情况，核安全中心在文件审查时采取退回处理。

14.1.4 不按注册登记地址开展设备活动

某项目核 1 级管道支承件违规分包案例：

2017 年 9 月，报检单位提交了 2 批从德国 L 公司采购的 AP1000 机组核 1 级管道支承件（管部支承）的安全检验申报材料。

经审查发现，所报检的 4 套动态管夹最终检查记录及目视检查报告中“客户”一栏为持证厂家德国 L 公司，该文件显然非德国 L 公司出具，审查人员意识到该批设备可能存在违规分包的情况，遂要求报检单位补充检验试验报告与记录。再核对补充的尺寸检查记录后，审查人员发现非持证厂家美国 L 参与了动态管夹的制造。

报检单位认为美国 L 公司与德国 L 公司名称一致且共属同一母公司，并持有 ASME NPT 钢印，认为德国 L 公司采购动态管夹的活动属于原材料采购范畴，管夹到德国 L 工厂后还进行了装配涂漆作业，因此美国 L 公司不需要进行注册登记。

审查人员经进一步调查核实确认，德国 L 公司将该批动态管夹包括关键工艺在内的制造活动分包给非持证厂家美国 L 公司，而其自身仅进行了油漆涂覆作业，该过程不能简单地认为是原材料采购。此外德国 L 公司也未对相关关键工序分包活动进行过注册登记。以上行为不满足《进口民用核安全设备监督管理规定

（HAF604）》第二章第十六条相关规定。

报检单位于 2017 年 10 月 23 日发函《关于申请撤回支吊架动态管夹的安检申报文件》承认上述问题并申请撤回相关申报文件，计划重新从持证单位采购符合核安全法规要求的设备；审查人员对相关报检材料进行了退回处理，要求报检单位落实核安全法规要求，加强安检申报材料的自查，同时加强经验反馈，避免同类问题再次发生。

最终此批管道支承件设备全部报废。

14.1.5 不按注册登记备注信息要求开展设备活动

14.1.5.1 阀体锻件未按备注要求对超声进行分包

2019 年 8 月，报检单位提交了某项目核 1 级截止阀的安全检验文件。经审查发现，本批截止阀阀体锻件由法国 S 公司制造。法国 S 公司持有国家核安全局颁发的注册登记确认书，其注册登记范围包括核 1 级阀类锻件的制造活动，备注有超声波检测为主要分包项目。审评人员在对所提交的出厂试验报告进行审查时发现，阀体锻件的超声波检测报告由法国 S 公司出具，此行为超出了注册登记确认书规定的注册范围，与法规要求不一致。

发现该问题后，审评人员对此批报检文件进行了退回，并要求报检单位就该问题向国家核安全局进行报告。经过进一步了解，法国 S 公司持有的 2011—2016 年版的注册登记确认书中，超声波检验为主要分包项。2016 年法国 S 公司向国家核安全局提交了重新注册登记的申请材料，在申请材料中提出在“主要分包项”中将超声波检验去除。国家核安全局受理其续证申请后，组织相关单位对其续证材料进行了技术审批。在审评过程中，对于其超声波检测能力，审评人员提出过审评问题，要求法国 S 公司对其超声波检测能力，包括人员资质、设备情况及相关业绩进行说明。根据法国 S 公司提交的答复材料，其公司有一名持有超声波检测 2 级证书的人员。从 2016 年起，考虑到成本及效率的问题，法国 S 公司将锻件的入厂检验工作分包给 C 公司进行，由该公司的检验人员依据法国 S 公司的检验规程进行超声波检验工作，再由法国 S 公司的检验人员对 C 公司出具的超声波检验报告进行审核。审评人员认为法国 S 公司不具备超声波检验能力，因此在 2019 年为其颁发的注册登记确认书中，超声波检验仍然为主要分包项。

最终此批报检设备全部返厂，对阀体进行报废处理，由于现场工期紧张，重新采购阀体已无可能，境外单位重新利用棒材加工了阀体，装配后在工厂完成相应出厂试验后重新进行报检。

14.1.5.2 核级电缆注册登记限制条件不符合案例

2016 年 1 月 17 日、6 月 29 日，报检单位陆续提交了 6 批从瑞典 H 公司 (已取得注册登记确认书) 和德国 H 公司 (已取得注册登记确认书) 进口的核级仪表、控制电缆。经安检办审查发现，德国 H 和瑞典 H 注册登记确认书标注的绝缘材料限制条件分别为硅橡胶和 HFI260，而两家公司分别使用了 PEEK 绝缘材料和 HFI150 绝缘材料，与 HAF604 注册登记的承诺和限制条件不符。基于上述情况，审查人员认为德国 H 和瑞典 H 公司违反了 HAF604 注册登记的承诺和条件，对相关设备的开箱报检申请予以了退回处理。

报检单位于 2016 年 5 月向国家核安全局递交了德国 H 和瑞典 H 公司核级电缆限定条件修改的申请，2016 年 7 月向国家核安全局提交了瑞典 H 的续证申请。经审查确认，本批设备的制造和测试过程中德国 H 瑞典 H 公司和报检单位没有恶意违反法规的情形。事件发生后报检单位采取措施对各采购包进行了梳理，重点审查是否存在违反 HAF604 注册登记条件的情况，对相关事件进行经验反馈，加强对境外设备供应商的管理工作。德国 H、瑞典 H 公司的相关申请已得到国家核安全局批准。

2016 年 11 月 4 日，报检单位向国家和安全局正式提交了《关于德国 H 和瑞典 H 核级电缆安全检验申请的函》，国家核安全局批准了相关申请。

14.1.6 小结

通过以上案例可以发现，造成供应商资质管理问题主要表现和原因是多方面的。对于此类问题，采购单位和境外单位应该开展经验反馈工作并对以下几方面予以重点关注：

（1）关注通过非持证中间商采购设备

报检单位在采购活动中应避免通过非持证中间商采购核安全级设备，由于非持证中间商未建立有效的核质保体系，核级设备的技术要求传递和质量控制都增加了风险。

（2）加强对注册登记确认书中注册登记范围的理解

严格执行注册登记确认书规定的活动种类和范围内允许的制造活动，包括有效期，设备范围、分包情况、地址等。

（3）加强对分包设备的资质管理

报检单位应对属于民用核安全设备目录监管范围内的成套设备部件给予高度重视，在监造和验收工作中认真核实供货范围及分包活动是否符合注册登记确认书要求，充分落实主体责任。

（4）关注持证单位集团内部的违规分包风险

德国M和法国M及美国L公司与德国L公司同属一个集团，同一集团内公司分包活动具有较强的隐蔽性。在设备采购和安全检验过程中，应厘清参与制造的集团内部各公司关系，避免注册登记确认范围以小盖大，以偏概全。

（5）加强法律法规学习与理解

采购单位及境外注册登记单位对法规的管理要求认识仍然有待提高，对《民用核安全设备目录（2016年修订）》的相关内容应进行深入理解，准确识别出哪些设备和部件必须从取得注册登记制造确认书的厂家采购。

14.2 采购过程控制不到位典型案例

核安全法第五条要求：核设施营运单位对核安全负全面责任。为核设施营运单位提供设备、工程以及服务等的单位，应当负相应责任。尽管《民用核安全设备监督管理条例》和《进口民用核安全设备监督管理规定》发布实施已经10余年，但安全检验实践暴露出相关单位对法律法规的理解和认识不够，主体责任并没有切实落实到位，在采购过程、管理存在漏洞，导致涉嫌过程监造缺失、文件审查不严、分包管理不到位等违规现象时有发生。

14.2.1 采购单位未按要求对报检设备实施监造

磁翻板液位计未实施监造案例：

2018年7月25日，核安全中心收到报检单位提交的某项目1E级磁翻板液位计的安全检验申报材料。经过审查发现，本批6套磁翻板液位计设备均通过其子公司从法国H采购，且报检单位未对设备的生产制造过程开展设备监造、装运前检验和监装活动，不满足相关要求。报检单位就本批设备提出按照《××核电厂×号机组核级磁翻板液位计与液位开关复验大纲》进行补充检验试验的方案。核安全中心对此批报检设备进行了有条件放行。

2018 年 9 月 12 日，按照设备放行条件要求，报检单位在厂内进行检验试验工作，核安全中心派员进行现场见证。检验试验过程中，出现液位开关 4LHQ4112SN- 动作不符合技术要求的情况，根据相关规定，见证人员提出扩大见证比例的要求，随后又发现液位计 3LHP4112MNL 出现法兰泄漏的情况，最终检验试验的见证比例达到100%。报检单位开具不符合项并对不符合项进行跟踪处理;

14.2.2 未实施有效装运前检验及监装

14.2.2.1 稳压器波动管发货错误案例

2013 年 12 月 27 日，报检单位提交了由法国 F 公司供货的某项目核 1 级稳压器波动管的开箱申报材料。经审查发现，法国 F 公司在对两批波动管进行装箱时，两个项目的标签被错误粘贴，因此原本装着 A 项目波动管的木箱上面贴上了 B 项目的标签,B 项目波动管的木箱上贴了 A 的标签。发运时,B 项目的波动管先行发运，直至报检单位获得安检放行后、开箱时才发现该问题。

根据制造厂自查，在该事件发生前，法国 F 公司相关程序中并没有对包装箱实时标记的要求,也没有在封箱前核对包装箱上标记和箱内设备是否一致的内容。当时由于场地有限，B 项目 1 号机波动管和 A 项目 4 号机波动管在同一块场地同时进行包装，包装公司最初只用标签笔在包装箱上做了临时标记，没有在包装时实时完成包装箱标记，在封箱前包装公司没有仔细核对包装箱上标记是否与箱内设备一致，也没有在封箱前确认包装箱上标记是否与箱内设备一致，最终导致该事件发生。

同时，报检单位的监造人员根据质量计划对 4 段波动管均进行了包装前的清洁度和设备最终检查，但仅选择出席了部分包装过程见证。在设备包装阶段，监督员也仅检查了部分内包装和保护，因时间关系未见证后续封箱过程和包装箱的唛头粘贴。

报检单位采购部门在发现该问题后，也立即开展了调查，并将相关情况及时反馈给了供应商。供应商针对该问题开启 E1 类不符合项，并记录在设备的完工报告中。

事件发生后，法国 F 公司采取了相应的纠正措施：（1）包装公司在包装时实时完成包装箱标记，并在封箱时仔细核对包装箱上标记和箱内设备的一致性;

（2）在封箱时对包装箱上标记和箱内设备的一致性进行确认；（3）编制包含 1、2 两项纠正措施的专门的标记规程并放入诺顿内部规程中。

报检单位也采取了相应纠正措施，为了避免类似包装和错发问题的再次发生，工程公司向境外主要供应商发文要求提高对包装和发货的重视，尤其注意核实临时标记与实体的一致性，并要求供应商在设备的包装过程中拍照记录，避免包装错误的情况再次发生。

14.2.2.2 热屏蔽法兰锻件标识的材料牌号错误案例

2017 年 2 月，核安全中心对报检单位从法国 A 公司采购的某项目 3 箱 3 件核 1 级主泵用热屏蔽法兰锻件进行开箱见证活动，在检查过程中发现，3 件热屏蔽法兰的钢印上的材料牌号为 Z6CNNb18-11（见图 14–1），与技术规格书的要求的材料牌号 Z2CN19-10N2 不一致。经查验对比，上述两种材料虽然均为奥氏体不锈钢，但是其化学成分并不一样，如图 14–2 所示。

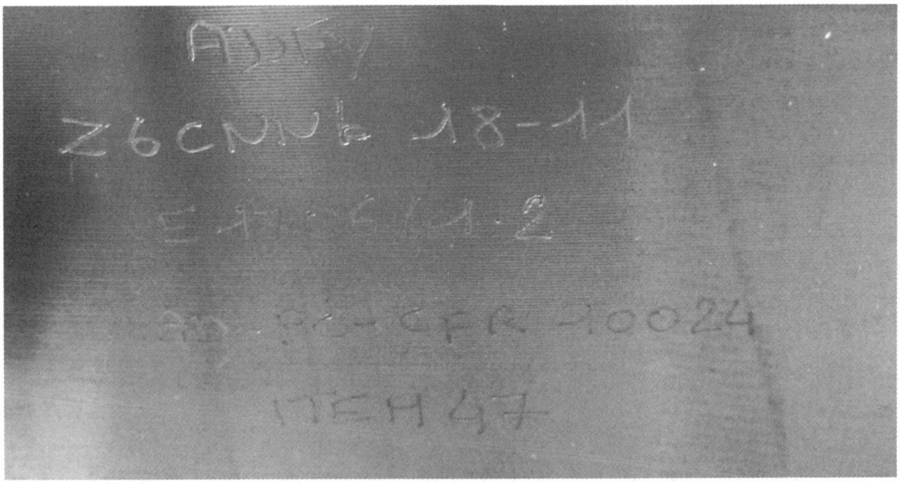

图 14–1 热屏蔽法兰锻件上的钢印

钢类	AFNOR牌号	碳(C)	硅(Si)	锰(Mn)	磷(P)[4]	硫(S)[4]	铬(Cr)	镍(Ni)	钼(Mo)	铜(Cu)	氮(N_2)	钛(Ti)	铌(Nb)[1]	加速晶间腐蚀试验
不含Mo的18-10型	Z6CN18-10	≤0.080	≤1.00	≤2.00	≤0.030	≤0.015	17.00/20.00	8.00/11.00	-	-	-	-	-	-
	Z5CN18-10	≤0.060	≤1.00	≤2.00	≤0.030	≤0.015	17.00/20.00	9.00/12.00	-	≤1.00	-	-	-	A处理[2]
	Z2CN18-10	≤0.030	≤1.00	≤2.00	≤0.030	≤0.015	17.00/20.00	9.00/12.00	-	≤1.00	-	-	-	-
	Z2CN19-10（控氮）	≤0.035	≤1.00	≤2.00	≤0.030	≤0.015	18.50/20.00	9.00/10.00	-	≤1.00	≤0.080	-	-	-
	Z6CNNb18-11	≤0.080	≤1.00	≤2.00	≤0.030	≤0.015	17.00/20.00	9.00/13.00	-	≤1.00	-	-	8×%C~1.00	B处理

图 14–2 两种牌号的化学成分

报检单位开启了不符合项，对材料牌号问题进行处理，处理措施主要包括：（1）对 3 件热屏蔽法兰取样，委托第三方机构进行化学成分分析；（2）由供方提供原始的冶炼分析报告及成品分析报告；（3）报检单位开展化学成分分析结果的对比工作。

报检单位从法兰锻件取样，并委托北京钢研纳克检测技术有限公司重新对 3 件热屏蔽法兰的化学成分进行了检测。报检单位对比检测数据和技术规范要求，认为所有元素的化学成分满足标准及采购规范。同时，报检单位对比了供应商提供的原始冶炼分析报告及成品分析报告，得出供应商仅将材料牌号打钢印错误，而不是材料使用错误的结论。最终，法国 A 公司对法兰的标识进行了更正等措施，该不符合项得以关闭。

14.2.3 报检单位对设备申报文件自查不严格

14.2.3.1 阀门试验压力值不足案例

2017 年 11 月 28 日，报检单位提交了 1 批从法国 K 公司采购的核 3 级隔离阀备件的申报材料。该报检阀门主要技术参数为：压力等级 PN20，设计压力 2.0 MPa，设计温度 20 ℃。该阀门 RIN 码（RACXBC0150）显示选取压力等级为 C（16bar）（见图 14–3），根据 RCC-M D3520b 核 3 级阀门设计通用要求，压力等级为 150 磅级（PN20）的阀门（阀体材料为 M1112）在 20 ℃对应的最高许用压力为 19.6 bar（见图 14–4），而其设计压力为 2.0 MPa。此外，审评人员还发现提交的出厂检验试验报告中密封试验（Tightness test）压力为 17.6 bar，低于最高许用压力，与标准不符。

2017 年 12 月 26 日至 27 日，报检单位先后又提交了另外 6 批从法国 K 公司采购的核 3 级隔离阀和单向阀的安全检验文件申报材料，审评人员均发现了同样的问题，并由于报检单位在规定期限未澄清情况下进行了退回处理。

2018 年 3 月 9 日至 23 日，报检单位重新提交上述 7 批阀门的文件申报材料，并对相关问题进行了如下解释说明：（1）由于编写采购要求的技术人员误将数据库和替代文件中的 PN20 理解为阀门设计压力，而实际上 PN20 应为阀门在常温下的耐压值，因此导致上述问题的出现；（2）经核实采购技术要求、替代报告及上游设计文件，阀门设计压力应该为 1.6 MPa，相应技术规格书已经升版；（3）依据 RCC-M C5235 密封试验压力不应低于最高压力的 1.1 倍的要求，阀门设计压力

核岛阀门编码代号图示表

第一组															第二组		第三组	
1			2			3		4			5		6		DN			
阀类			阀体材料			压力级		密封副材料			连接形式		RCC-M等级		公称直径		本体特征	阀门特征
									阀座密封	阀瓣密封								
截断阀	C	弹性闸板闸阀	A	非合金钢 低合金钢		V	2500磅级 (PN 42)				B	法兰连接	A	RCC-M 1级	N	缩口	P	Y型阀
	K	锲式双闸板闸阀	C	0.5~1.25%Cr-0.5%Mo钢		U	1500磅级 (PN 25)	A	同阀体	同阀体	J	法兰密封焊	B	RCC-M 2级	V	带特殊密封脂的真空用	K	线止止回阀
	V	带弹簧平行双闸板闸阀	K	2.25%Cr-1%Mo 钢		T	900磅级 (PN 15)	B	青铜	青铜	S	对接焊	C	RCC-M 3级	W	有液体压力密封的真空	A	电动装置
	W	带锲块平行双闸板闸阀	M	Z2CN18-10	304L	S	600磅级 (PN 10)	C	同阀体	青铜	T	螺纹	I	RCC-M 1级 安全壳隔离	R	带引漏的	J	事故开气动装置
	P	蝶阀	N	Z2CDN17-12	316L	R	400磅级 (PN6.4)	D	同阀体	不锈钢	W	承插焊	J	RCC-M 2级 安全壳隔离	S	波纹管式	F	事故关气动装置
	S	截止阀	I	Z6CN18-10	304	P	300磅级 (PN5.0)	E	同阀体	黄铜	X	特殊连接	F	可靠性(常规阀F1)	D	非金属材料弹性隔	E	事故时用气动装置
	M	隔膜阀	Z3CN20-	Z5CN18-10	304	N	150磅级 (PN2.0)	F	同阀体	橡胶			G	可靠性(常规阀F2)	L	金属隔膜	U	事故开液动装置
	T	球阀	09M	Z2CN19-10NS	304	C	16 bar (20℃)	G	同阀体	钴铬钨			H	可靠性(常规阀F3)	X	其他特征	C	事故关液动装置
	N	[illegible]	J	[illegible]	[illegible]	R	10 bar	H	同阀体	[illegible]					[illegible]	空气和	[illegible]	[illegible]

图 14–3　核岛阀门编码代号图示

温度/℃	每一压力等级的最高许用压力/bar						
	150	300	400	600	900	1 500	2 500
-29～38	19.6	51.1	68.1	102.1	153.2	255.3	425.5
50	19.2	50.1	66.8	100.2	150.2	250.4	417.3
100	17.7	46.4	61.8	92.8	139.1	231.9	386.5
150	15.8	45.2	60.3	90.5	135.7	226.1	376.9
200	14.0	43.8	58.4	87.6	131.5	219.1	365.2
250	12.1	41.7	55.6	83.4	125.2	208.6	347.7
300	10.2	38.7	51.6	77.5	116.2	193.7	322.8
350	8.4	37.0	49.3	73.9	110.9	184.8	308.0
375	7.4	36.5	48.6	72.9	109.4	182.3	303.9
400	6.5	34.5	46.0	69.0	103.5	172.5	287.5
425	5.6	28.8	38.3	57.5	86.3	143.8	239.6
450	4.7	20.0	26.7	40.1	60.1	100.2	166.9

图 14–4　RCC–M　D3520b 阀门最高许用压力

改为 1.6 MPa 后，17.6 bar = 16 bar × 1.1 正好满足标准要求，因此试验结果是有效的；（4）该阀门用于 CFI 海水系统，系统设计压力为 5 bar，最大工作压力不超过 8 bar。发现问题后，报检单位进行了深入排查，找出了问题产生的原因，并提出以下改进措施：（1）对于后续替换型物料备件，不再由维修工程师编写，改为替代选型工程师负责；（2）对于采购技术要求的相关参数加强理解，对于编写技术要求的人员进行培训；（3）加强内部管理，加强采购技术要求编写的校核/审查，将进口核安全设备安全检验申报文件自查工作落到实处，保证提交的报检文件质量合格，避免类似问题重复发生。

14.2.3.2 阀门试验报告结论存在疑义案例

2018 年 5 月，报检单位提交了某项目 3 箱 3 台套核 2 级主给水隔离阀的安检申报文件。审评人员经审查发现，其中 1 台阀门（5TFM056VL）的出厂试验报告中，阀体强度试验（Body Strength Test）结论为 NOK，即不满足要求。试验要求中明确，阀体强度试验的验收标准为除了填料函处其他不允许泄漏，如填料泄漏，需要再进行填料密封试验。

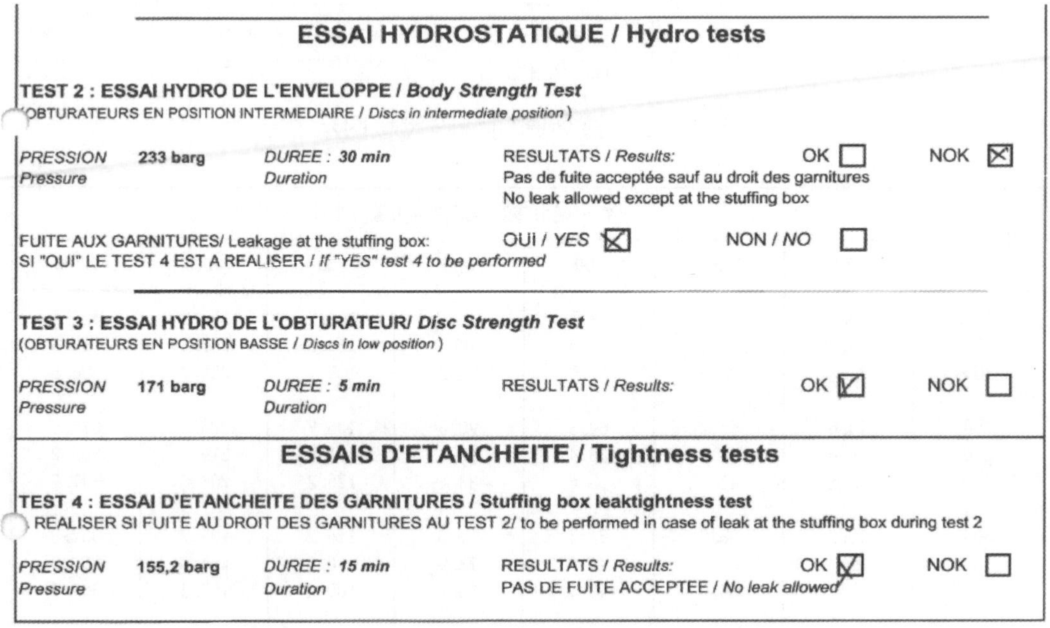

ESSAI HYDROSTATIQUE / Hydro tests

TEST 2 : ESSAI HYDRO DE L'ENVELOPPE / *Body Strength Test*
(OBTURATEURS EN POSITION INTERMEDIAIRE / *Discs in intermediate position*)

PRESSION *Pressure* **233 barg** — *DUREE : **30 min*** *Duration* — RESULTATS / *Results:* OK ☐ NOK ☒
Pas de fuite acceptée sauf au droit des garnitures
No leak allowed except at the stuffing box

FUITE AUX GARNITURES/ Leakage at the stuffing box: OUI / *YES* ☒ NON / *NO* ☐
SI "OUI" LE TEST 4 EST A REALISER / *If "YES" test 4 to be performed*

TEST 3 : ESSAI HYDRO DE L'OBTURATEUR/ *Disc Strength Test*
(OBTURATEURS EN POSITION BASSE / *Discs in low position*)

PRESSION *Pressure* **171 barg** — *DUREE : **5 min*** *Duration* — RESULTATS / *Results:* OK ☑ NOK ☐

ESSAIS D'ETANCHEITE / Tightness tests

TEST 4 : ESSAI D'ETANCHEITE DES GARNITURES / Stuffing box leaktightness test
A REALISER SI FUITE AU DROIT DES GARNITURES AU TEST 2/ to be performed in case of leak at the stuffing box during test 2

PRESSION *Pressure* **155,2 barg** — *DUREE : **15 min*** *Duration* — RESULTATS / *Results:* OK ☑ NOK ☐
PAS DE FUITE ACCEPTEE / *No leak allowed*

图 14–5　阀体强度不满足要求的试验报告截图

根据报检单位解释，试验报告中 TSET2（Body Strength Test）阀体水压试验结果勾选为 NOK，其含义为在水压试验过程中除了填料函处有泄漏外，其余部位均无泄漏。根据技术规格书要求，阀体水压试验过程中填料函处出现泄漏是允许的，但应继续进行 TEST4（Stuffing box leaktightness test）对填料函密封性进行进一步检验，如 TEST4 无泄漏，则试验结果为合格。如试验报告 TSET2（Body Strength Test）阀体水压试验结果勾选为 OK，其含义为在水压试验过程中无泄漏（含填料函处），故在此情况下无需进行 TEST4。

结合报检单位的问题澄清，审评人员另外发现同批次 5TFM060VL 的出厂试验报告中，阀体强度试验结果为“OK”，而填料处泄漏结论为“YES”即存在泄漏，与报检单位的解释澄清存在逻辑不符的情况。后境外单位来函说明 5TFM060VL 的填料处泄漏结论应为“NO”，出厂试验报告存在错误。

本批设备的出厂试验报告结论存在疑义，结合阀门供应商的答复澄清，认为主要有以下几方面原因：

（1）境外单位出具的出厂试验报告中存在笔误。5TFM060VL 的填料处泄漏结论应为“NO”，而实际出厂报告中勾选为“YES”。因此，无论阀门供应商如何解释，出厂试验报告均存在不自洽或者不合理的地方。当然，也不排除阀门出厂试验（强度试验）本身不合格的可能性，需要通过试验进一步验证。

（2）境外单位的出厂试验报告格式设计不合理。根据 G 公司解释，试验报告中 TSET2（Body Strength Test）阀体水压试验结果勾选为 NOK，其含义为在水压试验过程中除了填料函处有泄漏外，其余部位均无泄漏。但是，如果阀体水压试验本身不合格，那么试验报告中则无法进行勾选。

（3）报检单位的质量控制和境外单位的文件审查在缺失，相关方均未发现试验结果不合格或存在疑义这一明显问题，并出具了结论合格的审查意见和出厂试验报告。

为验证设备出厂试验的相关结论，保证设备质量要求，报检单位选取了 3 台主给水隔离阀进行了复验，复验项目为技术规格书中阀门出厂试验要求；同时，境外单位将阀门出厂试验报告的相关情况报告至集团，集团反馈至旗下的各制造单位，要求进一步加强质量管理，并对出厂试验报告格式进行调整，明确试验结论，增强试验报告的合理性。

14.2.4 小结

近年来，一些由于采购单位采购验收管理失控、文件审查不严、申报文件自查不到位、监管重点不够突出等一些值得总结反馈的经验和教训时有发生，值得各方共同关注。

（1）采购单位失位质量控制增加了质量风险；

采购单位对其所购买的设备的生产、验收等活动未开展足够的质量控制工作，关键质量控制点未执行，为设备质量埋下安全隐患。

（2）技术要求未有效传递增加了质量风险

梳理部分案例过程不难发现，在报检单位出具了错误的技术要求的情况下，境外制造单位的设备和试验条件竟然满足要求，一方面表现出报检单位在编写技术要求方面存在着重大失误；另一方面更是反映出报检单位未将技术要求及时有效传递到境外制造单位，导致境外制造单位没有按照相应的技术要求进行制造和试验，报检单位的监造和验收工作也没有围绕技术要求开展和执行。

（3）商务合同需要引起足够重视

在某些案例中，某境外注册登记单位就以合同未规定为由拒绝执行采购单位基于相关法规程序提出的改进意见，因此采购单位在商务条款中需明确关于监造、质保体系、复验执行、违反法规情况等条款，为后期设备质量管理工作奠定基础。

（4）报检单位应做实申报文件自查工作

根据要求报检单位要对申报文件进行全面自查，并对自查结论负责，这种自查不仅包括文件形式、质量控制文件的自查，还应该包括技术文件、技术参数的自查，全面落实自查要求，做实报检单位这一质量控制屏障。

14.3 验收过程违反安全检验要求典型案例

通过近几年的进口核安全设备安全检验工作实践发现，作为全面承担核安全责任的核电营运单位以及作为工程建设总承包的工程公司，本应该是核安全文化的良好倡导者，核安全法规的模范践行者，引领核电行业落实“安全第一、质量第一”的理念持续健康发展。但安全检验发现，有的营运单位或工程公司却未能制定并落实有效的安全检验管理制度，导致发生了多批次逃脱安全检验工作，私自开箱的情况，造成较为恶劣的影响。

14.3.1 对监管目录范围认识不清造成违规开箱的典型案例

14.3.1.1 运行核电厂违规开箱案例

2018 年 1—10 月，核安全中心根据国家核安全局的安排，开展了运行电厂进口核级备件全面排查工作。根据排查结果发现，一部分营运电厂对核安全设备监管的认识尚不到位，大量的进口核级备品备件管理不满足监管要求。

（1）第一次排查

表 14-1　2018 年第一次排查情况

时间	2018 年 1 月底	
法律依据	核安全法第三十六条：境外机构为境内核设施提供核安全设备设计、制造、安装和无损检验服务的，应当向国务院核安全监督管理部门申请注册。国务院核安全监督管理部门依法对进口的核安全设备进行安全检验	
排查依据	国家核安全局要求核安全中心“对核电厂营运单位进口核安全设备管理工作整改情况进行核查和评价”一司工作单〔2018〕58 号（设）	中心发出《关于开展进口核安全设备排查情况分析评估工作的通知》（环核安中心函〔2018〕11 号）
排查内容	未报检备件设备生产厂家资质覆盖情况，设备出厂试验报告、质量计划质量记录完整性，监造活动开展情况等	
发现问题	发现相当数量的设备存在由非持证单位生产、完工报告不齐全、监造活动不到位、技术规格书不齐全（原供厂家）等情况	

2018 年第一次排查结果为：

1）1028 台设备质量评估合格，从持有注册登记确认书的厂家采购，且出厂试验报告齐全，约占排查设备总数的 62%；

2）296 台套此类设备经相关试验验证合格后，可以视作为质量合格，约占排查设备总数的 18%；

3）已经安装至核设施的 145 台设备由非持证厂家生产或虽由持证厂家生产但试验报告不完整，约占排查设备总数的 9%；

4）未安装至核设施的 190 台套设备由营运单位从非持证单位采购，或者虽然从持证单位采购但试验报告不齐全。

核安全中心向国家核安全局提交了排查审评意见，内含 4 个附件清单，包含了项目机组、合同包、功能位置码等信息。

（2）第二次排查

结合核安全监管发现问题以及核安全中心《关于运行电厂进口核安全设备排查情况的审评意见》，国家核安全局于 2018 年 6 月 15 日发布《关于 ×× 公司等单位进口民用核安全设备有关问题的通报》（后简称《通报》），指出营运单位委托未取得注册登记确认书的境外单位进行核安全设备活动，设备采购、监造、验收等工作制度不健全，责任未落实，管理不到位等问题。7 月初，国家核安全局领导约谈某运行核电公司主要负责人。《通报》要求相关单位提高守法意识，严守我国核安全法律法规，加强进口核安全设备质量管理和过程控制。《通报》明确核电厂营运单位针对排查发现的由未经注册登记的境外单位提供的或不能证明质量受控的进口核安全设备，未安装的一律不得安装使用。

为落实《通报》有关要求，国家核安全局下发《关于进口核安全设备专项排查有关设备清单的梳理和核查》，要求核安全中心对进口核安全设备采购及安全检验专项排查中各营运单位提交的有关设备清单进行梳理和核查，提出有关意见建议。

为此，核安全中心于 7 月份组成审评小组，确定本次审评的主要原则：

1）审评范围为未安装至核设施的设备；已安装至核设施的设备按照《通报》要求另行处理；为便于地方监督站开展现场核查和监督，在第一次排查信息表中将补充合同包、箱号以及设备序列号（或者其他信息），以确定设备的唯一性。

2）审评要求、深度与进口核安全设备安全检验工作保持一致；即需要核查资质（有效期、许可范围、活动场所），技术输入文件（采购合同、图纸、技术规格书），制造过程控制文件（质量计划、监造、装运前检查和验收有关记录，NCR 处理），出厂试验报告，质量合格证等。

3）审评步骤分为两步，即首先由营运单位对照核安全管理要求开展自查工作，随后核安全中心开展文件审查与核查。

4）文件审查可采用抽查的方式，但抽查比例不低于总批次的 50%。

审评小组共收到 9 家单位共 857 套文件，总体审评结果如下：

1）共有 99 台设备由核电厂营运单位直接委托持有相应资质的厂家生产，且设备技术输入要求明确，质量记录完整，采购单位较好地履行了过程控制和质量管理工作，总体质量基本可控，约占排查设备总量的 11%；

2）共有 405 台设备由持有相应资质的厂家生产，且设备技术输入要求明确，质量记录完整，但存在中间商采购或设备监造方面未能完全满足有关要求的问题，约占设备总量的 48%；

3）共有 353 台设备存在由非持有相应资质厂家供货，技术输入条件缺失或不明确，质量记录不够完整，设备质量结论不够明确等情况，无法对设备质量状况开展合理评价，约占排查设备总量的 41%。建议此类设备不得作为核安全设备在核设施安装和使用。

排查后续工作在国家核安全局的指导下分步骤、按要求开展。

14.3.1.2 主控室 OCS 系统安全级盘台漏报案例

2014 年 3 月，核安全中心相关人员在某项目核电现场参加国家核安全局组织的检查过程中发现，1号机组主控室OCS系统盘台未履行安全检验手续且已安装完毕，OCS系统中所包括安全级盘台属于《民用核安全设备目录》中的设备，按照HAF604的规定应当经过安全检验方可安装使用。

2014年4月，工程公司就此事向国家核安全局提交了《关于××1号机组OCS系统设备安检漏报问题调查和整改情况的报告》，在上述材料中，工程公司确认1号机组OCS系统由W公司负责供货，OCS系统是1号机组全厂DCS系统的一部分，2012年7月、2013年3月该系统分三批次海运至现场，该系统中的多路切换开关和专用安全盘为安全级设备。但因相关人员将该系统内设备误判断为非安全级设备，因此未进行安全检验申报工作。

针对本次违规事件，工程公司制定了相关的纠正措施，主要包括：（1）对已发运的305批次设备和正在发运中的设备进行梳理排查，确认无其他设备存在漏报问题；（2）根据《民用核安全设备目录（第一批）》制定并发布《依托项目核安全设备清单》；（3）升版《进口核安全设备安全检验程序》，将上述清单作为参考文件，进一步明确各部门的接口和职责，在发运通知上增加"是否需报NNSA安全检验"选项等措施；（4）现场项目部（材料管理部）审查并完善现场开箱工作的流程，在实际开箱前，对照清单复核该设备是否需报安全检验。

14.3.2 验收工作与安全检验申报工作缺乏联动导致违规开箱

14.3.2.1 在建项目设备私自开箱案例

2014年7月18日，国家核安全局组织核电工程总承包单位及主要业主单位召开了专项检查暨进口设备安检情况通报会，要求相关单位对照通报问题结合实际深入自查，避免违法违规情况发生，切实提高管理水平。某在建项目报检单位按要求进行了进口设备安全检验专项自查工作，发现了4批设备违规开箱问题。

2014年9月18日，报检单位向监督站报告了未经安全检验违规开箱的4批次设备情况，设备信息如表14–2所示，设备开箱情况及安检放行情况如表14–3所示。

表 14–2　设备信息表

申报文号	设备名称	供货商	核级	设备数量
XXX-AJ-2014-054	异径管	意大利 T	2	1 箱 5 件
XXX-AJ-2014-073	阻尼器	法国 Q	3	6 箱
未申报	电缆连接件	德国 T	1E	37 箱
XXX-AJ-2014-071	储罐	西班牙 E	2	8 箱 2 台

表 14–3　设备开箱情况及安检放行情况

设备名称	口岸报检		开箱报检		开箱时间
	报检时间	放行时间	报检时间	放行时间	
异径管	2014.7.22	2014.8.20	2014.9.3	2014.9.28 退回	2014.6.4
阻尼器	2014.6.14	2014.7.3	2014.9.15	2014.9.23	2014.8.15
电缆连接件	未报检	—	未报检	—	2014.9.9
储罐	2014.8.28	2014.9.11 退回	未报检	—	2014.7.22 2014.8.15

随后，报检单位就此事向国家核安全局进行了专题汇报并提交了书面报告。国家核安全局已经专门制订了处理方案并将实施专项处理。

14.3.2.2 在建项目支承件违规开箱使用问题

2017 年 8 月，在进行某项目机组安全检验总报告资料梳理统计过程中，发现部分支承件在获得口岸检查放行单后未进行开箱文件申报，存在违规开箱使用的问题，主要情况如下：

（1）某公司提交了从 L 公司进口的共 46 件核 1 级支承件的口岸申报材料并获得《口岸检查放行单》，由于报检单位的工作疏漏，在开箱使用前，未进行开箱文件申报工作。

（2）从 B 公司进口的 12 箱 12 件核 2、3 级支承件已获得《口岸检查放行单》，但未进行开箱文件申报。

针对未经安全检验违规开箱使用的问题，要求报检单位在机组装料之前，向国家核安全局汇报进口的支承件未履行安全检验手续、违规开箱使用的有关情况，并制定有效措施进行管控，确保设备质量满足相关技术要求。

14.3.3 小结

报检单位违反法律法规的有关规定，对进口核安全设备未履行安全检验手续，擅自开箱使用，这样的事件在法律实施初期发生可以理解，发生原因可能是由于报检单位对法律的有关规定还不够熟悉导致。但在法律实施几年后而且在监督机构亦多次发布相应的管理要求、程序文件，甚至对多家单位进行通报批评的情况下还依然有一些单位知法犯法，这种现象值得我们深思，同时也反映出了深层次的问题，值得在后续工作中予以重视：

（1）应重视对核安全设备法律法规要求的学习

营运单位对于进口核安全设备法规要求的掌握应该更加清晰、判断更加准确，管理控制更加严格。因此，建议营运单位维修、采购和质量等部门相关人员加强对法规要求的学习，深入理解设备目录，建立有效的措施防范违反核安全管理要求行为的产生。

（2）加强对境外单位资质申请的推进

早期核电厂建设时期对境外机构没有注册登记的要求，客观上造成了对境外供应商注册登记工作的推进难度。此外，因运行备件的采购量较小，境外机构对于注册登记和重新注册登记工作的积极性也偏弱，因此营运单位还应继续加强对相关境外单位资质申请的推进力度。

（3）加强设备采购过程控制力度

相比按照较为成熟进度计划开展的在建机组设备采购活动，作为运行设备的替补件，备品备件采购具有需求时间刚性要求强，突发性需求多，不可预见性强，单个订单采购设备数量少等特点。安全检验发现，运行电厂对备品备件采购过程控制普遍较为薄弱，表现为采购缺少详细技术条件输入，过程监造力度小甚至缺失，完工文件不完整等。在近年来境外供应商过分追求利润，质量造假、伪造质量记录事件频发的背景下，上述质量控制活动的缺失都可能带来难以预测的质量风险。

14.4 申报文件完整性、准确性、有效性问题

2017 年发布执行的《进口民用核安全设备安全检验工作程序》中明确规定：核安全中心组织对申报文件进行形式审查，重点审查申报文件的完整性、准确性和有效性。通过对 2019 年形式审查数据的分析，可以得出，2019 年 1—12 月，

实际收到报检单位的申报材料 358 份，形式审查一次通过批次为 225 份，形式审查一次通过率仅为 62.8%。形式审查未能一次通过原因主要有两大类，其中 20.3% 的批次为不满足注册登记书要求，79.6% 的批次为申报文件的完整性、准确性和有效性不足。申报文件完整性不足表现为存在文件缺项、不符合项及鉴定情况描述不清；申报文件准确性不足表现为申报设备与技术文件内容不相符、设备制造厂家与注册登记确认书不一致、装箱单与质量证明文件等信息不符等；申报文件的有效性不足表现为报检文件缺少有效签章或非可执行文件等。

14.4.1 申报文件完整性问题

14.4.1.1 申报文件缺失

《进口民用核安全设备安全检验工作程序（试行）》规定了安全检验申报文件包括的 18 份文件（其中境外单位注册登记确认书复印件已无需提交），在文件申报过程中，报检单位所提交的申报文件中，经常出现申报文件缺失、不齐全的情况。部分报检人员未认真检查报检文件是否准备齐全完整，自查情况不理想，导致报检设备在申报后由于文件缺失而被退回，影响了申报文件的质量和安全检验工作效率。

核安全中心要求报检单位加强对报检文件的自查，并退回申报文件，将所缺失文件补充后再进行申报。表 14–4 为 2019 年申报文件缺失的部分申报文件的情况。

表 14–4　2019 年部分申报文件缺失情况

序号	项目	机组	设备种类	缺失文件	处理方式
1	防城港	3、4	电缆	质量证明文件	退回补充文件
2	防城港	3	温度开关	试验鉴定报告	退回补充文件
3	红沿河	5、6	阀门	上报函	退回补充文件
4	秦山二期	1、2	阀门	复验方案	退回补充文件
5	宁德	1、2、3、4	阀门电动装置	合同首页	退回补充文件
6	福清	1、2、3、4	阀门电动装置	注册登记确认书	退回补充文件
7	田湾	5、6	温度压力开关	报检说明表	退回补充文件

14.4.1.2 未明确不符合项关闭情况

根据相关要求，报检说明中须明确所报检设备和分包设备不符合项关闭情况和设备鉴定情况；所提交的不符合项报告须完整，且经编审批签字；不符合项处理过程满足已批准的处理措施要求，结果符合要求，且不符合项关闭；不符合项按照《民用核安全设备制造阶段不符合项监督管理要求（试行）》的要求进行了管理。在申报文件形式审查阶段，部分单位报检人员未认真核查设备制造过程和文件中的不符合项是否已关闭，在报检时未对不符合项关闭的情况进行说明，部分报检人员未按要求提交不符合项处理过程和结论的文件等，导致设备申报文件形式审查不符合要求而退回。

表 14–5　2019 年部分申报文件不符合项情况不明确

序号	项目	机组	设备种类	退回原因	处理方式
1	红沿河	3、4	温度计	缺少不符合项情况说明	补充不符合项说明
2	田湾	5、6	主泵部件	缺少不符合项情况说明	补充不符合项说明
3	岭澳	3、4	阀门电动装置	核实不符合项是否关闭	核实不符合项是否关闭说明
4	福清	5、6	传感器	缺少不符合项过程文件	补充不符合项过程文件
5	福清	5、6	主泵	缺少不符合项情况说明	补充不符合项说明

14.4.2 申报文件准确性问题

在申报文件的编制过程中，部分报检人员对法规中的安检范围的理解不够，对核安全级、规范等级和质量保证分级等概念存在混淆，出现设备核级填报错误等情况；同时，部分报检文件的自查情况不理想，导致其他申报信息错误或者申报信息前后不一致的情况时有发生，这些问题都给申报文件的审查工作带来了一定困难，影响了审查人员对申报文件的理解，错误信息的发现、沟通和修改也一定程度上影响审评工作效率。

表 14–6　2019 年部分申报文件核安全级别错误情况

序号	项目	阀门数量（台）	报检核级	实际核级	处理方式
1	红沿河	2	2、3	均为非核级	退回
2	宁德	3	2/2/3	NC/3/NC	修改材料
3	阳江	59	3/3/3	NC/NC/NC	修改材料
4	方家山	4	2	NC	修改材料
5	福清	4	3	均为非核级	退回
6	昌江	27	3	NC	修改材料

表 14–7　2019 年部分申报文件填报信息错误情况

序号	项目	机组	申报错误原因	处理方式
1	防城港	3、4	开箱地点填写错误	退回修改
2	田湾	5、6	装配总图提交错误	退回修改
3	岭澳	3、4	设备种类填写错误	退回修改
4	田湾	5	合同关系填写错误	退回修改
5	福清	5	使用机组填写错误	退回修改
6	福清	5、6	注册登记确认书号填写错误	退回修改

表 14–8　2019 年部分申报信息前后不一致情况

序号	项目	机组	设备种类	内容	处理方式
1	阳江	5、6	传感器	合同关系前后不一致	退回修改
2	田湾	5	阀门	申请表与报检说明表阀门数量不一致	退回修改
3	台山	1、2	电动机	供货方公司信息和实际合同页不一致	退回修改
4	防城港	3	贯穿件	申报文件系统数据与报检不一致	退回修改
5	福清	3、4	电机	合同机组与报检机组不一致	退回修改
6	秦山	1	管接头	申报文件与设备不一致	退回修改

14.4.3 申报文件有效性问题

《进口民用核安全设备安全检验文件申报指南》中要求“所有申报文件均须为有效文件，且签章应为合法有效公章”，在申报文件提交过程中，部分报检人员未对上报函、装箱单、质量计划等需要本单位或境外制造商有效签章的报检文件进行认真检查，导致报检设备在申报后由于文件缺少有效签章而被退回。

表 14–9 为 2019 年申报文件缺少有效签章的部分批次情况。

表 14–9　2019 年申报文件缺少有效签章的部分批次情况

序号	项目	机组	设备种类	缺少签字盖章文件	处理方式
1	防城港	3	温度开关	质量计划表	退回签字盖章
2	昌江	12	阀门	装箱单、质量计划	退回签字盖章及澄清
3	太平岭	1	传热管	上报函	退回签字盖章
4	防城港	3	热缩套管	装箱单	退回签字盖章
5	福清	34	电机	上报函	退回签字盖章

14.4.4 小结

申报文件完整性、准确性、有效性不足的主要原因还是报检单位自检自查不到位。根据《进口民用核安全设备安全检验工作程序》的要求，报检单位应先行对申报文件进行自查，保证申报文件的完整性、有效性。而现实情况中，在形式审查环节，形式审查往往不能一次通过，主要原因为报检单位在自检自查过程流于形式，把关不严，未能有效发现以上上述种种问题。报检单位自检自查不到位的原因除了报检单位报检人员不熟悉相应法规程序要求、自查责任心不强外，还存在报检人员流动性大、未能参加安检相关培训等情况。同时，从形式审查过程中发现的一些低级错误也能够看出，报检单位对自检自查的层级审核不严格，未能有效落实审核责任。

根据经验反馈情况，各报检单位应提高对自检自查的重视，增强报检人员责任感，尽量固定报检人员，对报检人员进行定期培训交流，同时应对报检人员自检自查质量进行考核，落实自检自查审核人员责任。同时，核安全监管部门还应加大对报检单位自检自查情况的考核，对于自检自查工作不到位的报检单位视情况予以通报或责令进行整改。

14.5 思考题

（1）供应商资质管理不到位主要有哪几方面的表现?

（2）采购单位过程控制不到位的情况应该从哪几方面进行改进?

（3）在建项目和营运项目应该如何避免违规开箱?

（4）提高报检单位申报文件完整性、准确性、有效性的意见与建议?

参考文献

[1] 国家核安全局．核动力厂设计安全规定：HAF102—2016．北京：国家核安全局，2016．

[2] 国家核安全局．核电厂质量保证安全规定：HAF003—1991．北京：国家核安全局，1991．

[3] 国家核安全局．核电厂设计中的质量保证：HAD003/06—1986．北京：国家核安全局，1986．

[4] 国家核安全局．核电厂物项和服务采购中质量保证：HAD003/03—1986．北京：国家核安全局，1986．

[5] 国家核安全局．核电厂物项制造中的质量保证：HAD003/08—1986．北京：国家核安全局，1986．

[6] 国家核安全局．进口民用核安全设备监督管理规定：HAF604—2008．北京：国家核安全局，2008．

[7] 国家核安全局．民用核安全设备目录（第一批）—2016．北京：国家核安全局，2016．

[8] 中华人民共和国国务院．国务院关于规范国务院部门行政审批行为改进行政审批有关工作的通知．北京：中华人民共和国国务院，2015．

[9] 国家核安全局．关于启用“国家核安全局进口民用核安全设备安全检验专用章”并进一步规范和优化安全检验工作流程的通知．北京：国家核安全局，2016．

[10] 国家核安全局．民用核安全设备设计制造安装无损检验许可证取证申请审批程序．北京：国家核安全局，2016．

[11] 国家核安全局．民用核安全设备设计制造安装无损检验许可证延续申请审批程序．北京：国家核安全局，2016．

[12] 国家核安全局．进口民用核安全设备境外单位注册登记审批程序．北京：国家核安全局，2014．

[13] 《注册核安全工程师岗位培训丛书》编委会．核安全专业实务．中国环境科学出版社，2009．

[14] 李干杰，李天舒，严天文．中国核承压设备活动的安全监督管理．核动力工程，2005, 026(006):622-626.

[15] 张穹，李干杰 . 民用核安全设备监督管理条例释义 . 中国法制出版社，2007.
[16] 许安标，刘华，王毅韧 . 中华人民共和国核安全法释义 . 中国民主法制出版社，2017.
[17] 柴建设 . 核安全文化与核安全监管 Nuclear Safety Culture and Nuclear Safety Supervision. 核安全，2013, 012(003):5-9.
[18] 曹健，安洪振，张弛 . 中国民用核设备监管制度与实践 . 中国核工业，2012(09):24-27.
[19] 2019 年 1—9 月全国核电运行情况 . 中国核能行业协会
[20] 顾颖宾，王略，等 . 核电厂电气原理与设备 . 原子能出版社，2010.
[21] 刘国发，郭文琪，等 . 核电厂仪表与控制 . 原子能出版社，2010.
[22] 《注册电气工程师执业资格考试专业基础考试复习教程》编委会 . 注册电气工程师执业资格考试专业基础考试复习教程 . 天津大学出版社，2010.
[23] 许守澄 . 国产电力设备监造的回顾与展望 . 中国电业，2008, (7): 65-66.
[24] 顾军 . 核电厂设备监造方法与技术 . 北京：原子能出版社 ,2010.
[25] 国家能源局 . 压水堆核电站一回路主设备监造技术导则 .DL/T 1143—2009. 北京：中国电力出版社 .2009.
[26] 薛华成 . 管理信息系统 . 北京：清华大学出版社，2012.